すうがくぶっくす

森　毅・斎藤正彦・野崎昭弘／編集

線形代数と群の表現 I

平井　武 著

朝倉書店

編 集 者

森　　毅（もり　つよし）　京都大学名誉教授

斎藤　正彦（さいとう　まさひこ）　湘南国際女子短期大学学長

野崎　昭弘（のざき　あきひろ）　大妻女子大学社会情報学部教授

はじめに

　この本は，高等学校高学年程度の数学の素養を仮定して，書かれている．本の内容の主たる流れは，次の通りである：
　（1）必要なときに無駄なく「線形代数」の知識を学習しながら，
　（2）アーベル，ガロアから始まったとされる「群の理論」を学び，
　（3）群の本質は，それがある対象に「作用する」ことであることを，種々の具体例から会得して，
　（4）群の「作用」の数学的純化としての「群の表現」の理論を，現代の物理学など自然科学への応用例を具体的に計算することを通して実感的に体得する．
　そして，これらを通しての本書の最終目的は，現代数学における群やリー環の「表現論」をできるだけ身近に感じるように理解していただきたい，ということである．
　さて，これだけの内容の本の企画は，それを初めて聞かされればだれでも，少々大風呂敷に過ぎるのではないか，と批評するであろう．そして，読者に対して，ある程度の数学的な専門的知識を仮定したくなる．しかし，専門的知識の蓄積を仮定しないで，初心者にも読めるようにこうした本を書いてみたい，というのは，著者の長年の夢であった．この企画が実行可能かどうかは，やってみなければ分からない．
　実際に執筆にとりかかってからでもかなりの時間が過ぎて，ここに，ようやく本書が刊行にまでこぎ着けたことについては，著者の回りの人々の激励と朝倉書店企画部の雅量とに感謝する．また，本書執筆中になかなか筆が進まなくなったとき，自分自身を元気づける動機づけの1つに

は「（今はまだ幼ないが）やがて大きくなったら，孫たちにも読んでもらいたい」というのがあった（呵々！）．さて，本書では上記の4つの目標がかなりの程度にまで実現できたのではないかと自負しているが，読者諸賢のご意見はいかがなものであろうか．

　本書は，ほかに数学の専門書を買い揃えなくても，本書だけで読み進められるように工夫して書かれている．読者の1つに想定されている高校高学年・大学文系学生などの初心者に，ほかの数学専門書からの知識を要求するのは酷であろう．

　ある程度専門的な数学の知識のある方々にとっては，例えば「線形代数」の一般論を取り扱っている章や節は，よい復習になるであろう．それらをまとめると，線形代数の中級程度の理論は（行列の固有値の踏み込んだ理論を除いて）カバーされている．これらの内容のうち，本書の主目標である「表現論」の理解に必要不可欠とは思えない，より進んだ部分（16.6 〜 16.9 節）では，そのタイトルに (*) を付けておいたので最初に読むときにはそこをパスしてもよい．

　同様に，「群論」，「表現論」の一般論を取り扱っている章や節には，それらの表題に '群論より'，'表現論より'，と書いてあるので，「線形代数」の場合と同様に，それらの章・節をピックアップしてまとめれば1つの入門書になる．本書の主要部を占める残りの部分は，これらの一般論が発展する道筋や必然性を具体例を用いて体感的に説明すること，そして理論がどのように，数学の他の部門や物理学などの自然科学へ応用されるかが具体例とともに述べられている．

　論より証拠，というわけで，目次を一覧していただくのが早道であろう．そして，1.1 節も本書全体への導入部として書いてあるので目を通していただくと，著者の意図がよりよくお分かりいただけるのではないだろうか．もう少し踏み込んで本書の特徴とするところを述べると，

　（イ）有限群とその置換表現・線形表現については，正多角形や（ギリシャ時代から注目されていた）正多面体を不変にする群に注目して，その構造解析と置換群との関わり，その表現と置換群の表現の理論との関

係，などを追求している．後者は化学その他で重要な結晶群の代表例でもある．これらの記述を通して「有限群とその表現」の理論を血肉として身に付けよう，というねらいである．

　（ロ）無限群としては，行列の群を主として取り扱っているが，ユークリッド空間の運動群とその表現，球面（もしくは楕円型非ユークリッド空間）の運動群としての回転群とその表現，ロバチェフスキーの双曲的非ユークリッド空間の運動群としてのローレンツ群とその表現，を重点的に記述している．これらは，それぞれ，ニュートン力学，素粒子論，アインシュタインの特殊相対性理論，と本質的に関連している．最後の章（第 24 章）では，マクスウェルの電磁方程式の不変性（あるいは対称性）の群としてのローレンツ群のはたらきを論じている．

　本書の叙述は丁寧を旨としているが，それでも読者の普段の努力をお願いするために各所で話の流れに沿って大小の問題を提出してある．読者には是非鉛筆と紙を手元に置いて読みすすんでいただきたい．また，できるだけ読み物としても読める形にしようと努めた．従って，メインの流れを尊重して，それを邪魔しないように話が進むので，かなりの程度に講義風になっている．「線形代数」「群」「表現論」の一般論を取り扱っている章・節は順を追って読み進める必要があるが，そこを除いては，適当に拾い読みもできるであろう．以前の章の内容をすべて踏み台にするという形ではないので，興味の赴くまま先に跳んで拾い読みをし，また手前に返ってきて学習を続ける，ということもできる．（例えば，第 18 章の前半はとくに予備知識なしで取り付ける．）しかし「継続は力なり」なので学習は倦まず弛まず，というのが望ましい．

　独習で数学を勉強する人には，時として「述語の読み」に難がある場合があるので，読み方を確定するために少しルビを付した．本書は自学自習のほか，自主ゼミや，ゼミ・講義などのテキストに用いられるが，丁寧に書かれている本文を参考にして，計算を自分で実行してみたり，問題を解いたり，読者に一部任されている証明を完成させたり，よい演習問題に事欠かないので使いやすいと思われる．

本書は数学の専門的な予備知識があれば，より理解しやすいが，それがなくても本質的なところは押さえてある．例えば，第 20, 22 章では，わざと詳しくは触れずにそれなしで済ましているが，「測度」とか L_2- 空間の「完備性」などが予備知識としてあれば，それを使って本文の叙述の簡略化を自分自身で試みてみられるとよい．

最後に本書執筆の動機について一言書いておこう．著者が「リー群の無限次元線形表現」の理論の研究に本格的にとりくみ始めたのは，三十数年も前のことであるが，その当時は，この方面の研究は世界的に見ても数学者の間でいまだ認知されておらず市民権を得ていなかった．著者の個人的な述懐としては，研究の実績を積み重ねることによってこの理論の市民権を獲得しようと奮励努力した，というのが若き日の自分であったろう．その日々には，どのようにうまく説明すれば，一般の数学者に「群の無限次元表現の理論」の存在意義を分かってもらえるか，という問題がつねに頭を離れぬ懸案としてあった．さらに数学者を越えて一般の人々にも理解してもらおう，というのも常日頃からの懸案であった．本書はその懸案に対する 1 つの解答である．

本書執筆には次のようなものが役に立っている．1988 年に日本学術振興会の日比科学協力事業によってフィリピン大学の数学者を 3 ヶ月受け入れて，英語で彼女に表現論の入門講義をした．その手稿を増補したテキストで，翌年フィリピン大学で 1 ヶ月間の「表現論」の集中講義をした際に参考資料として配付したもの (†)．長年の京都大学理学部での学部や大学院での講義のノート．いくつかの他大学での学部 2〜3 回生向けの各 1 週間の集中講義（多くは 2 時間講義 5 回）の講義ノート．

さらに，2 回の公開講座（京都大学理学部・数学教室）で講義したが，その準備や配布プリントの作成は「いかに初心者に短い時間で解説するか」のためのよい試練であった．1 回目の講義は，1988 年夏の高等学校数学教育関係者向けの「群の表現論入門」である．そこで配布した資料の一部が第 23 章（23.7.2 項）にある．2 回目の 1999 年夏の公開講座は「数学教育関係者および現代数学に興味のある高校生以上の方」を聴

衆としていたが,「群の作用と解析学」と題して本書の第1〜3章を含む内容を講義した.

本書執筆中に,著者は手紙や電子メイルで多くの方々に質問をしたり,意見を聞いたりしたが,非常に親切に応対していただいた.とくに杉浦光夫氏（津田塾大学),川中宣明氏（大阪大学理学部）にはしばしばご迷惑をお掛けした.山下 博氏（北海道大学理学部）には,原稿第1稿を通読していただき,貴重なご意見をいただいた.また,町田 忍氏（京都大学理学部）には,太陽風の図をわざわざ作成し提供していただいた.さらに,出版に関しては,堀田良之氏（岡山理科大学）にお世話になった.ここに記して深く感謝の意を表する.最後に,校正の実務では家内（悦子）に助けられたことを記して筆を擱く.

    2001年10月1日

                                  平 井 　 武

(†) 右記に掲載：T. Hirai, *Atmosphere in the theory of group representations*, JSPS-DOST Lecture Notes in Math., Vol.1, pp.1-35, Sophia University, 1994（非売品).

目　次

第 I 部　入門：群とその表現，および線形代数 ──── 1

1　群とは何か？ ──── 3
1.1　「群の概念」小史　3
1.2　群の現代的定義　7
1.3　簡単な群の例　9
1.4　バーンサイドによる群の定義　11

2　二面体群，多面体群 ──── 16
2.1　群論より { 群の生成, 同型, 直積, 巡回群 }　16
2.2　正多角形と二面体群　17
2.3　正多面体と多面体群　19
2.4　多面体群の決定　22
2.5　多面体群の構造　27
2.6　群論より { 部分群による剰余類 }　31

3　置換群，および 群の置換表現 ──── 34
3.1　n 次置換群　34
3.2　偶置換，奇置換，交代群　37
3.3　あみだくじと置換群　39
3.4　多項式への対称群の作用　42
3.5　差積多項式と置換の符号　44

3.6　対称式，交代式　　45

3.7　3 変数多項式の場合（対称群 $\mathcal{S}_3$ の行列表現）　　47

3.8　群論より { 自己同型群，正規部分群，商群 }　　49

3.9　群の置換表現　　52

4　多面体群の置換表現と行列表現　──── 55

4.1　四面体群の置換表現と行列表現　　55

 4.1.1　4 次交代群 $\mathcal{A}_4$ の上への同型写像　　55

 4.1.2　3 次交代群 $\mathcal{A}_3$ の上への準同型写像　　57

 4.1.3　四面体群の行列表現　　60

4.2　六面体群（$\cong$ 八面体群）の置換表現と行列表現　　63

 4.2.1　4 次対称群 $\mathcal{S}_4$ の上への同型写像　　63

 4.2.2　3 次対称群 $\mathcal{S}_3$ の上への準同型写像　　65

 4.2.3　六面体群の行列表現　　67

4.3　十二面体群（$\cong$ 二十面体群）の置換表現　　68

 4.3.1　5 次交代群 $\mathcal{A}_5$ の上への同型写像　　68

 4.3.2　十二面体群の自然表現　　71

5　線形代数入門　──── 73

5.1　ベクトル空間とその基底　　73

5.2　行列，およびその演算：積，和，スカラー倍　　77

5.3　線形写像と行列　　79

 5.3.1　線形写像とそれを表示する行列　　79

5.3.2 線形写像の積と行列の積　80
5.3.3 線形写像の和・スカラー倍と行列の和・スカラー倍　81
5.4 ベクトル空間の基底の変換と行列の変換　83
5.5 転置行列，随伴行列，積に対する結合律　84
5.6 正方行列・線形写像の跡（トレース）　86
5.7 $\mathbf{R}$ または $\mathbf{C}$ 上の一般線形群　87
5.8 群の有限次元線形表現　90
5.9 n 次直交群，n 次ユニタリ群　91

第 II 部　具体的な群，および群の作用と線形表現 — 95

6 置換群 $\mathcal{A}_4, \mathcal{S}_4, \mathcal{A}_5$ と多面体群の構造 — 97

6.1 群論より { 交換子群，特性部分群，組成列，半直積，ほか }　97
6.2 交代群 $\mathcal{A}_4$ と四面体群の構造　104
6.3 対称群 $\mathcal{S}_4$ と六面体群の構造　105
6.4 十二面体群の部分群　106
6.5 交代群 $\mathcal{A}_n$ ($n \geq 5$) の単純性　107
6.6 n 次対称群 $\mathcal{S}_n$ と n 次交代群 $\mathcal{A}_n$ の関係　109
6.7 群論より { 可解群，Sylow 部分群，中心化群 }　110
6.8 お話 { 可解群と代数方程式，単純群の分類 }　111

6.8.1　可解群と代数方程式　　111
　　　6.8.2　有限単純群の分類　　112

7　ユークリッド空間の運動群 ──── 115
　7.1　ユークリッド空間とは何か　　115
　7.2　n 次元ユークリッド空間の等距離変換群と運動群　　117
　7.3　E^n の原点を固定する等距離変換　　122
　　　7.3.1　原点を固定する等距離変換は線形である　　122
　　　7.3.2　$\mathrm{Iso}(E^n, O)$ と n 次直交群との同型　　123
　7.4　ベクトル空間 $\mathbf{R}^n$ の直交直和分解と 2 次元的回転　　124
　7.5　n 次直交群と $(n-1)$ 次元球面の極座標　　125
　7.6　E^n 上の回転群，および回転のオイラー角表示　　130
　7.7　ユークリッド運動群の半直積分解　　132

8　群の関数への作用，群の線形表現 ──── 135
　8.1　群の集合への作用　　135
　8.2　群の関数への作用　　139
　8.3　群のベクトル値関数への作用　　143
　8.4　第 1 の考え方：地球周辺の磁場　　145
　8.5　第 2 の考え方：火星表面の太陽風の流れ　　146
　8.6　サイコロゲームと群の表現　　148

9　表現論入門 ——— 152
　9.1　表現の可約性，既約性，同値性　　152
　9.2　群の指標（1次元表現）　　154
　9.3　有限群の双対　　155
　9.4　表現の相関作用素，シュアーの補題　　156
　　9.4.1　表現の相関作用素　　156
　　9.4.2　シュアーの補題　　157
　9.5　表現の直和分解，完全可約性　　159
　　9.5.1　ベクトル空間上の射影，ベクトル空間の直和分解　　159
　　9.5.2　表現の直和分解，表現の完全可約性　　159

第 III 部　多面体群と置換群の表現，および表現論基礎 ——— 161

10　二面体群 D_n の表現論 ——— 163
　10.1　二面体群 D_n の2次元の既約表現　　163
　10.2　二面体群 D_n の1次元表現（指標）　　166
　10.3　二面体群 D_n の双対 $\widehat{D_n}$　　167
　10.4　二面体群の共役類と群の双対との関係　　167

11　多面体群の表現と置換群の表現（1）　——— **169**

11.1　n 次対称群について { 共役類とヤング図形 }　　169

11.2　n 次対称群について { 指標，生成元系と基本関係式 }
　　　172

11.3　四面体群のすべての既約表現　　173

　　11.3.1　4 次交代群 $\mathcal{A}_4$ の共役類　　173

　　11.3.2　4 次交代群 $\mathcal{A}_4$ の 1 次元表現（指標）　　174

　　11.3.3　4 次交代群 $\mathcal{A}_4$ の既約表現　　175

　　11.3.4　表現 ρ_0 の別の行列表示　　178

11.4　六面体群（八面体群）のすべての既約表現　　179

　　11.4.1　4 次対称群 $\mathcal{S}_4$ の共役類　　179

　　11.4.2　3 次元の既約表現　　179

　　11.4.3　2 次元の既約表現　　181

　　11.4.4　4 次対称群のすべての既約表現　　182

12　多面体群の表現と置換群の表現（2）　——— **184**

12.1　発想の転換　　184

12.2　n 次対称群の既約表現と n 次交代群の既約表現　　185

12.3　5 次対称群の共役類，ヤング図形，既約表現　　186

12.4　5 次対称群の既約表現の行列表示　　188

12.5　5 次交代群の既約表現　　190

12.6　6 次元表現 $R_{Y_3}|_{\mathcal{A}_5}$ の相関作用素と既約分解　　192

- 12.6.1 表現行列 $R_{Y_3}(s_1 s_j)$ と相関作用素の決定　192
- 12.6.2 表現 $R'_{Y_3} := R_{Y_3}|_{\mathcal{A}_5}$ の既約分解と既約成分の行列表示　196

13 表現論基礎 ─── **200**
- 13.1 ユニタリ表現，ユニタリ化可能表現　200
- 13.2 有限群の表現はユニタリ化可能　201
- 13.3 ユニタリ表現の既約分解　202
- 13.4 相関作用素の理論　204
- 13.5 群の正則表現　207
- 13.6 群の表現の指標　212

編集者短評 ──── *1*

索　引 ──── *3*

第II巻の目次

第IV部　非ユークリッド空間・ユークリッド空間と物理学
14　球面および楕円型非ユークリッド空間の運動群
15　ミンコフスキー空間，ロバチェフスキー空間とローレンツ群
16　線形代数基礎
17　ロバチェフスキー空間上の幾何学，ローレンツ群と分数変換群
18　ニュートン力学とユークリッド運動群

第V部　関数への群作用と群のユニタリ表現
19　ベクトル値関数への群作用と 1-コサイクル
20　線形代数中級
21　"積分"に対する群作用，それから生ずるユニタリ表現

第VI部　群の表現論と現代物理学
22　表現論中級
23　表現論過去・現在
24　ローレンツ群・ユニタリ群と現代物理学

ギリシャ文字一覧					
A, α	アルファ	I, ι	イオタ	P, ρ	ロー
B, β	ベータ	K, κ	カッパ	Σ, σ	シグマ
Γ, γ	ガンマ	Λ, λ	ラムダ	T, τ	タウ
Δ, δ	デルタ	M, μ	ミュー	Υ, υ	ウプシロン
$E, \epsilon(\varepsilon)$	イプシロン	N, ν	ニュー	$\Phi, \phi(\varphi)$	ファイ
Z, ζ	ゼータ	Ξ, ξ	グザイ	X, χ	カイ
H, η	イータ	O, o	オミクロン	Ψ, ψ	プサイ
$\Theta, \theta(\vartheta)$	シータ	$\Pi, \pi(\varpi)$	パイ	Ω, ω	オメガ

第 I 部

入門： 群とその表現，および線形代数

第1章： 群とは何か？
第2章： 二面体群，多面体群
第3章： 置換群，および群の置換表現
第4章： 多面体群の置換表現と行列表現
第5章： 線形代数入門

1

群とは何か？

1.1 「群の概念」小史

アーベル（Niels Henrik Abel, 1802-29）およびガロア（Évariste Galois, 1811-32）の二人の天才は，一方は病死，他方は決闘による死，との違いはあるが，その夭折と悲劇的な一生とともに，革新的な数学的業績によって，現代の若者にもその名を記憶されている．彼らの不滅の業績は，単に1つの理論の創出，何個かの定理の証明，にとどまるものではなく，群（group）の概念の確立に寄与したことにあり，従ってその名はつねに現代性をもってよみがえり続けるのである．

群の概念が，数学史上にはっきりと現れたのは，アーベル群，ガロア群の名によって記念されるように，19世紀前半における上記二人による代数的方程式の代数的解法に関する研究を通してである．アーベルは，5次代数方程式の代数的解法が不可能であることを証明した後，代数的に解き得るある種の方程式（アーベル方程式という）の研究と楕円関数の研究に没頭したが，少し遅れたガロアは，代数方程式の理論の完成までを見通していた．そこでは，1つの代数方程式の根の相互間の置換を，群として捉えて研究することが，問題解決にとって必須の要諦であることが初めて発見され，群の概念を導入することによって，重要な発展が遂げられた．そして，完全解決への道筋が，死の前夜に書かれた遺稿などによって与えられていた．ここに現れる「方程式の根の置換の群」こそが，今日ガロア群と呼ばれるものである．

もちろん，群の概念の萌芽は古く，既にユークリッド（Euclid, 330?-275?B.C.）にも遡りうる．例えば，三角形の合同条件などの議論の際

に，われわれは一方の三角形を動かして他方に重ねる操作を頭に置いているであろう．こうした操作を集めてくれば，それが"群"にもなりうる．しかしながら，"群"なる概念を初めて数学的に提出したという栄誉は，まずもって，アーベルとガロア（とくに後者）に帰せられる．

上記の，代数方程式の代数的解法の研究における群論の成功を踏まえて，19世紀後半において，群の概念の定式化が行われた．まず，コーシー（A.L. Cauchy, 1789-1857）らにより置換群が研究されたが，抽象化された群の数学的定義にたどり着いたのは，1854年のケイレイ（A. Cayley, 1821-95）の論文を経て，ようやく1870年のクロネッカー（L. Kronecker, 1823-91）に至ってである．

また，ジョルダン（C. Jordan, 1838-1922）は1870年の"置換と代数方程式に関する論考"と題する著作によって，ガロアの死後40年近くたって，彼のアイディアを完全に実現させた．その結論の1つを現代風にいえば，「ある代数方程式が代数的に解けるのは，そのガロア群が可解なとき，かつそのときに限る」ということになる．このガロア理論自身もその後いろいろの方面に発展していった．

さらに，1872年クライン（F. Klein, 1849-1925）は，Erlangen大学哲学部教授に就任するに際して，"最近の幾何学的研究の比較考察"と題する論文（今日では単にErlangenの目録と呼ぶ）を発表し，幾何学における群論の意義を強調して，当時まで多方面に分化して研究されてきた幾何学を，変換群（ある空間の"許される変換"を集めてきてできる群）の概念を導入して，その概念によって総合する，という新機軸を発案し，その総合の仕方を詳述した．本書においては，ユークリッド幾何学，非ユークリッド幾何学における変換群について，前者は第7章で取り扱い，後者は第II巻の第14, 15, 17章で取り扱う．リーマン（G.F.B. Riemann, 1826-66）は，1854年の就職講演において，いわゆるリーマン空間（リーマン多様体）を一般的に定義した．リーマン空間の変換群が，十分大きいかどうかは空間の一様性によるが，いずれにせよ，リーマン空間の理論でも，「変換のなす群」がつねに重要な役割を果たすこと

は間違いない．

　また，クラインと同世代のリー（M.S. Lie, 1842-99）は1880年の前後にわたって連続群論を展開し，今日でいうリー群論を創始した．かくいう本書の著者も，自身の学問的な専攻分野は"リー群および無限次元群の表現論"といわれるものであるが，1世紀を隔ててもなお，先達リー氏の学恩を被っているというべきであろう．本書においても，我田引水ではないが，できうる限り，"群の表現"なるものについて，自然となじんでいただけるように配慮したつもりである．(奇しくも本書執筆開始の1999年はリー没後百年の年に当たり，記念シンポジュウムが京都において開催された．)

　1897年には，バーンサイド（W. Burnside, 1852-1927）の"*Theory of Groups of Finite Order*"が出版され，その第2版（1911年）は群論の古典として今日までその価値を保っている．この記念碑的著作については後述する．

　ユークリッド以来数学の根底に潜みながらも，天与の才能に恵まれた少数の数学者にのみ，それと意識せずに，あるいは意識的に使われてきた「群」の概念は，かくて19世紀後半になってようやく本格的に取り上げられた．

　「群」は，その誕生の機縁からも明らかなように，(ある対象に)「作用する」ことがその本質の一部であった．この「作用」という意味は，「変換」とか「運動」とかとも表現しうる．しかしながら，現代数学においては，群の定義は，全く抽象的となっている．そして，群は数学全般の礎石の1つとみなされるほどあらゆる分野に陰に陽に現れており，その重要性は，もはや議論の余地なく当然視されている．

　本書では，こうした「群の誕生の歴史」を踏まえて，現代数学における「抽象化された群」にできるだけ自然に接近することを試みるものである．そのため，「群の作用」を自然な形で追体験できるように，我々は，まず，正多角形や正多面体の変換群を詳しく調べる．それらの群の置換表現（置換群の中への表現），線形表現（ベクトル空間の線形変換によ

る表現），その一例としての行列表現（行列のなす群の中への表現）を論じる．これらの話題が，いかに群そのものに不可分にくっついているかを理解しようとするわけである．かくて，現代の抽象的な群の定義が，実体性を伴って，身近なものとして理解できるであろう．

ついで，無限群の分かりやすい例として，ユークリッド空間や非ユークリッド空間，それぞれの運動群などを，詳しく調べる．ここでは，こうした群の，ある土台（空間）への作用が，その土台の上の関数への作用を引き起こし，さらに，微分作用素への変換をも引き起こす，ことを見る．

こうして，ユークリッド運動群が，ユークリッド空間におけるニュートン（I. Newton, 1642-1727）の運動方程式に自然と作用することになる．

ロバチェフスキー（N.I. Lobachevskiĭ, 1793-1856）の双曲型非ユークリッド空間およびその運動群についても詳しく述べる．この非ユークリッド空間は，アインシュタイン（A. Einstein, 1879-1955）の特殊相対性理論を記述する時空4次元空間として用いられ，その運動群は，相対論的な変換の群として，必然的に現れてきたものである．これを詳しく調べる．また，この運動群が自然に作用する一例として，ある相対論的微分方程式の変換について解説する．

リーマンの非ユークリッド空間は楕円型といわれるが，この空間およびその運動群についても紹介する．

以上のような「群の作用」をまとめて理解するのに，群の線形表現，さらには，群のユニタリ表現，という概念が導入された．群の表現の理論は，有限群論の発展とともに進んできたので，連続群やリー群の表現論が研究されるようになっても，かなりの間は，有限次元の表現が取り扱われてきた．

第2次世界大戦中あたりに無限次元の表現の研究が開始されて，それによって，全く違った局面が現代数学の中に開拓された．こうして，群の表現の理論は，現在，数学や数理物理学などの多くの分野で，非常に有効に活躍している．

以上は，本書全体への導入部でもある．そのため，リー群，変換群，表

現論，等々の数学用語を説明なしに使ったが，当面はそれをそのまま丸飲みにしておいていただきたい．

1.2　群の現代的定義

ここでは，現代における抽象化された群の定義を，簡単に述べてみよう．集合 G における 2 項演算とは，G の 2 つの元 a, b に対して，G のある元 c を与える算法である．元 c をここでは ab と書き，a, b の積という．

群の定義

空でない集合 G に 2 項演算があって次の公理を満たすとき，G を群 (group) という．

公理（ⅰ）　積 ab は結合律を満たす：　G の元 a, b, c に対して，

$$(ab)c = a(bc).$$

公理（ⅱ）　G の任意の元 a, b に対して $ax = b$ および $ya = b$ となる G の元 x, y が存在して一意的である．

この公理（ⅱ）は標語的にいえば，「G の中では，右からの割り算および左からの割り算が自由にできる」ということである．

これらの公理の意味合いは，これだけの規則を用いていろいろの計算を実行してみて，初めて体得できるものであって，初見ではあまり実感がわかないかもしれない．それが，現代数学における抽象化の弱点でもあり，また（具体性がない分）あらゆる局面に特別の障害なしにスルッと適用できるという長所のもとでもある．公理（ⅱ）の意味合いは次の定理によって少しは明らかになるであろうか．少し抽象的な議論に慣れるためにやや丁寧に証明してみよう．

定理 1.1　公理（ⅰ）の下で，公理（ⅱ）は次の 2 つの公理を合わせたものに同値である．

公理（ⅱ-1）(単位元の存在)　G の中に，ある元 e（単位元と呼ぶ）が存在して，G の任意の元 a に対して，$ae = ea = a$ が成立する．

公理（ii-2）(逆元の存在)　　G の任意の元 a に対して，$ax = xa = e$ となる x が存在する（x を a の逆元と呼び，a^{-1} で表す）．

証明　公理系（i），（ii），と公理系（i），（ii-1），（ii-2），の同値性を証明するのであるから，数学の問題と捉えることも，論理学の問題と捉えることもできる．

まず，公理（i），（ii）から，公理（ii-1）を出そう．そのために言葉を準備する．勝手な $a \in G$ に対し，つねに $ax = a$ となる元 x があれば，それを G の右単位元と呼ぶ．左単位元も同様に定義される．

さて，右単位元が1つは存在することを見よう．1つの元 $a \in G$ をとると，公理（ii）により，$ax = a$ となる元 x がある．これを e_a と書く．次に，勝手な元 $b \in G$ をとると，（ii）により，$ya = b$ となる $y \in G$ がある．この y を等式 $ae_a = a$ の両辺に左から掛けると，$y(ae_a) = ya$. これの右辺は，$ya = b$. 左辺は，公理（i）を使って，

$$y(ae_a) = (ya)e_a = be_a.$$

ゆえに，$be_a = b$ $(b \in G)$ となり，e_a は実は右単位元（の1つ）であることが分かる．

同様に，左単位元の存在も分かる．そこで，右単位元の1つを e，左単位元の1つを e' とすると，$e'e = e'$ (∵ e は右単位元)，また，$e'e = e$ (∵ e' は左単位元)．これによって，$e = e'$ は（両側）単位元となる．公理（ii-1）がいえた．

次に，公理（i），（ii）から，公理（ii-2）を出そう．（ii）により，$a \in G$ に対して，$ax = e$ の解 x（a の右逆元という），および $ya = e$ の解 y（a の左逆元）が存在する．（i）により，

$$(ya)x = y(ax)$$

である．これの右辺は，$y(ax) = ye = y$，左辺は，$(ya)x = ex = x$. ゆえに，$x = y$ となり，逆元の存在，すなわち，公理（ii-2）がいえた．

今度は，逆に，公理（i），（ii-1），（ii-2）から公理（ii）をいうべきであるが，それは，よい演習問題なので，読者に任せよう．

問題 1.1 公理（ⅰ），（ⅱ-1），（ⅱ-2）から公理（ⅱ）を導け．

ヒント：結合律（ⅰ）を用いて計算すれば，単位元および逆元の存在を主張する公理（ⅱ-1），（ⅱ-2）から，それらの一意性も証明される．また，（ⅱ）における解 x, y はそれぞれ，$x = ba^{-1}, y = a^{-1}b$ と表されることが分かる．

群 G における積が

公理（ⅲ）（可換律） $\qquad ab = ba \quad (a, b \in G),$

を満たすとき，G を可換群もしくはアーベル群という．可換群における群の演算はしばしば加法の記号 $a + b$ によって書き表される．

群 G の元の個数を G の位数(いすう)（order）といい，$|G|$ と書く．位数有限の群を有限群，そうでない群を無限群と呼ぶ．G の部分集合 H が積に関して群をなすとき，H を G の部分群という．

群 G の元 g に対して，$g^k = e$ となる最小の $k \geq 1$ を元 g の位数という．G がある元 g によって，$G = \{e, g, g^2, \ldots, g^{k-1}\}$（ただし，$k$ は g の位数）となっているとき，G は g によって生成される巡回群であるという．このとき，群 G の位数はその生成元 g の位数に等しい．

1.3 簡単な群の例

話をさらに進める前に，簡単な群の例を挙げよう．

例 1.1 実数全体を $\mathbf{R}$ で表す．$\mathbf{R}$ には2種類の演算がある．乗法（除法を含む）と加法（減法を含む）である．そこでまず，加法を忘れて，乗法だけを考えることにすると，0 だけ特別なので，それを除いた集合 $\mathbf{R}^* = \mathbf{R} \setminus \{0\}$ を考えると，それは群になる．すなわち，公理（ⅰ），（ⅱ）が成立する．これを $\mathbf{R}$ の乗法群という．この群の部分群としては，$\mathbf{R}^*_+ = \{x \in \mathbf{R} \mid x > 0\}$ や，位数 2 の群 $\{1, -1\}$ がある．また，位数有限の元は ± 1 だけである．

次に加法だけを考えることにすると，これも群になる．これを $\mathbf{R}$ の加法群という．この群の部分群としては，整数全体 $\mathbf{Z}$ あるいは有理数全体 $\mathbf{Q}$ などがある．また，任意の $a \in \mathbf{R}^*$ に対して，その整数倍全体

$a\mathbf{Z} = \{\, an \mid n \in \mathbf{Z} \,\}$ や有理数倍全体 $a\mathbf{Q} = \{\, ar \mid r \in \mathbf{Q} \,\}$ も部分群である．

以上の群はいずれも可換群である．

記号の約束　　集合 A, B に対して，その（集合論的）差 $A \setminus B$ とは，A に属しかつ B には属さぬ元全体のなす集合である．A, B の合併 $A \cup B$ と，交わり（共通部分）$A \cap B$ の記号も今後頻繁に使われる．また，A の元のうちある条件を満たすものを拾い出して部分集合を与えるときには，$\{\, x \in A\,;\, \ldots$（ここに x に対する条件を書く）$\,\}$ の形に書き表す．セミコロン（;）のかわりに縦棒（|）を使うこともある．

例 1.2　　1つの正三角形を考えよう．これを S と名付ける．S を動かしてまた自分自身（の跡）と重ね合わせる動きを考え，これを S に対する作用と思おう．作用の結果だけに注目すると，次の2種類の作用がある．1つは，三角形の中心の回りの，角度 $120°$ の右回り回転 a である．a は3回続けてやるともとに戻るので，$a^3 = e$（e は恒等変換）となり，a の位数は3であり，a の逆回転を a^{-1} と書くと $a^{-1} = a^2$ となる．$\{e, a, a^2\}$ が求める回転のすべてであって，位数3の巡回群（C_3 と書く）をなす．すなわち，C_3 には，公理（i），（ii）が成立する．S の3頂点に右回りに P_1, P_2, P_3 と名前を付けると，作用 a によって，P_1 はもとの P_2 の位置に，P_2 はもとの P_3 の位置に，P_3 はもとの P_1 の位置に移される．頂点の番号だけの動きを見ると，$1 \to 2, 2 \to 3, 3 \to 1,$ となっている（図1.1）．

もう1つは，頂点 P_1 を通る中心線に関して裏返す作用 b（鏡映変換

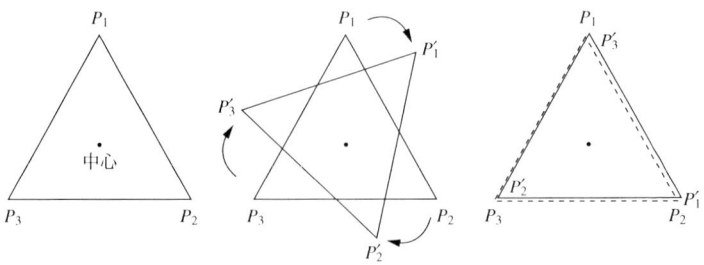

図 **1.1**　正三角形の中心の回りの $120°$ の回転 a

ともいう）である．このときは，$P_1 \to P_1$, $P_2 \to P_3$, $P_3 \to P_2$, となっている．頂点 P_1 の代わりに P_2 で考えるとその裏返しは，aba^{-1} であり，また，頂点 P_3 で考えるとその裏返しは $a^{-1}ba$ である（図1.2）．

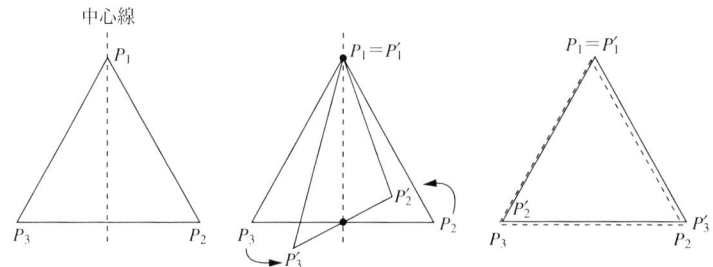

図 **1.2** 頂点 P_1 を通る中心線に関する裏返し（鏡映変換）b

2種類の作用 a, b の相互の関係は，$ab = ba^2$ によって規定される．これは $(a^3 = e, b^2 = e,$ を前提とすれば) $(ab)^2 = e$ とも同等である．かくて，S を自分自身に重ね合わせる作用の全体を G とすると，$G = \{e, a, a^2, b, ab, a^2b\}$ であり，位数6の群をなす．G は非可換だが，その部分群 C_3 および $H = \{e, b\}$ は可換である．

1.4　バーンサイドによる群の定義

次数 n の代数方程式には n 個の根がある．これらの根の置換の全体をひとまとめにして考えると，それが群の概念の初歩的段階であり，アーベルやガロアが実際に使ったものである．また，古くは，ユークリッドが三角形の合同条件を与えたとき，多分，1つの三角形を動かしてもう1つの三角形と重ね合わせることをイメージしていたであろう．この「三角形を動かす」という考えを，もっともっと昇華していくと，運動とか変換とか作用とか，それぞれ適当な集合を考えることによって種々の"具体的な群"に到達するわけである．ここでは，バーンサイド（W. Burnside）著 "*Theory of Groups of Finite Order*" 第2版（1911）に従って，当時の群の定義を見てみよう（図1.3，図1.4）．そのころの雰囲気を再現するために，まず忠実にテキストをコピーしてみよう．

Definition. Let

$$A, B, C, \ldots$$

represent a set of operations, which can be performed on the same object or set of objects. Suppose this set of operations has the following characteristics.

(α)   The operations of the set are all distinct, so that no two of them produce the same change in every possible application.

(β)   The result of performing successively any number of operations of the set, say $A, B, \ldots, K$, is another definite operation of the set, which depends only on the component operations and the sequence in which they are carried out, and not on the way in which they may be regarded as associated. Thus A followed by B and B followed by C are operations of the set, say D and E; and D followed by C is the same operation as A followed by E.

(γ) A being any operation of the set, there is always another operation A_{-1} belonging to the set, such that A followed by A_{-1} produces no change in any object. The operation A_{-1} is called the *inverse* of A.

The set of operations is then said to form a *Group*.

少し日本語で解説してみよう．記号を導入した方が分かりやすい．まず，ある objects (対象) $\Omega, \Omega', \ldots$ の集合 $X = \{\,\Omega, \Omega', \ldots\,\}$ への operations (作用) の集合を G と書く．G に入っている A を G の元といい，$A \in G$ または $G \ni A$ と書く．G の各元 A は，各 $\Omega \in X$ に作用する，すなわち，Ω を X の別の元に移す（この元をバーンサイドの本では，$\Omega.A$ と書く）．従って各 $A \in G$ は，X 上の変換を与えているわけである．さて，そうすると，(α), (β), (γ), それぞれのいっているところは次の

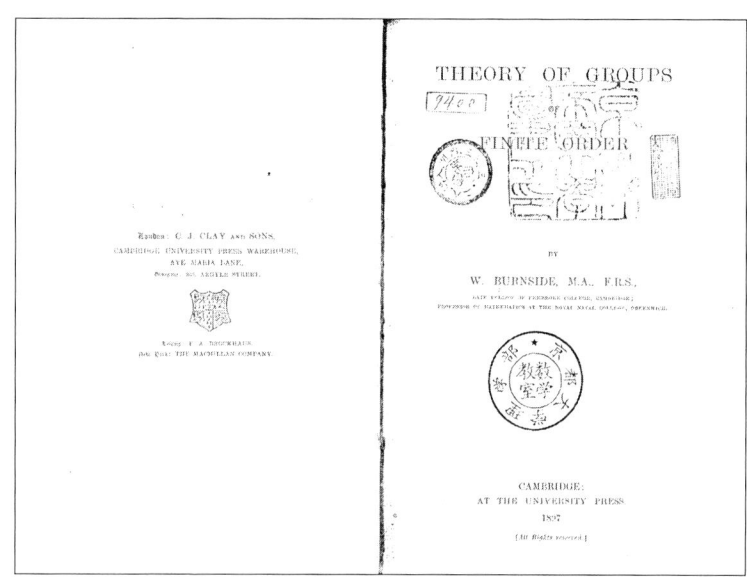

図 1.3 " *Theory of Groups of Finite Order* " 初版見開き

ようである．

(α) G の各元 $A, B, \ldots, C$ はすべて相異なる作用である．

(β) 任意個の $A, B, \ldots, K$ を引き続いて作用させると G の元になるが，その元は，これらの元の順序にはよるが，その順序が決まればその結合のさせ方にはよらないで決まる．例えば，3 元 A, B, C の場合，$D = AB, E = BC$ とおくと $DC = AE$ である（結合律）．

(γ) 各 $A \in G$ に対して，A_{-1} が存在して，$A A_{-1}$ は X 上への作用としては，どの Ω も動かさない作用（恒等変換）になる．

注意 1.1　バーンサイドの本では，作用 $A \in G$ が $\Omega \in X$ にはたらいた結果を，$\Omega.A$ と A を右から書くことになっているので，"A followed by B" は AB となる，すなわち，$(\Omega.A).B = \Omega.(AB)$.

また，群の元は大文字で，$A, B, C, \ldots$ と書かれているのは，現代では，小文字で，$a, b, c, \ldots$ と書かれるのが普通であり，その感覚からするとやや"事大主義"風に見える．これも，当時は群の元を"作用"として捉えていたことを如実

1.4　バーンサイドによる群の定義

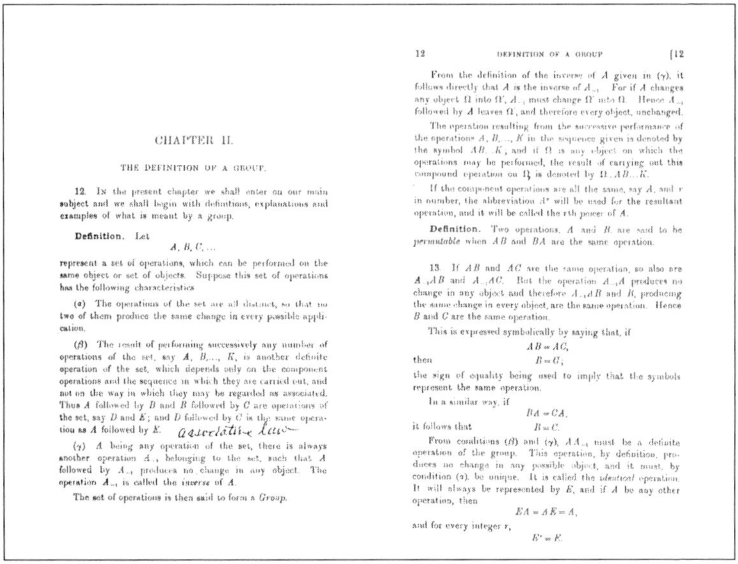

CHAPTER II.

THE DEFINITION OF A GROUP.

12. In the present chapter we shall enter on our main subject and we shall begin with definitions, explanations and examples of what is meant by a group.

Definition. Let

$$A, B, C, \ldots$$

represent a set of operations, which can be performed on the same object or set of objects. Suppose this set of operations has the following characteristics

(α) The operations of the set are all distinct, so that no two of them produce the same change in every possible application.

(β) The result of performing successively any number of operations of the set, say $A, B, \ldots, K$, is another definite operation of the set, which depends only on the component operations and the sequence in which they are carried out, and not on the way in which they may be regarded as associated. Thus A followed by B and B followed by C are operations of the set, say D and E; and D followed by C is the same operation as A followed by E. associative law

(γ) A being any operation of the set, there is always another operation A_{-1}, belonging to the set, such that A followed by A_{-1} produces no change in any object. The operation A_{-1} is called the *inverse* of A.

The set of operations is then said to form a *Group*.

12 DEFINITION OF A GROUP [12

From the definition of the inverse of A given in (γ), it follows directly that A is the inverse of A_{-1}. For if A changes any object Ω into Ω', A_{-1} must change Ω' into Ω. Hence A_{-1} followed by A leaves Ω', and therefore every object, unchanged.

The operation resulting from the successive performance of the operations $A, B, \ldots, K$ in the sequence given is denoted by the symbol $AB \ldots K$; and if Ω is any object on which the operations may be performed, the result of carrying out this compound operation on Ω is denoted by $\Omega . AB \ldots K$.

If the component operations are all the same, say A, and r in number, the abbreviation A^r will be used for the resultant operation, and it will be called the rth *power* of A.

Definition. Two operations, A and B, are said to be *permutable* when AB and BA are the same operation.

13. If AB and AC are the same operation, so also are $A_{-1}AB$ and $A_{-1}AC$. But the operation $A_{-1}A$ produces no change in any object and therefore $A_{-1}AB$ and B, producing the same change in every object, are the same operation. Hence B and C are the same operation.

This is expressed symbolically by saying that, if

$$AB = AC,$$

then $$B = C;$$

the sign of equality being used to imply that the symbols represent the same operation.

In a similar way, if

$$BA = CA,$$

it follows that $$B = C.$$

From conditions (β) and (γ), AA_{-1} must be a definite operation of the group. This operation, by definition, produces no change in any possible object, and it must, by condition (α), be unique. It is called the *identical* operation. It will always be represented by E, and if A be any other operation, then

$$EA = AE = A,$$

and for every integer r,

$$E^r = E.$$

図 **1.4** “*Theory of Groups of Finite Order*” 第2版 11 〜 12 頁

に表している．

閑話休題　**1**　　図 1.3 に見るように，理工科大学（明治 30 年 9 月開設，京都帝国大学の一部）の数学教室が “*Theory of Groups of Finite Order*” 初版を購入したのが，明治 33 年（1900）3 月 28 日である．Cambridge University Press での出版が 1897 年であるから，当時の外国郵便や船便の事情などを考えると，最先端の内容のこの書物が，驚くほど早く購入されている．当時の明治人の学術振興の意気込みがうかがわれるわけである．

問題 **1.2**　　4 つの元 a_1, a_2, a_3, a_4 を結合させるやり方は，

$$((a_1a_2)a_3)a_4,\ (a_1a_2)(a_3a_4),\ a_1(a_2(a_3a_4)),\ (a_1(a_2a_3))a_4,\ a_1((a_2a_3)a_4),$$

の 5 通りである．では，5 元 a_1, a_2, a_3, a_4, a_5 の結合のさせ方は幾通りあるか，紙に書いて数え上げてみよ．全部で 14 通り見つかればよい．

問題 **1.3**(やや難)　　n 個の元 $a_1, a_2, \ldots, a_n$ を結合させるやり方は，n が大きくなるにつれて非常に多くのやり方がある．しかし，結合律（3 元に関する）が成立していれば，これらの積はすべて，$a_1(a_2(a_3(\cdots(a_{n-1}a_n)))\cdots)$（右

側から順番に掛けていく）に等しいことを，n に関する数学的帰納法を用いて証明せよ．

2

二面体群, 多面体群

本章では，群論の基本的概念や用語を導入するとともに，群になじめるように，具体例として，正多角形や正多面体の対称性を記述する群について詳述する．

2.1　群論より { 群の生成, 同型, 直積, 巡回群 }

群の生成

1.2 節で定義された群 G を 1 つとる．B を G の部分集合とするとき，B を含む G の部分群のうちに最小のもの K がある．この K を B により生成される部分群といい，$\langle B \rangle$ とも書く．K は B および $B^{-1} = \{\, b^{-1} \mid b \in B \,\}$ の元を勝手に有限個とって勝手な順番で積を作ったものの全体である．B を群 K の生成系という．

例 1.2 においては，$G = \langle a, b \rangle$，すなわち，G は 2 元 $\{a, b\}$ によって生成されている．

準同型, 同型

2 つの群 G, G' をとるとき，G から G' への写像 ϕ が，$\phi(gh) = \phi(g)\phi(h)$ $(g, h \in G)$ と積を積に写すとき，ϕ を G から G' の中への準同型という．とくに ϕ が全射（すなわち，$\phi(G) = G'$）であるとき，ϕ を G'（の上）への準同型であるという．ϕ が単射（すなわち，$g \ne h$ ならば $\phi(g) \ne \phi(h)$）であるとき，G' の中への同型といい，ϕ がさらに全射（すなわち，G' の上への写像：$\phi(G) = G'$）であるとき，G と G' とは同型であるといい，記号で，$G \cong G'$ と書く．

G から G 自身の上への同型を，自己同型と呼ぶ．

群の直積

2つの群 G_1, G_2 があったとき，その直積とは，集合としての直積

$$G_1 \times G_2 = \{\,(g_1, g_2)\,;\, g_i \in G_i\ (i=1,2)\} \qquad (2.1)$$

に演算を，

$$(g_1, g_2)\,(g_1', g_2') = (g_1 g_1', g_2 g_2'), \quad (g_i, g_i' \in G_i\ (i=1,2)), \qquad (2.2)$$

と定義したものである．この積の定義が，G_1, G_2 それぞれを独立に扱っているので，群の公理（ⅰ），（ⅱ）を満たすことは明らかである．

例えば，例 1.1 において，群 $\mathbf{R}^*$ は直積群 $\{\,\pm 1\,\} \times \mathbf{R}_+^*$ に同型であり，その同型射像 ϕ は，$\phi(x) = (\mathrm{sgn}(x), |x|)$，ただし，$\mathrm{sgn}(x) = x/|x|$，で与えられる．

巡回群 $\mathbf{Z}_n$

位数 n の巡回群（cyclic group）の1つを C_n と書くと，それは，整数全体 $\mathbf{Z}$ を n を法とした剰余類に分けた加法群（$\mathbf{Z}_n$ と書く）に同型である．ここで，n を法とした剰余類とは，整数 p を n で割って $p = sn + r$ $(0 \le r \le n-1)$ としたとき，剰余 r が等しいものをひとまとめにしたもの $B_r = \{\,p = sn + r \mid s \in \mathbf{Z}\,\}$ であり，r をその類の代表元と呼ぶ．そこでの2項演算は和と呼ばれ，$\mathbf{Z}$ での加法からくるものである．剰余類2つの和は，それらの代表元 r, r' の和を，n を法として計算すればよい．

2.2　正多角形と二面体群

第1章の例 1.2 において，1つの正三角形を自分自身に写す変換のなす群を取り扱ったが，ここでは，一般の正 n 角形 B_n をそれ自身の上に写す変換全体のなす群 D_n を考える．D_n は二面体群（dihedral group）と呼ばれ，いろいろなところで，例を考えるのに重要である．n が偶数であるか，奇数であるかによって，少々様子が違うが，大した差はない．図 2.1 では，正五角形と，正六角形を代表にとって図示してある．

まず n 個の頂点に右回りに，$P_1, P_2, ..., P_n$ と番号を付ける．B_n の中心を固定して B_n を右回りに $2\pi/n$ ラジアン（$=360/n$ 度）だけ回転する作用を a で表す．すると，a を n 回繰り返すともとに戻るから，$a^n = e$ であり，a によって生成される D_n の部分群は位数 n の巡回群 $C_n = \{\,e, a, a^2, ..., a^{n-1}\,\}$ である．a は頂点の位置の置換 $P_1 \to P_2$, $P_2 \to P_3, ..., P_{n-1} \to P_n, P_n \to P_1$ を引き起こす．

次に，頂点 P_1 と B_n の中心を通る線分に関する裏返し変換（鏡映変換）b を考えると，$b^2 = e$（b の位数は 2）なので，b によって生成されるのは部分群 $H = \{\,e, b\,\}$ である．

群 D_n は $\{\,a, b\,\}$ によって生成され，元 a, b の間の関係は，$aba = b$ または $(ab)^2 = e$ で与えられる．群 D_n の位数は，$|D_n| = 2n$ である．

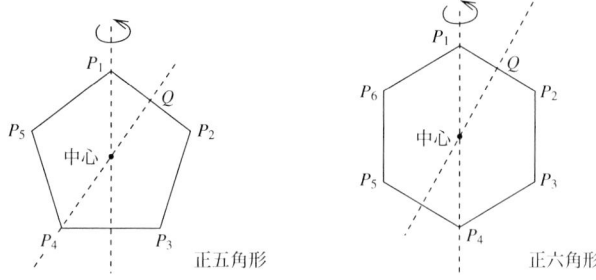

図 **2.1** 頂点 P_1 と中心を通る線分に関する裏返し変換（鏡映変換）b

問題 2.1　位数 2 の元 $b' = ab$ は B_n の辺 $\overline{P_1P_2}$ の中点 Q と中心を結ぶ直線に関する裏返し変換であることを示せ．群 D_n は 2 元 $\{\,a, b'\,\}$ によって生成される．また，位数 2 の 2 元 $\{\,b, b'\,\}$ によっても生成される．これを証明せよ．

問題 2.2　群 D_n の生成元系として，$\{\,b, b'\,\}$ をとったとき，その基本関係式は，$b^2 = e$, $(b')^2 = e$, $(b'b)^n = e$, である．（ここに，基本関係式とは，b, b' を含むいろいろの関係式はすべてそれらから出てくるということ．）

実は次の簡単な定理が，偶数位数の有限群の構造を調べるのに非常に役に立つとのことである．

定理 2.1　位数 2 の 2 元によって生成される有限群は，どれかの二面体群に同型である．

問題 2.3 群 $G = D_n = \langle a, b \rangle$ を考える．次を示せ．
（ⅰ） $\phi(a) := a^m, \phi(b) := b$, とおいて，$G$ から G 自身への準同型が与えられる．ここに，m は，$0 \leq m < n$ となる1つの整数である．
（ⅱ） 上の準同型が G の自己同型を与える必要十分条件は，"m が n と，1以外の共通因数をもたないこと"である．

問題 2.4 上の定理 2.1 を証明せよ．
ヒント：有限群 G の生成元を c, d と書くと，$c^2 = e', d^2 = e'$ (e' は G の単位元)．そこで，$f := dc^{-1} = dc$ とおくと，有限群だから，f の位数は有限であり，それを n とすると，$f^n = e'$．
二面体群 $D_n = \langle a, b \rangle$ から，G への準同型が，$\psi(a) := f, \psi(b) := c$, とおいて定義できることが分かる．この ψ が同型であることを示せばよい．(問題 2.2 に述べた基本関係式を考慮してもよい．)

2.3　正多面体と多面体群

ここでは3次元空間内にある正多面体を考える．それは，図2.2に示した四面体，六面体（立方体），八面体，十二面体，二十面体の5種に限ることは，古くから知られており，紀元前4世紀のギリシャの哲人プラトン（Platon, 427-347 B.C.）は，事物の基本構成単位としての4元素，火（Fire, 四面体），土（Earth, 六面体），空気（Air, 八面体），水（Water, 二十面体）と，宇宙（Universe, 十二面体）に対応させていた．

近代になってからも，正 k 面体 T_k をそれ自身に写す変換全体のなす群 $G(T_k)$ は，（正）k 面体群と呼ばれてよく研究されている．ここでは，鏡に映すような鏡映変換は除いて，空間内での回転で現れてくる変換ばかりを考える．この群により，T_k の対称性 (symmetry) が記述できるのである．これらの変換は T_k の外部にも自然に拡張されて3次元ユークリッド空間 E^3 の変換として捉えられる．座標の原点を T_k の中心にとると，各変換は，原点を固定する E^3 の空間的回転の特別のものである．ここでいう空間的回転とは，数学的に厳密にいえば，E^3 からそれ自身の上への等距離変換（距離を変えない変換）で原点を固定し，直交座標右手系をまた直交座標右手系に写すもの，である．(原点を通るある平面に関する鏡映変換では右手系は左手系に写される．)

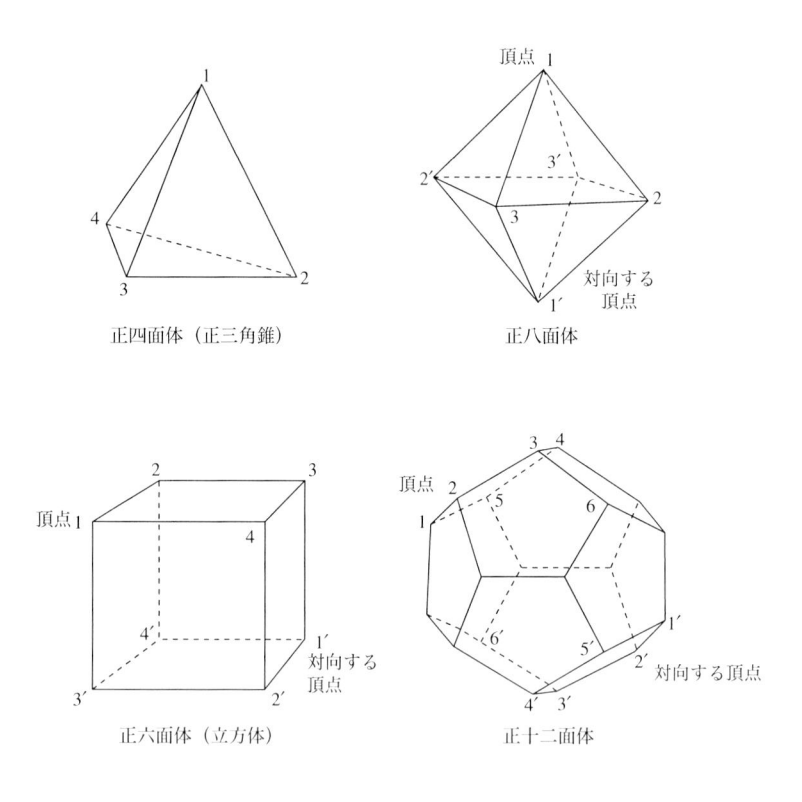

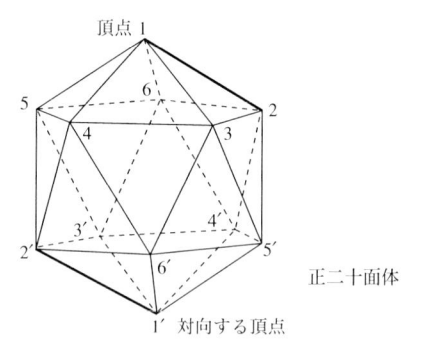

図 **2.2** 3次元ユークリッド空間 E^3 における正多面体

k 面体群を決定するのには次の事実が有効である．

定理 2.2　3 次元ユークリッド空間の空間的回転は，ある回転軸の回りの 2 次元的回転である． □

まず，この定理の意味を知るには，次のことを考えてみればよい．空間的回転を何回繰り返しても結果は相変わらず空間的回転である．ということは，いろいろの（原点を通る）回転軸の回りにいろんな角度で回転させても，それらの積は，結局ある 1 つの回転軸の回りの 2 次元的回転になっている．このことは，さらに第 7 章のユークリッド運動群についての話のところで詳しく述べる．

ここで，2 次元的回転とは，2 次元ユークリッド空間 E^2 に原点を $(0,0)$ とする直交座標 (x,y) を入れたときに，原点を中心とする角 φ（ギリシャ文字ファイ）の回転により，座標 (x,y) の点が座標 (x',y') の点に写されるとすれば，
$$\begin{cases} x' = \cos\varphi\, x - \sin\varphi\, y, \\ y' = \sin\varphi\, x + \cos\varphi\, y. \end{cases}$$
また，行列を用いて簡潔に表示すれば，
$$\begin{pmatrix} x' \\ y' \end{pmatrix} = \begin{pmatrix} \cos\varphi & -\sin\varphi \\ \sin\varphi & \cos\varphi \end{pmatrix} \begin{pmatrix} x \\ y \end{pmatrix}.$$
実際，$r = \sqrt{x^2 + y^2}$ として，$x = r\cos\theta$, $y = r\sin\theta$，と座標 (x,y) を極座標表示すれば，$x' = r\cos(\theta+\varphi)$, $y' = r\sin(\theta+\varphi)$，となる．ここに，三角関数 sin, cos の加法定理を使えば，上の公式を得る．

問題 2.5　上の (x',y') を与える公式を，図 2.3 を用いて幾何学的に証明してみよ．これは，結局，三角関数 sin, cos の加法定理を証明することになる．

ここでまず，正多面体 T_k ($k = 4, 6, 8, 12, 20$) の頂点，面，辺の個数，対称性の群 $G(T_k)$ についての結果を一覧表にしておこう（表 2.1）．この表の最後の欄では，$G(T_k)$ と同型な群を記号で $\mathcal{A}_4, \mathcal{A}_5, \mathcal{S}_4$ と表してあるが，それぞれ 4 次および 5 次の交代群，4 次の対称群を表している．それらについては次章を見られたい．

単位ベクトル
$$e'_1=\begin{pmatrix}\cos\varphi\\\sin\varphi\end{pmatrix}, \quad e'_2=\begin{pmatrix}-\sin\varphi\\\cos\varphi\end{pmatrix}$$

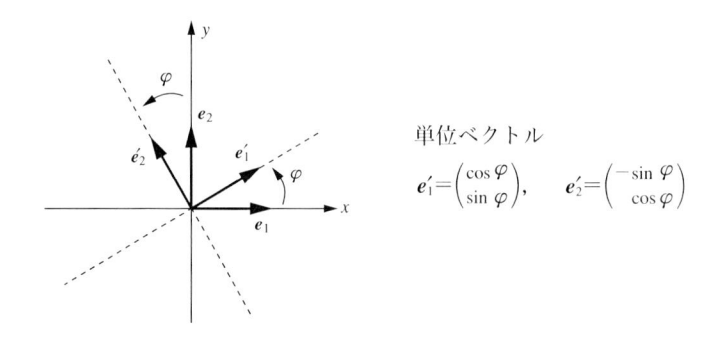

図 2.3 (x,y) 平面における角 φ の回転

表 2.1 正 k 面体の対称性の群 $G(T_k)$

正 k 面体 T_k	面の種類 (正 p 角形)	面の個数	頂点の個数	辺の個数	$G(T_k)$ の位数	$G(T_k)$ (同型群)
4	3	4	4	6	12	$\mathcal{A}_4$
6	4	6	8	12	24	$\mathcal{S}_4$
8	3	8	6	12	24	$\mathcal{S}_4$
12	5	12	20	30	60	$\mathcal{A}_5$
20	3	20	12	30	60	$\mathcal{A}_5$

閑話休題 **2**　ピタゴラス（Pythagoras, 572-492 B.C.）は前6〜5世紀に活躍したギリシャの哲学者であるが，一説によれば，彼はこの5種の正多面体を知っていたともいわれる．彼の名を冠したピタゴラス学派では，「数の学」「形の学」が，万物の原理を理解するための基本とされた．ここでいう数とは，自然数およびそれらの比としての有理数である．

この学派の学者ヒッパソス（Hippasos）は，学派内に秘蔵されていた"正十二面体の秘密"を漏らしたため溺死したとの伝承がある．あるいは，無理数の存在の秘密を漏らした廉により溺れさせられたとも．（初期のピタゴラス学派は，ピタゴラスを絶対者と仰ぎ，強力な団結力を誇った一種の結社であった．）

2.4　多面体群の決定

ここでは，正 k 面体 T_k に対する k 面体群 $G(T_k)$ はどんな変換から成り立っているのかを調べよう．定理 2.2 に注意すれば，$G(T_k)$ の単位元

(恒等変換) と異なる元は，ある回転軸の回りの 2 次元的回転である．そこで，まず回転軸となりうる候補は，T_k の中心と次のそれぞれの点を結ぶ線である：

　　（i）T_k のある面の中心，（ii）T_k のある辺の中点，（iii）T_k の頂点．

正四面体　　この場合，図 2.2 を見て分かるように，ある頂点と T_4 の中心を結ぶと向こう側の面の中心を通る．従って（i）と（iii）は同じ場合になる．各面は三角形であるから，この場合の回転角は，$2\pi/3, 4\pi/3$ となり，この型の変換の個数は，$(3-1) \times$（面の個数）$= 8$．

ある辺の中点と中心を結ぶと向こう側の辺の中点を通る．従ってこの種の回転軸の個数は，$6/2 = 3$．回転角は $2\pi/2 = \pi$ のみ．この種の変換の個数は 3．

恒等変換も合わせて，$G(T_4)$ の位数を求めると，$|G(T_4)| = 8+3+1 = 12$．

正六面体　　この立方体の場合は，サイコロによってイメージしやすい．

（i）の種類の回転軸は 3 本である．面が四角形なので，回転角は，$2\pi/4, 4\pi/4, 6\pi/4$ の 3 種類，従ってこの種の変換の個数は，$(4-1) \times 3 = 9$．

（ii）の種類の回転軸は，辺の中点と向かいの辺の中点とを結ぶことになるから 6 本，回転角は $2\pi/2$，であるから，この種の変換の個数は，6．

（iii）の種類の回転軸は 4 本．回転角は，1 つの頂点に面が 3 個集まっているので，$2\pi/3, 4\pi/3$．従って，この種の変換の個数は，$2 \times 4 = 8$．

全部合わせると，恒等変換を含めて，$|G(T_6)| = 9+6+8+1 = 24$．

正八面体　　この場合も，図 2.2 を見ながら，正六面体の場合と同じように計算すれば，（i）の種類の変換が，$(3-1) \times 4 = 8$ 個，（ii）の種類の変換が，6 個，（iii）の種類の変換が，$(4-1) \times 3 = 9$ 個．従って，$|G(T_k)| = 8+6+9+1 = 24$．

正十二面体　　この場合は，単に図 2.2 を見ただけでは様子が分かり

にくいので，展開図を図 2.4 に与えておいた．この展開図を厚手の紙に拡大コピーして切り出して，セロテープで貼れば，実際に手作業で正十二面体が作れるので様子が実感できる．展開図には記号を付けて，面 [1] とそれに対向する面 [1′]，頂点 1 とそれに対向する頂点 1′，辺 イ とそれに対向する辺 イ′，などを示しておいた．このように，$G(T_{12})$ に属する T_{12} の変換は，(ⅰ), (ⅱ), (ⅲ)，それぞれ独立の場合になって，回転軸の本数は，6, 15, 10, である．各面は正五角形だから，(ⅰ) の種類の変換の個数は，$(5-1) \times 6 = 24$．(ⅱ) の個数は，15，そして (ⅲ) の個数は，1 頂点に集まる面は 3 面なので，$(3-1) \times 10 = 20$．従って，十二面体群 $G(T_{12})$ の位数は，恒等変換も含めて，$24 + 15 + 20 + 1 = 60$．

図 2.4 において，面 [1]，頂点 1，と対向する面，頂点はそれぞれ，面 [1′]，頂点 1′ である．辺イと対向する辺はイ′ である．

正二十面体　　この場合も展開図を図 2.5 に掲げてあるので，拡大コピーして，正二十面体を手作りしてみていただきたい．数学ではなかなか実験ということがなく，頭脳労働ばかりなので，勉学途中で時として，疲れが貯まってくることがあるので，この手作業によって精神的疲れをほぐしてはいかがだろうか．

さて，正二十面体の場合は，先ほどの正十二面体のときとほぼ同様であるが，ただ，面と点の役割が入れ替わっている．実際，表 2.1 から見るように，面の個数と頂点の個数が入れ替わっており，辺の個数は同一である．これは，正十二面体の各面の中点を頂点とする多角形を考えれば，それが正二十面体であり，逆に正二十面体から同様にして正十二面体が得られることによる．このことを，正十二面体と正二十面体は互いに双対的であるという．

上述の形で，正十二面体 T_{12} の中に正二十面体 T_{20} が内接している状況を考えよう．外側の T_{12} の中心を固定する 3 次元ユークリッド空間 E^3 の回転で，T_{12} をそれ自身に写すものをとると，それは，内側の T_{20} をもそれ自身に写す．その逆も同様である．これによって，十二面体群と二十面体群との同型対応が得られたわけである．すなわち，記号では，

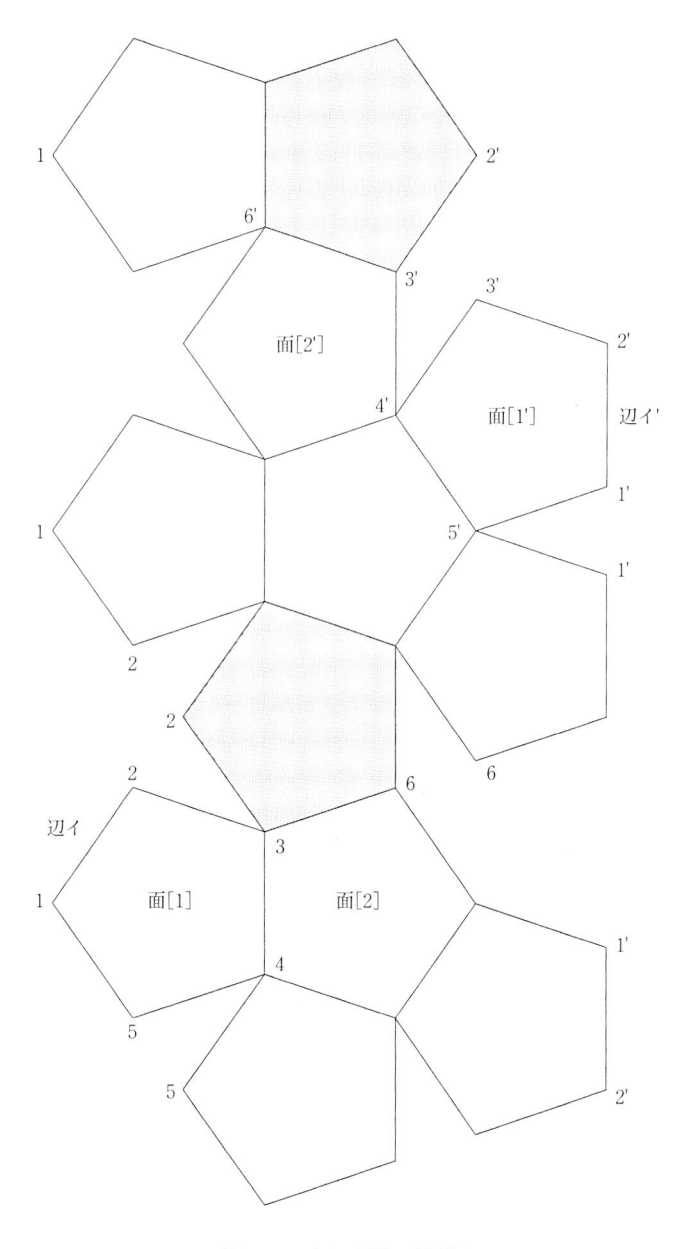

図 2.4　正十二面体の展開図

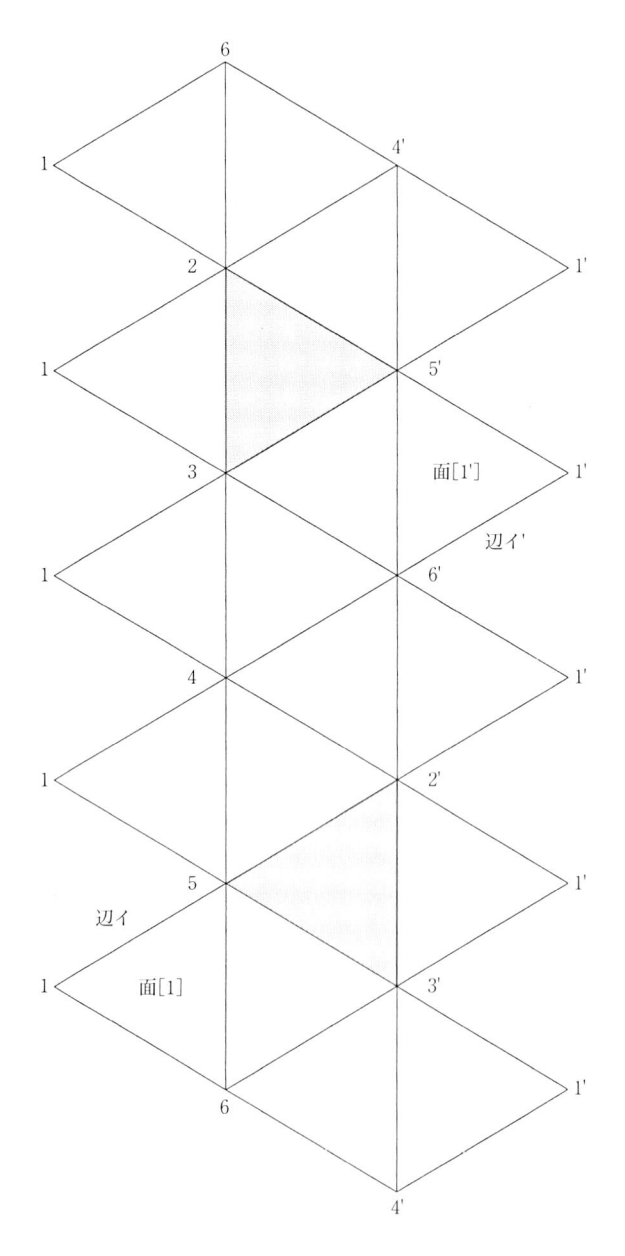

図 **2.5** 正二十面体の展開図

$G(T_{20}) \cong G(T_{12})$.

問題 2.5 正六面体と正八面体とは，互いに双対的であることを確認せよ（図 2.6）．そして，群の同型 $G(T_6) \cong G(T_8)$ に対する具体的な同型対応を与えよ．

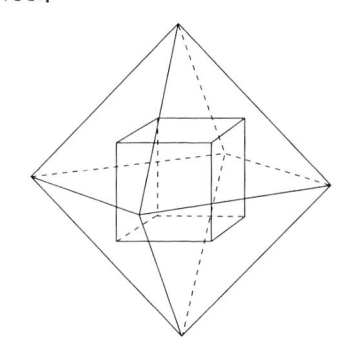

正八面体の各面の
中心を頂点にとれば
正六面体が得られる

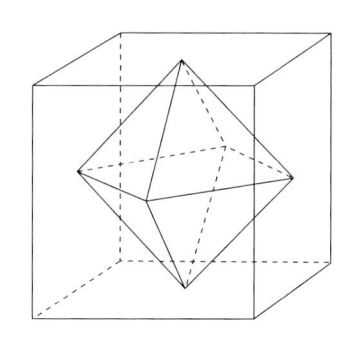

正六面体の各面の
中心を頂点にとれば
正八面体が得られる

図 **2.6** 正六面体と正八面体の双対

閑話休題 **3** プラトンの後期の著作である対話録「ティマイオス (Timaeus)」は，主たる対話者の名前をとって題名としてあるが，内容はプラトンの自然観，宇宙像，それを支える基本原理を述べる宇宙論が，主である．（海に沈んだといわれるアトランティス伝説に触れた箇所もある．）

彼の宇宙論で基本的なものとして捉えられている5つの正多角形は，西洋では古くはプラトン立体とも呼ばれていたようである．近世，ケプラーも，このプラトン立体を組み合わせて宇宙モデルを構想した．

2.5 多面体群の構造

前節では，多面体群 $G(T_k)$（記号を簡単にするため，ここでは単に G と書く）の各元がどんなものかを調べ，群の位数も分かった．しかし，これらの元が集まった全体としての群の構造はそれだけではよく分からない．ここでは，群としての構造にもっと踏み込んでみよう．

正 k 多面体 T_k のもとの位置（原位置）を考え，そこでの面を $1, 2, ..., k$ と名付ける．仮想的に透明なぴったりの入れ物を考えて，その入れ物の各

面に名前が書いてあると想像すると分かりやすい．群 G の各元 g は，この入れ物の中にある多面体をその中心の回りに回転させて入れ物にぴったりに重ねるわけである．

G の 1 つの元 g をとり，それで T_k を動かしたとき，実物の面の番号とそれと重なる入れ物の面の番号（原位置を示す）を見ると，実物の面 $1, 2, ..., k$ がそれぞれ入れ物の面（の番号）$j_1, j_2, ..., j_k$ にきているとする．すると，g は順列 $(1, 2, ..., k)$ を並べ替えたことになっている順列

$$(j_1, j_2, ..., j_k)$$

で決まっている．群 G の元を，j_1 の値によって種類に分けると，$1 \leq j_1 \leq k$ だから，k 個の種類に分かれる．

このうち，$j_1 = 1$，すなわち，面 1 を自分自身に重ねる g の全体を H とすると，それは部分群になる．実際，H は，各面を正 r 角形とし ($r = 3, 4, 5$)，面 1 の中心と T_k の中心を結ぶ軸の回りに 1 辺分だけ右回りに回転させる変換を a とすると，$H = \{e, a, a^2, ..., a^{r-1}\}$ となり，これは a を生成元とする位数 r の巡回群である．

さて，$2 \leq s \leq k$ に対して，$j_1 = s$ となる元 g を全部集めるとどうなっているだろうか？　まず，実物の面 1 は入れ物の面 s に G のどれかの元 g によって移してこられることは図 2.2 から見てとれる．そうした元を 1 つとって g_s と書く．他にも $j_1 = s$ となる元 g がある．すると，g によって実物の面 1 は入れ物の面 s に移ってくるが，続いて g_s の逆元 $(g_s)^{-1} = g_s^{-1}$ を作用させれば，s にある実物の面 1 を元の位置 1 に引き戻すことができる．従って，$h = g_s^{-1} g$ によって実物の面 1 がどう動くかを見れば，$1 \to s \to 1$ となるので，h は結果として面 1 をそれ自身の上にもってくる，すなわち，$h \in H$ である．これから，$h = g_s^{-1} g \in H$，この式の左から g_s を掛けると

$$g \in g_s H := \{g_s h \mid h \in H\}$$

となる．逆に，勝手な $g_s H$ の元 $g = g_s h$ をとれば，実物の面 1 は，$1 \to 1$ (h による)，ついで，$1 \to s$ (g_s による) となって，入れ物の面 s に

移される．これで，$j_1 = s$ となる g の全体が，$g_s H$ となることが分かった．(上で使った記号 := は，この記号の右側によって左側を定義する，という意味であり，コンピューター関連で大いに使われている便利なものである．)

これで，群 G が k 個の互いに素な（すなわち，共通部分のない）k 個の部分集合 $g_s H$ $(1 \leq s \leq k)$ に分割される．これを，

$$G = \bigsqcup_{1 \leq s \leq k} g_s H,$$

と書き表す．これから G の位数を勘定すると，

$$|G| = k \times r = (\text{面の個数}) \times (1 \text{つの面の辺の個数}),$$

となる．これが，2.4 節で計算した結果と一致することは，個別に確かめられる．

記号の約束　記号 $\sqcup$ は互いに素な部分集合の合併（この場合には，和ともいわれる）を表すのに使われる．必ずしも互いに素ではない部分集合の合併を表すには，記号 $\cup$ が使われる．例えば，$A \cup B$ や $\bigcup_{1 \leq s \leq m} B_s$．

さらに突っ込んで，詳しく多面体群 $G(T_k)$ の構造を調べようとすると，正四面体の場合は難しくないので，無手勝流でもできるが，正六面体以上では，次章で述べる置換群についての知識が必要である．結論としては，表 2.1 の最後の欄に示すように，置換の群である交代群 $\mathcal{A}_4, \mathcal{A}_5$ や対称群 $\mathcal{S}_4$ と同型になるのである．

閑話休題 4　いろいろの鉱物の結晶体は，それぞれ整った形をしているが，正多面体とは限らない．この結晶体の対称性の群も興味深い．

さらに，結晶を微細なレベルで見ると，何種類かの分子が，ある一定の規則に沿って格子状に並んでいる．この格子は，鉱物によるだけではなく，結晶ができるときの状態にもよる．同じ炭素でも，黒鉛結晶やダイヤモンド結晶もあれば，最近に発見されて話題になったサッカーボール状のバックミンスターフラーレン（Buckminsterfulleren）結晶 C_{60} などや，円筒状のナノチューブ結晶（1991 年発見）もある．C_{60} は六角形 20 個と五角形 12 個とでできるサッカーボールと

2.5　多面体群の構造　　29

同じ形状である．C_{60} が 2 個または 3 個つながった C_{120}, C_{180} も京都大学化学研究所において合成された（京都新聞 2000/7/8）．

カーボンナノチューブは六角形を張り合わせてできたチューブの両端を各々6個の五角形で閉じた形をしている．多くは多重であるが，単層のナノチューブもあり，その径は，1nm（= 10^{-9}m，ナノメートル）くらいである（2000/7/29 NHK 放送にて，発見者飯島澄男氏自身が模型を示していた）．これらの微細結晶の対称性の群も面白い．

結晶の分子が無数に規則正しく並んだ3次元格子についても，適当な平行移動とか回転とかで不変になっていることが多い．これもこの格子の対称性（不変性）を記述する群を与える．この群は，結晶にX線などを当ててその回折を観測することによって結晶の状態を知る構造解析において，重要な役割を果たしている．

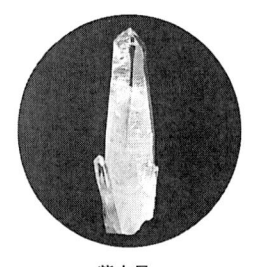

紫水晶
メキシコ産　2月の誕生石で有名なアメシストで，Fe^{4+} が含まれているため紫色になるといわれている．

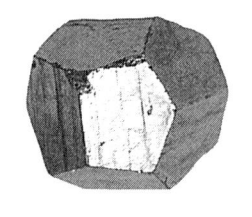

黄鉄鉱〈5角 12面体〉
秋田県大館市尾去沢鉱山産

黄鉄鉱〈6面体〉
スペイン産

水晶
山梨県牧丘町乙女鉱山産
日本式双晶．板状の2つの水晶が 84°33′ で交わる．

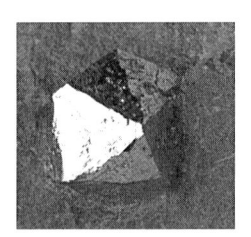

黄鉄鉱〈20面体〉
ポルトガル産

黄鉄鉱〈8面体〉
岩手県和賀郡和賀町和賀仙人鉱山産

図 **2.7** 水晶（石英単結晶，SiO_2）と黄鉄鉱結晶（FeS_2）
† ミュージアムパーク茨城県自然博物館所蔵

図 2.8 タイリング

また，2次元平面を何種類かの多角形で埋め尽くしていく，いわゆる，タイル貼り（tiling）も，それを不変にする群（多くの場合は，平行移動を含むので，位数は無限）と一緒にして考察すると面白い．

以上のような形で現れてくる群は，次章で述べる3次元ユークリッド空間の運動群の離散的な部分群として捉えられ，まとめて結晶群と呼ぶ．この群にまつわる問題を研究する数学の分野を数学的結晶学（mathematical crystallography）と呼ぶ．

2.6　群論より { 部分群による剰余類 }

ここでまた，群論の一般論に少しだけ戻ろう．群 G とその部分群 H があったとき，H を法とする右剰余類とは，部分集合 $gH = \{\, gh \mid h \in H \,\}$ のことである．g を右剰余類 gH の代表元という．代表元のとり方はいろいろあるが，剰余類 gH の勝手な元 $g' = gh$ は代表元になりうる．実際，$gH = g'H$ である．

相異なる右剰余類は互いに素である，すなわち，共通部分がない．従って，次の定理が得られた．

定理 2.3　群 G の部分群 H を法とする右剰余類について，各剰余類から1個ずつ代表元をとって，それを $\{\, g_\alpha\,;\, \alpha \in A \,\}$（$A$ は添字集

合）とすれば（これを代表元の完全系という），

$$G = \bigsqcup_{\alpha \in A} g_\alpha H.$$

とくに，G の位数について，$|G| = |A| \times |H|$. □

G が有限群であれば，部分群 H の位数は必ず G の位数を割り切る．その商 $m = |G|/|H|$ は剰余類 G/H の元の個数であり，部分群 H の指数（index）と呼ばれる．

G の H による右剰余類の全体は，G/H と書かれる： $G/H = \{\, gH \mid g \in G \,\}$. すると，$|G| = |G/H| \times |H|$.

H を法とする左剰余類も同様に定義できる．その全体を，$H\backslash G$ と書く．すなわち，$H\backslash G = \{\, Hg \mid g \in G \,\}$.

説明 2.1　　H を法とする剰余類について，もっと説明してみよう．集合 X の元の間の 2 項関係 $x \sim y$ $(x, y \in X)$ が次の 3 つの公理を満たすとき，これを同値関係であるという．

（ⅰ）$x \sim x$　　$(x \in X)$

（ⅱ）$x \sim y \Longrightarrow y \sim x$　　$(x, y \in X)$

（ⅲ）$x \sim y, y \sim z \Longrightarrow x \sim z$　　$(x, y, z \in X)$.

x と同値な元をすべて集めた集合を x の同値類と呼び，x をその同値類の代表元という．同値類の任意の元はその代表元になれる．

ここで，群 G とその部分群 H をとる．$X = G$ の中に 2 項関係として，$x \sim y \overset{\text{def}}{\Longleftrightarrow} x = yh$ $(\exists h \in H)$ を導入する．この 2 項関係は同値関係である（問題 2.6）．この同値関係に関する同値類が，H を法とする右剰余類 xH である．

記号の説明　　記号 ∃ は "存在して" を意味し，英単語 Exists の頭文字 E を反対向きにしたものである．上の $\overset{\text{def}}{\Longleftrightarrow}$ の右辺は，「H のある元 h が存在して，$x = yh$ となる」と読める．

問題 2.6　　説明 2.1 で H を用いて定義された $X = G$ の 2 項関係が同値関係であることを示せ．

ヒント：　上の 3 つの公理が成り立っていることを示せばよい．

例 2.1　G として正 k 面体群 $G(T_k)$ をとる．正 k 面体 T_k の頂点の個数を m として，頂点に番号を打って，$P_1, P_2, \cdots, P_m$ とする．頂点 P_1 を動かさない $g \in G$ をすべて集めた集合を K とする．K は部分群になる（証明せよ）．G の K を法とする右剰余類を与える同値関係は，
$$g \sim g' \overset{\text{def}}{\iff} \text{「g と g' は，頂点 P_1 を同じ頂点に移す」}$$
である．P_1 を P_j に移す変換の 1 つを，$g_j \in G$ とすると，$G/K = \{g_j K \mid 1 \leq j \leq m\}$ である．

例 2.2　2.1 節における整数全体のなす加法群 $G = \mathbf{Z}$ をとり，その部分群として，自然数 n の倍数全体 $H = n\mathbf{Z} := \{nr \,;\, r \in \mathbf{Z}\}$ をとる．このとき，H を法とする剰余類は，$a + n\mathbf{Z} := \{\,a + nr \,;\, r \in \mathbf{Z}\,\}$ の形をしている．$G/H = \mathbf{Z}/n\mathbf{Z}$ の完全代表元系としては，例えば，$\{0, 1, 2, ..., n-1\}$ がとれる．この剰余類を与える同値関係は，
$$x \sim y \overset{\text{def}}{\iff} \text{「$x - y$ は n の倍数」}$$
である．この同値関係をしばしば，$x \equiv y \pmod{n}$ と書く．" mod n "，または，" modulo n " は，和訳すると "n を法として" となる．これは古典的な用語であり，それを一般の群の G/H の場合に借用してきたのである．

また，" mod n " の関係は，日常的によく出くわす同値関係である．例えば，円周を n 等分して n 本の杭を $Q_0, Q_1, ..., Q_{n-1}$，と打ってあるコースをジョギングで時計回りに走っていくとする．杭と次の杭の間を走るのを 1 単位として勘定すると，Q_0 から出て，a 単位走ったときに到達している杭の番号を q とすると，$a \equiv q \pmod{n}$ である．

n が素数 p のときには，$\mathbf{Z}/p\mathbf{Z}$ は数学的には，特別に面白いものであり，また最近の暗号理論にも使われている．

3

置換群，および 群の置換表現

　これまで，群の具体的な例として，二面体群，多面体群などを調べてきたが，本章では，簡単に理解できるがなかなか内容が豊富であり，かつまた基本的に重要である，置換群について述べる．さらに，有限群の置換群の中への準同型や同型の対応（群の置換表現という）について述べる．

　これを受けて次章では，具体例として，多面体群の群構造を置換表現によってより詳しく調べる．

3.1 n 次置換群

　何個かのものがあったとき，それらの間で置き換えをすることは日常的によく出会うことである．

　前章の 2.5 節では，正多面体 T_k の運動 $g \in G(T_k)$ が T_k の k 個の面の間の置換によって記述されることに触れた．そこでは，k 個の面に $1, 2, ..., k$ と名前を付けたので，k 個の数の間の置換が現れてきたわけである．もちろん，面ではなく頂点たちに注目すれば，g は頂点たちの間の置換を引き起こす．また，辺たちに注目してもよいわけである．例えば，正六面体（立方体）の場合には，面は 6 個，頂点は 8 個，辺は 12 個あるので，同じ群 $G(T_6)$ がそれぞれ，6, 8, 12 個の物たちの置換によって表現されるわけで，3 種類の，置換による表現（置換表現という）を自然にもっているわけである．

　集合 X の上の置換とは，X から X 自身の上への 1 対 1 対応（あるいは写像といってもよい）のことである．X 上の置換全体をまとめて $\mathcal{S}_X$

と書く．これは，"置換を引き続いて行う" ことを置換の積と定義して，自然と群になる．例えば，結合律が成立することはほぼ自明であるが，自分で納得できるまで考えてみていただきたい．

集合 X が無限集合のときには，$\mathcal{S}_X$ の元のうち，X の有限個の元だけ並べ替える置換全体を $\mathcal{S}'_X$ と書けば，これは $\mathcal{S}_X$ の部分群である．例えば，$X = \mathbf{Z} =$ 整数全体，ととれば，置換 $\sigma_\pm$（シグマ）$: j \mapsto j \pm 1$ $(j \in \mathbf{Z})$ は，無限個の j を置換しているので $\mathcal{S}'_X$ の元ではない．しかし積を考えると，$\sigma_+ \sigma_- = \sigma_- \sigma_+ = \mathbf{1}$．ここに，$\mathbf{1}$ は，X のどの元も動かさない置換（恒等置換）で，群 $\mathcal{S}_X$ の単位元になっている．

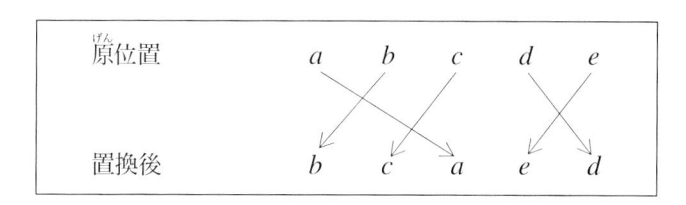

図 **3.1** 文字 a, b, c, d, e の置換

図 3.1 では，$X = \{a, b, c, d, e\}$ であり，a の位置にあったものが，c の位置に動かされているので，$\phi(a) = c$, とおく．同様の規則で，$\phi(b) = a, \phi(c) = b, \phi(d) = e, \phi(e) = d$, とおいて，$X$ から X の上への 1 対 1 対応 ϕ（ギリシャ文字ファイ）が決まる．

さて，置換されるものの集合 X の元に，面だとか点だとか辺だとか，あるいはアルファベットの文字 $a, b, c, ...$, だとか漢字だとか，いちいち個性をもたせていては，数学的な議論がスムーズにいかないので，置換群の一般論においては，それらのものを抽象化して数字によって代表させてしまう．例えば，図 3.1 におけるアルファベット文字の置換に対応するのは，数字 $\{1, 2, 3, 4, 5\}$ の置換であり，そのときの ϕ を 2 行の行列の形に書くと，次のようになる：

$$\begin{pmatrix} 1 & 2 & 3 & 4 & 5 \\ \phi(1) & \phi(2) & \phi(3) & \phi(4) & \phi(5) \end{pmatrix} = \begin{pmatrix} 1 & 2 & 3 & 4 & 5 \\ 3 & 1 & 2 & 5 & 4 \end{pmatrix}. \quad (3.1)$$

数字の置換はギリシャ文字で表すのが普通なので，上の置換に対応する1対1写像をあらためて σ（ギリシャ文字シグマ）と書き，これをもって置換を代表させる．σ により，$1 \to 3, 2 \to 1, 3 \to 2, 4 \to 5, 5 \to 4$, なので，$\sigma(1) = 3, \sigma(2) = 1, \sigma(3) = 2, \sigma(4) = 5, \sigma(5) = 4$, と書かれる．ここで，$\sigma(i) = j$ のときには，「i は σ によって j に移された」，あるいは，「σ の作用によって i は j に移った」という．置換 σ は，上のように上下2段の行列の形に書くと，目で見てすぐ分かるので便利である．上側がもとの位置（原位置という）で，下側が置換後の位置を示す．

　すると，2つの置換の積は簡単に計算できる．例えば，

$$\sigma = \begin{pmatrix} 1 & 2 & 3 & 4 & 5 \\ 3 & 1 & 2 & 5 & 4 \end{pmatrix} = \begin{pmatrix} 1 & 2 & 3 & 4 & 5 \\ \sigma(1) & \sigma(2) & \sigma(3) & \sigma(4) & \sigma(5) \end{pmatrix},$$

$$\tau = \begin{pmatrix} 1 & 2 & 3 & 4 & 5 \\ 5 & 4 & 3 & 2 & 1 \end{pmatrix} = \begin{pmatrix} 1 & 2 & 3 & 4 & 5 \\ \tau(1) & \tau(2) & \tau(3) & \tau(4) & \tau(5) \end{pmatrix},$$

とすると，積 $\sigma\tau$ は，

$$\sigma\tau = \begin{pmatrix} 1 & 2 & 3 & 4 & 5 \\ 3 & 1 & 2 & 5 & 4 \end{pmatrix} \begin{pmatrix} 1 & 2 & 3 & 4 & 5 \\ 5 & 4 & 3 & 2 & 1 \end{pmatrix} \tag{3.2}$$

$$= \begin{pmatrix} 1 & 2 & 3 & 4 & 5 \\ 4 & 5 & 2 & 1 & 3 \end{pmatrix}$$

となる．計算方法は，$i = 1, 2, 3, 4, 5,$ として，i に順番に τ（タウ），σ を左から作用すると考えて，

$$i \xrightarrow{\tau} \tau(i) = j \xrightarrow{\sigma} \sigma(j) = \sigma(\tau(i)),$$

である．従って，上の具体的な数字を入れれば，$1 \xrightarrow{\tau} 5 \xrightarrow{\sigma} 4, 2 \xrightarrow{\tau} 4 \xrightarrow{\sigma} 5$, 等々である．

　このように，数学的に置換の群を研究しようとするときには，普通 n 個の数字の集合 $I_n = \{1, 2, ..., n\}$ の上の置換を考える．I_n 上の置換の全体 $\mathcal{S}_{I_n}$ をあらためて $\mathcal{S}_n$ と書くと，上述のように置換の積を考えること

により，$\mathcal{S}_n$ には群の構造が入る．このとき，$\mathcal{S}_n$ の単位元は，恒等置換 $\mathbf{1}$ ($i \xrightarrow{\mathbf{1}} i \ (\forall i \in I_n)$ と，すべての i をもとのままに置いておく置換）である．$\mathcal{S}_n$ は，n 次対称群と呼ばれ，その位数は，$|\mathcal{S}_n| = n!$ (n の階乗) $= n(n-1)(n-2)\cdots 2 \cdot 1$．$\sigma \in \mathcal{S}_n$ を上のように行列形に書いたときの，積の計算方法は $n = 5$ のときに上で説明した通りである．これを式で書けば，

$$(\sigma\tau)(i) := \sigma(\tau(i)) \quad (i \in I_n),$$

となる．また，σ の逆元 σ^{-1} は，σ の行列形表示において，第 1 行と第 2 行をそのまま上下交換すればよい（正確には，そのあと，各列を第 1 行が，$1, 2, ...,$ と順番になるように入れ替える）．

3.2 偶置換，奇置換，交代群

各置換 $\sigma \in \mathcal{S}_n$ は，上記の行列形表示の外に，いわゆる巡回置換による表示がある．ある $i \in I_n$ から出発して，σ によって移される先を追跡していくと，$i \xrightarrow{\sigma} \sigma(i) \xrightarrow{\sigma} \sigma(\sigma(i)) = (\sigma^2)(i) \xrightarrow{\sigma} (\sigma^3)(i) \xrightarrow{\sigma} ....$，となり，いつかはもとの i に戻ってくる．この一巡りを，$(i \ \sigma(i) \ \sigma^2(i) \ ...)$ と順番に出てきた数字を書く．これが，いわゆる巡回置換である．もし，σ が i を不変にしている，すなわち，$\sigma(i) = i$，のときは，1 文字の巡回置換 (i) が現れるわけだが，これは多くの場合は無用なので省略することになっている．σ はこのやり方で，何個かの巡回置換の積に書くことができる．そのとき，これらの巡回置換の間には，同じ数字は 2 度は出てこないようになっている．

例 3.1 前節の σ では，出てくる巡回置換は，$1 \xrightarrow{\sigma} 3 \xrightarrow{\sigma} 2 \xrightarrow{\sigma} 1$，および，$4 \xrightarrow{\sigma} 5 \xrightarrow{\sigma} 4$，である．前節の τ についても同様に考えれば，これらの置換の巡回置換による表示は，次のようになる：

$$\sigma = (1 \ 3 \ 2)(4 \ 5), \qquad \tau = (1 \ 5)(2 \ 4). \tag{3.3}$$

2 文字の巡回置換 $(i \ j)$，すなわち，$i \to j, j \to i$，を，i, j の 2 つを互いに交換するという意味で，互換と呼ぶ．すると，次の定理が主張す

るように，任意の置換は互換の積になっている．また，偶数個（奇数個）の互換の積に書ける置換を偶置換（奇置換）という．この命名が正当化されるのは，次の定理による．

定理 **3.1**

（ⅰ）　任意の置換 $\sigma \in \mathcal{S}_n$ は，互換の積で書ける．

（ⅱ）　その際に，用いられる互換の個数は，σ ごとに偶奇が決まっている．

証明　まず（ⅰ）を証明する．σ は巡回置換の積で書けるので，すべての巡回置換が互換の積で書けることを示すと，σ が互換の積になることが分かる．p 文字の巡回置換 $(i_1\ i_2\ \cdots\ i_p)$ をとると，

$$(i_1\ i_2\ \cdots\ i_{p-1}\ i_p) = (i_1\ i_p)(i_1\ i_2\ \cdots\ i_{p-1})$$

となるので，p に関する数学的帰納法によって証明が完了する．

主張（ⅱ）を示すのには，n 変数 $X_1, X_2, ..., X_n$ の多項式に対する対称群 $\mathcal{S}_n$ の作用を考える必要がある．それは，次節で詳しく述べるが，当面の話の流れからは，少しはずれているので，今すぐ是非とも読みこなさなければならぬということではない．先を急ぎたい方は次節をパスしてもよい．そして後日ここに帰ってきていただきたい．

置換の符号

置換 σ の偶奇によって，σ の符号を $\mathrm{sgn}(\sigma) = 1$ または $\mathrm{sgn}(\sigma) = -1$ とおく．

例 **3.2**　　上の例にある $\sigma = (1\ 3\ 2)(4\ 5)$ を互換を用いて書くと，

$$\sigma = (1\ 2)(1\ 3)(4\ 5) = (1\ 2)(1\ 3)(2\ 4)(2\ 5)(2\ 4) = \cdots.$$

また，$\tau = (1\ 5)(2\ 4)$ もいろいろな表し方がある．例えば，

$$\tau = (1\ 3)(3\ 5)(1\ 3)(2\ 4) = (1\ 3)(3\ 5)(1\ 3)(1\ 2)(1\ 4)(1\ 2).$$

いずれにせよ，$\mathrm{sgn}(\sigma) = -1,\ \mathrm{sgn}(\tau) = 1,$ である．

問題 3.1 　　 p 文字の置換 $\sigma = (i_1 \ i_2 \ \cdots \ i_p)$ を互換の積に書き下せ．そして，$\mathrm{sgn}(\sigma) = (-1)^{p-1}$ を示せ．

問題 3.2 　　 相異なる3個の自然数 $i, j, k,$ をとると，互換の間の関係式として，$(i\ j)(j\ k)(i\ j) = (i\ k)$ となること，すなわち，$(j\ k)$ を $(i\ j)$ で両側からはさんで変換すると，$(i\ k)$ になること，を示せ．

問題 3.3 　　 より一般に，$\tau \in S_n$ により，巡回置換 $\sigma = (i_1 \ i_2 \ \cdots \ i_p)$ を $\tau \sigma \tau^{-1}$ と変換すると，巡回置換 $(\tau(i_1) \ \tau(i_2) \ \cdots \ \tau(i_p))$ になることを示せ．

閑話休題 5 　　 定理 3.1（ⅰ）のいっていることを，日常生活のなかで考えると，テレビなどでよくお目にかかる次のような手品の場面が思い出される．それは，不透明なコップなどを机上に伏せて，そのうちの1つに硬貨を入れたのち，コップを両手で1回に2個ずつ交換することを何回か行って，さて，硬貨はどのコップに入っているでしょう，と聞く．

このコップの置き換えが置換である．両手で2個のコップを入れ替えるのは，互換である．定理 3.1（ⅰ）によれば，任意の置換は互換の積であるから，「コップの総数が何個であっても，2個ずつの入れ替えで勝手な置き換えができる」わけである．コップの数が3個のときには，2回の互換でもう十分である．コップが4個ならば，3回の互換を繰り返せば，勝手な置き換えができる．では，コップが5個になったら，何回の互換でよろしいか？　もちろん下手にやれば回数は増えるが，上手にやったときの話である．

3.3 　あみだくじと置換群

小学校や中学校のクラスで何かの順番を決めたり，あるいは，景品の当選順位を決めたり，役目の分担を決めたりするのに，よくあみだくじを使う．参加者に勝手に横線を加えてもらうこともできるし，公平感があるからであろう．

あみだくじは，まずくじを引く人数分だけ縦線を引き，隣り合う縦線の間に適当に横線を引く．参加者は選んだ縦線を出発点として，横線に出会えばそれを渡って隣の縦線に移る，という規則で終点までたどる．景品が人数分なければ終点での順番全体が意味があるわけではないが，ここでは，出発点での順番が到着点でのどんな順番に変わるのかに注目してみよう．この見方をすると，あみだくじは，置換群の絶好の例である．

それを説明しよう．n 個の出発点から真下に縦線を引いて，左から順

番に縦線およびその出発点と到着点に同じ番号を，$1, 2, \ldots, n$，と付ける．そのあと，横線を適当に隣り合う縦線間に引く．このあみだくじで，番号 j の出発点から出て番号 $\sigma(j)$ の到着点に到着するとすると，σ は I_n の置換である：$\sigma \in \mathcal{S}_n$．こうして，n 本の縦棒をもつあみだくじは n 次置換群の元を決める．

縦線 i と縦線 $i+1$ の間に横線 $[i, i+1]$ を引いたとき，その効果は何かというと，互換 $s_i := (i \ \ i+1)$ である．実際，すぐ上から縦線 i を伝わってきた折れ線はこの横線を渡り，縦線 $i+1$ に移り，逆に縦線 $i+1$ を伝わってきた折れ線は，縦線 i に移る．$s_1, s_2, \ldots, s_{n-1}$ を単純置換と呼ぶ．簡単のため，同じ高さには横線が1本しかないように書いておき，横線を上から，$[i_1, i_1+1], [i_2, i_2+1], \ldots, [i_{\ell-1}, i_{\ell-1}+1], [i_\ell, i_\ell+1]$，とする．このとき最終的に得られる置換 σ は，単純置換の積 $\sigma = s_{i_\ell} s_{i_{\ell-1}} \cdots s_{i_2} s_{i_1}$ である．何となれば，$j \in I_n$ に対して，まず最初の横線 $[i_1, i_1+1]$ での効果は s_{i_1} であるから，$j \to s_{i_1}(j) =: j'$．それに続いての効果は s_{i_2} であるから，$j' \to s_{i_2}(j') = s_{i_2}(s_{i_1}(j)) = (s_{i_2} s_{i_1})(j)$，従って結局 $j \to (s_{i_2} s_{i_1})(j)$．以下同様である．

横線の引き方が違っていても同じ置換 σ に到達することはよくある．例えば，置換の間の等式 $s_i s_{i+1} s_i = s_{i+1} s_i s_{i+1}$ は，互換 $(i \ \ i+2)$ の2通りの表示を与えるが，あみだくじで見れば図3.2のようになる．

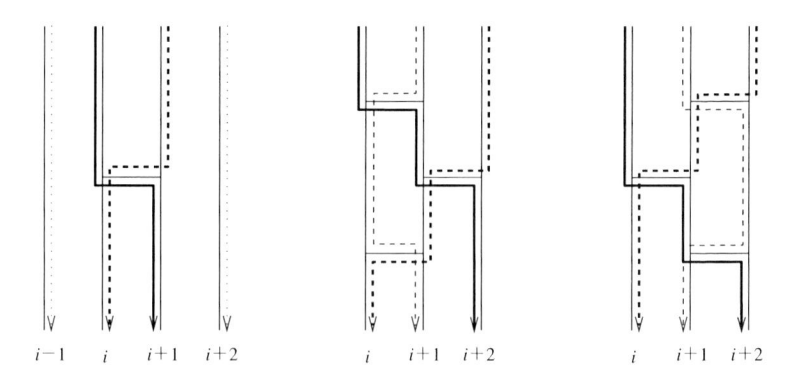

図 **3.2** あみだくじにおける横線の効果，および $s_i s_{i+1} s_i = s_{i+1} s_i s_{i+1}$

勝手な置換 σ をあみだくじで実現できるか？ これは Yes である．詳しく見てみよう．

まず，$n=2$ のときには，$\mathcal{S}_2$ の元は，恒等置換 $\mathbf{1}$ と単純置換 $s_1 = (1\ 2)$ である．

次に，$n=3$ のときには，$\mathcal{S}_3$ の元は，恒等置換 $\mathbf{1}$ と単純置換 $s_1, s_2 = (2\ 3)$ のほかには，互換 $(1\ 3)$ は $(2\ 3)(1\ 2)(2\ 3) = s_2 s_1 s_2$ と単純置換の積に書け，さらに，$(1\ 2\ 3) = s_1 s_2$, $(1\ 3\ 2) = s_2 s_1$ となるので，すべての置換 $\sigma \in \mathcal{S}_3$ があみだくじで実現できる．

一般の n については，これを n に関する数学的帰納法で示そう．

定理 3.2　　$n \geq 2$ とする．

（ⅰ）　n 本の縦棒をもつあみだくじで任意の置換 $\sigma \in \mathcal{S}_n$ が実現できる．

（ⅱ）　任意の置換 $\sigma \in \mathcal{S}_n$ は単純置換の積に書ける．

証明　　上の主張の（ⅱ）を示せばよい．

数学的帰納法の第1段：　$n=2$ の場合は既に上で示した．

数学的帰納法の第2段：　$n=k$ のときに主張が正しいとすれば，$n=k+1$ のときにも正しいことを示そう．勝手な元 $\sigma \in \mathcal{S}_n$ をとる．$\sigma(k+1) = k+1$ であれば，$\sigma \in \mathcal{S}_k$ であるから，$n=k$ に対する（帰納法の）仮定により，σ は単純置換の積に書ける．

$\sigma(\ell) = k+1$, $\ell < k+1$ とする．互換 $\tau = (\ell\ k{+}1)$ をとり，$\sigma' = \sigma\tau$ とおくと，$\sigma'(k+1) = k+1$．実際，$k+1 \xrightarrow{\tau} \ell \xrightarrow{\sigma} k+1$．すると，$\sigma'$ には帰納法の仮定が使える．従って，あとは，互換 τ を単純置換の積で書けばよい．それは，

$$\tau = (\ell\ k{+}1)$$
$$= s_\ell s_{\ell+1} \cdots s_{k-1} s_k s_{k-1} \cdots s_{\ell+1} s_\ell \quad (k+1-\ell\ \text{個の積}), \quad (3.4)$$

である．これで帰納法の第2段が完了した．　　□

問題 3.4　　互換 $(\ell\ k{+}1)$ を単純置換の積に書いた等式 (3.4) を証明せよ．

注意 3.1 　　記号 □ は証明の終わりを示すために用いる．さらに，定義や（証明なしまたは証明済みの）定理のステートメントの終わりを示すためにも，必要に応じて用いることとした．これはテキスト全体を見やすく読みやすくするためである．

$\sigma \in \mathcal{S}_n$ を単純置換の積で表示するとき，それは一意的ではない．もし最小個数の置換の積で書いたとすると，対応するあみだくじは最小個数の横線で実現されている（無駄がない）．この最小個数を置換 σ の単純置換の族 $R_n := \{s_1, s_2, \ldots, s_{n-1}\}$ に関する長さという．（対称群 $\mathcal{S}_n$ の構造については，11.2 節参照）．

閑話休題 6 　　はるかむかし，小学生だったときに，クラスでの席順を決めるのに大きなあみだくじを使った．黒板一杯にクラスの人数分の縦線を引いて，くじを作ったのち，クラスの全員が順番に希望する位置に横線を 1 本ずつ加えた．全員でわいわい言いながらの楽しい行事だった．

縦棒 i と $i+1$ の間に横線を 1 本加えるのは，単純置換の積の途中に 1 個 $s_i = (i\ i+1)$ を挿入することになる．よく知っているようにその 1 本の横線でくじの結果はがらっと変わってしまう．隣に並びたいとほのかに希望していた好きな友達とも離ればなれになってしまう．

3.4 多項式への対称群の作用

ここでは，先述の定理 3.1(ⅱ) の証明を完結させるためと，もうひとつは，群の作用についての身近な具体例を示すために，対称群 $\mathcal{S}_n$ の多項式への作用を取り扱う．

n 変数 $X_1, X_2, ..., X_n$ の多項式 P を考える．それは，単項式 $X_1^{p_1} X_2^{p_2} \cdots X_n^{p_n}$ の 1 次結合（係数を掛けて和を作る）である．ここに，$p_1, p_2, ..., p_n$ は，非負の整数である．例えば，$n = 3$ のとき，

$$P(X_1, X_2, X_3) = 5\, X_1^{\,3} X_2^{\,4} X_3^{\,5} + 3\, X_1^{\,2} X_2 X_3 + 2\, X_1 + X_2 + \frac{3}{4}. \tag{3.5}$$

さて，$\sigma \in \mathcal{S}_n$ をとり，それの変数たち $X_1, X_2, ..., X_n$ への作用を通して，P への作用 $P \xrightarrow{\sigma} \sigma P$ を次のように定義する：

$$(\sigma P)(X_1, X_2, ..., X_n) = P(X_{\sigma(1)}, X_{\sigma(2)}, ..., X_{\sigma(n)}).$$

例えば，(3.5) の $P(X_1, X_2, X_3)$ に巡回置換 $\sigma = (1\ 2\ 3) \in \mathcal{S}_3$ が作用したときには，

$$(\sigma P)(X_1, X_2, X_3)$$
$$= P(X_2, X_3, X_1)$$
$$= 5\, X_2{}^3 X_3{}^4 X_1{}^5 + 3\, X_2{}^2 X_3 X_1 + 2\, X_2 + X_3 + \frac{3}{4}.$$

さて，$P \xrightarrow{\sigma} \sigma P$ が，対称群 $\mathcal{S}_n$ の作用であるというのは，次の定理に述べるように，

$$\mathbf{1}\, P = P\ (\text{恒等置換}\, \mathbf{1}\, \text{は，}\, P\, \text{を動かさない})\,,$$
$$(\sigma\tau)P = \tau(\sigma P) \qquad (\sigma, \tau \in \mathcal{S}_n),$$

となることを意味する．(後に，定義 8.1 で，一般の関数への群の作用を与える．)

定理 3.3　　P を n 変数の多項式とする．$\mathbf{1}\, P = P$ であり，また，$\sigma, \tau \in \mathcal{S}_n$ に対して，$(\sigma\tau)P = \sigma(\tau P)$．

証明　　第 2 式を示す．まず，$i \in I_n$ に対して，$(\sigma\tau)(i) = \sigma(\tau(i))$ である．左辺は，

$$((\sigma\tau)P)(X_1, X_2, ..., X_n) = P(X_{(\sigma\tau)(1)}, X_{(\sigma\tau)(2)}, ..., X_{(\sigma\tau)(n)})$$
$$= P(X_{\sigma(\tau(1))}, X_{\sigma(\tau(2))}, ..., X_{\sigma(\tau(n))}).$$

さらに，右辺は，$Y_i = X_{\sigma(i)}$ とおけば，$Y_{\tau(i)} = X_{\sigma(\tau(i))}$ となるので，

$$(\sigma(\tau P))(X_1, X_2, ..., X_n) = (\tau P)(X_{\sigma(1)}, X_{\sigma(2)}, ..., X_{\sigma(n)})$$
$$= (\tau P)(Y_1, Y_2, ..., Y_n)$$
$$= P(Y_{\tau(1)}, Y_{\tau(2)}, ..., Y_{\tau(n)})$$
$$= P(X_{\sigma(\tau(1))}, X_{\sigma(\tau(2))}, ..., X_{\sigma(\tau(n))}).$$

従って，$(\sigma\tau)P = \sigma(\tau P)$ が示された． □

3.5 差積多項式と置換の符号

n 変数 $X_1, X_2, ..., X_n$ の多項式のうち，差積と呼ばれる特別のものを考える．それは，普通 Δ （大文字デルタ）と書かれるが，1 次式 $X_i - X_j$ $(1 \leq i < j \leq n)$ の積である：

$$\Delta(X_1, X_2, ..., X_n) = \prod_{1 \leq i < j \leq n} (X_i - X_j). \qquad (3.6)$$

差積 Δ は，次数 $n(n-1)/2$ の斉次多項式である．

補題 3.4 対称群 $\mathcal{S}_n$ の中の互換 $s_{k\ell} = (k\ \ell)$ に対して，

$$s_{k\ell} \Delta = -\Delta \qquad (1 \leq k < \ell \leq n).$$

証明 簡単のため，$s_{k\ell}$ を単に τ と書く．また，$k < \ell$ とする．

上の Δ の定義式を見ると，$(\tau \Delta)(X_1, X_2, ..., X_n)$ は，1 次式 $X_{\tau(i)} - X_{\tau(j)}$ の積である．そこで，各 1 次式 $X_{\tau(i)} - X_{\tau(j)}$ がどうなっているかを調べる．

（1）$\{i, j\} \cap \{k, \ell\} = \emptyset$，すなわち，$i \neq k, \ell$，かつ $j \neq k, \ell$，のとき．$\tau(i) = i, \tau(j) = j$ なので，
$$X_i - X_j \longrightarrow X_{\tau(i)} - X_{\tau(j)} = X_i - X_j.$$

（2）$i = k, j \neq \ell$ のとき．$\tau(i) = \ell, \tau(j) = j$ なので，
$$X_k - X_j \longrightarrow X_{\tau(i)} - X_{\tau(j)} = X_\ell - X_j$$
$$(i = k < j \leq n, j \neq \ell).$$

（3）$i = \ell, j \neq k$ のとき．$\tau(i) = k, \tau(j) = j$ なので，
$$X_\ell - X_j \longrightarrow X_{\tau(i)} - X_{\tau(j)} = X_k - X_j \qquad (i = \ell < j \leq n).$$

（4）$i \neq k, j = \ell$ のとき．$\tau(i) = i, \tau(j) = k$ なので，
$$X_i - X_\ell \longrightarrow X_i - X_k \qquad (1 \leq i < \ell = j, i \neq k).$$

（5）$i \neq \ell, j = k$ のとき．$\tau(i) = i, \tau(j) = \ell$ なので，
$$X_i - X_k \longrightarrow X_i - X_\ell \qquad (1 \leq i < k = j).$$

（6）$i = k, j = \ell$ のとき．$\tau(i) = \ell, \tau(j) = k$ なので，
$$X_k - X_\ell \longrightarrow X_\ell - X_k = -(X_k - X_\ell).$$

以上ですべての場合を数え上げたことになる．

そこで，$\tau\Delta$ を与える 1 次式たち $X_{\tau(i)} - X_{\tau(j)}$ $(i < j)$ と，もとの Δ を与える 1 次式たち $X_i - X_j$ $(i < j)$ との比較をすると，全体としては，符号の違いがあるのみである．その符号が生ずるのは，(2)，(4)，(6) の場合のみである．(2) においては，$i = k, k < j < \ell$ のときであるから，符号 $(-1)^{\ell-k-1}$ を生ずる．(4) においては，$k < i < \ell$ のときであり，符号 $(-1)^{\ell-k-1}$ を生ずる．(6) においては，符号 (-1) を生ずる．かくて，これらを合わせると，

$$\tau\Delta = (-1)^{\ell-k-1}(-1)^{\ell-k-1}(-1)\Delta = -\Delta.$$

この補題を用いると，懸案であった定理 3.1(ⅱ) の証明が得られる．

定理 3.1(ⅱ) の証明　　$\sigma \in \mathcal{S}_n$ を q 個の互換 $\tau_1, \tau_2, ..., \tau_q$ で，$\sigma = \tau_1 \tau_2 \cdots \tau_q$ と書いたとする．この両辺をそれぞれ差積 Δ に作用させると，

$$\sigma\Delta = \tau_1(\tau_2(\cdots(\tau_q\Delta)\cdots)) = (-1)^q\Delta.$$

従って，符号 $(-1)^q$ は置換 σ によって決まる値である．これから，q の偶奇は σ の互換の積の表示の仕方にはよらず σ だけで決まっていることが分かった．　　□

すぐ分かるように，偶置換と偶置換の積，奇置換と奇置換の積はともに偶置換になり，偶置換と奇置換の積は奇置換になる．

3.6　対称式，交代式

せっかく，置換群の多項式への作用を定義したので，ことのついでに，寄り道ではあるが，対称式などについて，少々触れておこう．

n 変数の多項式 P が対称式（または，交代式）であるとは，任意の置換 $\sigma \in \mathcal{S}_n$ に対して，

$$\sigma P = P \quad (\text{または,}\ \sigma P = \text{sgn}(\sigma)P),$$

となることである．とくに，差積 Δ は交代式である．実際，上で我々は，$\sigma\Delta = \text{sgn}(\sigma)\Delta$，を示した．

さらに，すぐ分かる対称式としては，

$$\begin{aligned}\Sigma_1 &= X_1 + X_2 + \cdots + X_n, \\ \Sigma_2 &= \sum_{1 \leq i < j \leq n} X_i X_j, \quad \cdots\cdots, \\ \Sigma_q &= \sum_{1 \leq i_1 < i_2 < \cdots < i_q \leq n} X_{i_1} X_{i_2} \cdots X_{i_q} \quad (1 \leq q \leq n),\end{aligned}$$

がある．とくに $q = n$ のときは，単項式 $\Sigma_n = X_1 X_2 \cdots X_n$ である．この n 個の対称式 $\Sigma_1, \Sigma_2, ..., \Sigma_n$ を基本対称式という（Σ はギリシャ大文字シグマ）．すると次のことは昔からよく知られている．

定理 3.5　　どの対称式も基本対称式 $\Sigma_1, \Sigma_2, ..., \Sigma_n$ の多項式として一意的に表される． □

つまり，基本対称式を適当に掛け合わせたものに係数を掛けて加えれば勝手な対称式が得られる．

また，別の系列の対称式として，次がある：

$$\mathcal{T}_p = X_1^p + X_2^p + \cdots + X_n^p = \sum_{j=1}^{n} X_j^p \quad (p = 1, 2, ...) \quad (3.7)$$

定理 3.6　　n 個の対称式 $\mathcal{T}_1, \mathcal{T}_2, ..., \mathcal{T}_n$ を使っても，任意の対称式をこれらの多項式として一意的に表すことができる． □

すると，$\{\Sigma_1, \Sigma_2, ..., \Sigma_n\}$ と $\{\mathcal{T}_1, \mathcal{T}_2, ..., \mathcal{T}_n\}$ とは，互いに他のものの多項式で書けるわけだが，それを一般の n の場合に具体的に書き下した式は，不思議なことに最近まで分かっていなかったようである．ただ，ニュートンの公式といわれる次の関係式はよく知られていた：

$$\mathcal{T}_k - \Sigma_1 \mathcal{T}_{k-1} + \Sigma_2 \mathcal{T}_{k-2} - \cdots + (-1)^{k-1} \Sigma_{k-1} \mathcal{T}_1 + (-1)^k k \Sigma_k = 0$$
$$(1 \leq k \leq n),$$
$$\mathcal{T}_k - \Sigma_1 \mathcal{T}_{k-1} + \Sigma_2 \mathcal{T}_{k-2} - \cdots + (-1)^n \Sigma_n \mathcal{T}_{k-n} = 0 \quad (k > n).$$

さて，交代式であるが，それについては，次の事実が知られているの

で，対称式のことが分かれば，大体，交代式のことも分かるという寸法である．

定理 3.7　交代式は，差積と対称式の積として表される．　□

ところで，対称式でも交代式でもないその他の多項式はどうなっているのだろうか？　この問いに答えるには，n 次対称群の線形表現なるものを用いる必要がある．そして，それについては，次章において述べよう．

ここでは，次節で，例として，3 変数の多項式の場合を考えてみよう．

3.7　3 変数多項式の場合（対称群 $\mathcal{S}_3$ の行列表現）

「群の表現」という話題の連続性を尊重して，この節では，ベクトル空間という用語を使う．それは，第 5 章で詳しく取り扱うので，内容としては，先走りになるのだが，少々ご辛抱願いたい．第 5 章は，独立してそれだけを読めるので，それを読んで，ベクトル空間をまず知ってから，この節に取りかかられるのがよいかもしれない．

さて，複素数を係数とする 1 次同次式は，$a_1 X_1 + a_2 X_2 + a_3 X_3$ ($a_i \in \mathbf{C}$)，の形に書けるので，その全体は複素数体 $\mathbf{C}$ 上 3 次元のベクトル空間 V_3 をなしている．V_3 上には対称群 $\mathcal{S}_3$ が作用している，すなわち，$\sigma \in \mathcal{S}_3$ は，$V_3 \ni p \mapsto \sigma p \in V_3$ とはたらく．

V_3 では，対称式 $\Sigma_1 = X_1 + X_2 + X_3$ が 1 次元の不変部分空間を張っている．交代式は，次数が 3 以上なので，ここには現れない．すると残りは，$3 - 1 = 2$ 次元の分がある．

そこで，対称群 $\mathcal{S}_3$ の作用に関して "よい振る舞いをする" ものを選びたいわけだが，それには単独ではなくて 2 つを対にして考える必要がある．まず，V_3 の中に内積を導入する：$p = \sum_{i=1}^{3} a_i X_i, q = \sum_{i=1}^{3} b_i X_i$ に対して，p, q の内積 $\langle p, q \rangle$ とは，

$$\langle p, q \rangle = a_1 \overline{b_1} + a_2 \overline{b_2} + a_3 \overline{b_3},$$

である（ここに，$\overline{b_j}$ は，b_j の共役複素数を表す）．次に，この内積に関して，Σ_1 と直交する p，すなわち，$\langle p, \Sigma_1 \rangle = 0$ となる $p \in V_3$ の全体は，

2 次元部分空間 V_2 をなす：

$$V_2 = \{\, p \in V_3 \,;\, \langle p, \Sigma_1 \rangle = 0 \,\} = \{\, p = \sum_{1 \leq i \leq 3} a_i X_i \,;\, \sum_{1 \leq i \leq 3} a_i = 0 \,\}.$$

この V_2 は対称群 $\mathcal{S}_3$ の作用によって不変である，すなわち，$p \in V_2$ ならば，勝手な $\sigma \in \mathcal{S}_3$ に対して $\sigma p \in V_2$ である（証明せよ）．ここで現れた $\mathcal{S}_3$ の元 σ に対して V_2 の上の線形変換 $\pi(\sigma) : V_2 \ni p \mapsto \sigma p \in V_2$，を与える対応は，群 $\mathcal{S}_3$ の線形表現といわれるもののひとつである．

そこで，1 次式の対を V_2 から選ぶ．それは，2 次元ベクトル空間 V_2 の基底を適当に選ぶことになる．例えば，

$$p_1 = X_1 - X_2, \quad p_2 = X_2 - X_3.$$

すると，対称群 $\mathcal{S}_3$ の空間 V_2 の上の作用はこの基底を用いて書き下せる．$\mathcal{S}_3$ は 2 つの互換 $s_1 = (1\ 2), s_2 = (2\ 3)$，によって生成されているので，定理 3.2 により，この 2 元による作用が分かれば群 $\mathcal{S}_3$ の作用が分かることになる：

$$s_1 p_1 = X_2 - X_1 = -p_1, \qquad s_2 p_1 = X_1 - X_3 = p_1 + p_2,$$
$$s_1 p_2 = X_1 - X_3 = p_1 + p_2, \qquad s_2 p_2 = X_3 - X_2 = -p_2.$$

これらの式は，s_1, s_2 に対してそれぞれ V_2 の上の線形変換 $\pi(s_1), \pi(s_2)$ を書き表す手段を与える．すなわち，基底 $\{p_1, p_2\}$ に関して，2×2 の正方行列 $\pi'(s_1), \pi'(s_2)$ を用いて書けば，次のように書ける：

$$(s_1 p_1, s_1 p_2) = (p_1, p_2) \begin{pmatrix} -1 & 1 \\ 0 & 1 \end{pmatrix}, \qquad \pi'(s_1) = \begin{pmatrix} -1 & 1 \\ 0 & 1 \end{pmatrix}.$$

$$(s_2 p_1, s_2 p_2) = (p_1, p_2) \begin{pmatrix} 1 & 0 \\ 1 & -1 \end{pmatrix}, \qquad \pi'(s_2) = \begin{pmatrix} 1 & 0 \\ 1 & -1 \end{pmatrix}.$$

線形表現 π を行列を用いて書き表したもの，$\mathcal{S}_3 \ni \sigma \mapsto \pi'(\sigma)$，を（対応する）行列表現という．これらの主題については，章をあらためて詳

しく述べる．ここでは，多項式への対称群の作用から自然と「線形表現」が現れたことに注意して，第8章の「群の線形表現」の理論への導入とする．

問題 3.5 V_2 に別の基底
$$q_1 = \tfrac{1}{\sqrt{2}}(X_1 - X_2), \qquad q_2 = \tfrac{1}{\sqrt{6}}(X_1 + X_2 - 2X_3),$$
をとる．V_2 上の s_1, s_2 による線形変換を，この新しい基底に関して 2×2 正方行列で書いたものを，$\pi''(s_1), \pi''(s_2)$ と書くと，次のようになることを示せ：
$$\pi''(s_1) = \begin{pmatrix} -1 & 0 \\ 0 & 1 \end{pmatrix}, \qquad \pi''(s_2) = \begin{pmatrix} \tfrac{1}{2} & \tfrac{\sqrt{3}}{2} \\ \tfrac{\sqrt{3}}{2} & -\tfrac{1}{2} \end{pmatrix}. \tag{3.8}$$

なお，この基底 $\{q_1, q_2\}$ の特徴は，$\langle q_1, q_1 \rangle = 1, \langle q_2, q_2 \rangle = 1$（$q_1, q_2$ の長さを1に正規化），$\langle q_1, q_2 \rangle = 0$（$q_1, q_2$ は互いに直交）となっていることである．こうした基底は正規直交基底と呼ばれる．そして，この基底に関する行列表示 $\pi''(s_1), \pi''(s_2)$ は（2次の）直交行列になっている．

問題 3.6 単項式 $p = X_1^r X_2^s X_3^s$，ただし $r \neq s$，を考えると，$\{\sigma p \,;\, \sigma \in \mathcal{S}_3\}$ は3次元ベクトル空間 W_3 を張る．この W_3 上の対称群 $\mathcal{S}_3$ の作用については，1次同次式の空間 V_3 の場合と同様なことがいえる．これを示せ．

3.8　群論より { 自己同型群，正規部分群，商群 }

ここでちょっと，群の一般論に戻る．

自己同型

群 G の自己同型（automorphism）とは，G から自分自身の上への同型写像のことである．その全体は，写像の合成により，G の自己同型群と呼ばれる群になり，$\mathrm{Aut}(G)$ と書かれる．内部自己同型とは，G のある元 a による共役といわれる自己同型 $\iota(a)$ のことである（ι はギリシャ文字イオタ）：
$$\iota(a) \colon G \ni g \mapsto aga^{-1} \in G.$$

$\iota(a)$ の逆写像は，a^{-1} による $\iota(a^{-1})$ である．内部自己同型の全体は，内部自己同型群をなし，$\mathrm{Int}(G)$ と書かれる．$\mathrm{Aut}(G) \setminus \mathrm{Int}(G)$（差集合）の元を外部自己同型という．

正規部分群

群 G の部分群 N が正規部分群であるとは，その共役 $aNa^{-1} := \{\, aga^{-1} \mid g \in N \,\}$ がつねに N に含まれることである，すなわち，$aNa^{-1} \subset N$ $(a \in G)$. 実は，この条件は，$aNa^{-1} = N$ $(a \in G)$ に同値である．言い換えれば，$\mathrm{Int}(G)$ で不変な部分群 N が正規部分群である．

問題 3.7 （ⅰ）写像の積によって，$\mathrm{Aut}(G), \mathrm{Int}(G)$ はそれぞれ群になることを確かめよ．

（ⅱ）$\mathrm{Int}(G)$ は $\mathrm{Aut}(G)$ の正規部分群になっていることを示せ．

問題 3.8 G から $\mathrm{Int}(G)$ への対応 $\iota : G \ni a \mapsto \iota(a) \in \mathrm{Int}(G)$, は群の準同型写像であることを示せ．

問題 3.9 正 n 角形の対称性を表す二面体群 $G = D_n$ に対して，$\mathrm{Aut}(G), \mathrm{Int}(G)$ を求めよ．

ヒント： $G = D_n = \{e, a, a^2, \ldots, a^{n-1}, b, ab, a^2 b, \ldots, a^{n-1} b\}$ の元で位数が m であるもの全体の集合を S_m とおく．任意の $\phi \in \mathrm{Aut}(G)$ は，集合 S_m を不変にする：$\phi(S_m) = S_m$. そして，$\phi(a) \in S_n, \phi(b) \in S_2$, である．($\phi$ はギリシャ文字ファイで φ とは異なる字体）そこでまず，次を証明する：
$$S_n = \{a^\ell \,;\, (\ell, n) = 1\},\ S_2 = S_2' \cup \{a^{\frac{n}{2}}\},\ S_2' := \{a^k b \,;\, 0 \le k < n\}.$$
ここに，(ℓ, n) は，ℓ と n の最大公約数を表し，$a^{\frac{n}{2}}$ は，n が偶数のときだけ存在する．ついで，$\phi(a) \in S_n, \phi(b) \in S_2'$ を示す．

逆に，任意の $(a', b') \in S_n \times S_2'$ に対して，$\phi(a) = a', \phi(b) = b'$ となる $\phi = \phi_{a', b'} \in \mathrm{Aut}(G)$ が存在することを示す．

$\mathrm{Int}(G)$ については，計算による．n の偶奇によって，$|\mathrm{Int}(D_n)| = |D_n| = 2n$, または，$= |D_n|/2 = n$, となる．

準同型の像と核

群 G_1 から群 G_2 への準同型写像 ϕ をとる．ϕ の像 (image) と核 (kernal) は，次で定義する：

$\mathrm{Im}(\phi) := \phi(G_1),$

$\mathrm{Ker}(\phi) := \{\, g_1 \in G_1 \mid \phi(g_1) = e_2 \,\}$ （e_2 は G_2 の単位元）．

定理 3.8 準同型写像 $\phi : G_1 \to G_2$ に対して，$\mathrm{Im}(\phi)$ は G_2 の部分群であり，$\mathrm{Ker}(\phi)$ は G_1 の正規部分群である．

この定理の証明は，読者の演習問題として適当なので，ここに問題として掲げておこう．

問題 3.10　　上の定理を証明せよ．

商群（剰余類群）

群 G とその正規部分群 N が与えられたとき，その商群(しょうぐん)（剰余類群）が定義できる．正規部分群 N に関しては，その右剰余類と左剰余類は同じになる．すなわち，$gN = Ng$ $(g \in G)$．その剰余類全体 G/N にもとの G から積を次のように導入する．$g_1 N, g_2 N \in G/N$（ただし，$g_1, g_2 \in G$）に対し，

$$g_1 N \cdot g_2 N := (g_1 g_2) N.$$

この積が "well-defined" であることは，代表元 g_1, g_2 を別の代表元に取り替えても右辺が同じになることをいえばよい．g_1, g_2 に代わる別の代表元は，$n_1, n_2 \in N$ があって，$g_1 n_1, g_2 n_2$ の形である．すると，これに対応する右辺は，

$$(g_1 n_1)(g_2 n_2) N = (g_1 g_2)(g_2^{-1} n_1 g_2) N = (g_1 g_2) N$$

となる．実際，$g_2^{-1} N g_2 = N$ により，$g_2^{-1} n_2 g_2 \in N$，従って結局，$g_1 g_2 N$ に等しい．

準同型定理

群 G から別の群の中への準同型写像 ϕ があるとすると，像 $\phi(G)$ と G の商群との間の同型を与える次の定理が成り立つ．これを，準同型定理という．

定理 3.9　　準同型写像 ϕ の像および核を $\mathrm{Im}(\phi)$, $N = \mathrm{Ker}(\phi)$, と書くと，$G/N \ni gN \mapsto \phi(g)$ により次の同型が導かれる：

$$\mathrm{Im}(\phi) \cong G/\mathrm{Ker}(\phi).$$

例 3.3（対称群と符号）　　群 G として，対称群 $\mathcal{S}_n$ をとり，置換の符号を G から，位数 2 の乗法群 $C_2 = \{1, -1\}$ への写像 $\mathcal{S}_n \ni \sigma \mapsto$

sgn(σ) $\in C_2$ と捉える．すると，sgn($\sigma\tau$) = sgn(σ)sgn(τ) という性質は，写像 sgn が $\mathcal{S}_n$ から C_2 への群としての準同型であることを示している．これは，C_2 の上への準同型であり，その核は，Ker(sgn)= $\mathcal{A}_n$ （交代群）である．従って，上の準同型定理のいうところによれば，交代群 $\mathcal{A}_n$ は，対称群 $\mathcal{S}_n$ の正規部分群であり，群の同型 $\mathcal{S}_n/\mathcal{A}_n \cong C_2 = \{\pm 1\}$ を得る．

問題 3.11 群 G の中心 (center) とは，$\{g \in G\,;\,gg' = g'g\ (\forall g' \in G)\}$ であり，C_G と書かれる．これは，G のすべての元と可換な元 g 全体のなす部分群で，正規である．

$g \in G$ に内部自己同型 $\iota(g) \in \mathrm{Int}(G)$ を対応させる準同型 $\iota: G \to \mathrm{Int}(G)$ の核は，G の中心 C_G である．従って，ι は群の同型 $\mathrm{Int}(G) \cong G/C_G$ を与える．これを証明せよ．

記号の説明 　記号 $\forall$ は "すべての (for all)" を意味し，英単語 All の頭文字を回転させたものである．記号 $\exists$ とともに論理学でも使われる．

3.9 群の置換表現

群 G の置換表現とは，G からある集合 X 上の置換全体の群 $\mathcal{S}_X$（の中）への準同型のことである．置換群 $\mathcal{S}_X$ は見方によっては，構造の分かりやすい群なので，そこへ G を表現してみるというのはいろいろと役に立つ．現在でもいろいろ研究されているが，ここでは，話を有限群に限ることとして，それ以上のことは割愛する．

有限群に対しては，置換表現とは何次かの対称群への準同型のことである．対称群が n 次だとすると，群 G の各元 g に対して，置換 $\pi(g) \in \mathcal{S}_n$ を対応させて，積を積に写す，すなわち，$\pi(g_1 g_2) = \pi(g_1)\pi(g_2)$ $(g_1, g_2 \in G)$ となるもののことである．G の単位元 e と異なる元 g がつねに $\mathbf{1}$ と異なる置換に写されるとき，すなわち，Ker(π) = $\{e\}$ であるとき，置換表現 π は忠実であるという．

対称群 $\mathcal{S}_n$ や交代群 $\mathcal{A}_n$ のことは非常によく研究されており，これらの群の構造や線形表現（後述，第 6, 10-12 章を見よ）についての具体的な結果も多くの成書に書かれている．群の置換表現が重要である理由

の 1 つは，その群を調べるのに，よく研究されている対称群 $\mathcal{S}_n$ や交代群 $\mathcal{A}_n$ の中に埋め込んで，後者について知られていることをうまく利用しようということにある．

さて，群 G に対して，元 $a \in G$ による，群上の左(ひだり)移動とは，$\pi_\ell(a) : G \ni g \mapsto ag \in G$，のことである．右移動とは，$\pi_r(a) : g \mapsto ga$，のことである．次の定理で示されるように，$a \mapsto \pi_\ell(a)$, $a \mapsto \pi_r(a^{-1})$, は，群 G の置換表現を与え，それらは，自然に互いに同値である（この言葉の意味は証明の中で説明される）．

定理 3.10

有限群 G の位数を n とする．元 $a \in G$ に群上の左移動 $\pi_\ell(a)$ を対応させると，$a \mapsto \pi_\ell(a)$ $(a \in G)$ によって，n 元の集合 $X = G$ の上の置換全体の群 $\mathcal{S}_X \cong \mathcal{S}_n$ の中への G の忠実な表現が得られる．

また，右移動を用いれば，対応 $a \mapsto \pi_r(a^{-1})$ $(a \in G)$ によって G の $\mathcal{S}_X \cong \mathcal{S}_n$ の中への忠実な表現を得るが，これは左移動による上の置換表現と自然に同値である．

証明 群 G が作用する集合としての G を，念のため記号を変えて X と書いている．すると，$\pi_\ell(g)x = gx$ $(g \in G, x \in X)$．そして，$g_1, g_2 \in G, x \in X$, に対して，

$$\pi_\ell(g_1 g_2)x = (g_1 g_2)x = g_1(g_2 x) = g_1(\pi_\ell(g_2)x) = \pi_\ell(g_1)(\pi_\ell(g_2)x).$$

従って，$\pi_\ell(g_1 g_2) = \pi_\ell(g_1)\pi_\ell(g_2)$, となる．単位元 $e \in G$ に対しては，$\pi_\ell(e) = \mathbf{1}$ （恒等置換）であるから，$\pi(g)$ は可逆となり，$\pi(g) \in \mathcal{S}_X$．よって，$G \ni g \mapsto \pi_\ell(g)$ が G の置換表現であることが示された．この表現は忠実である．実際，$g_1 \neq g_2$ とすれば，$g_1 x \neq g_2 x$，よって，$\pi_\ell(g_1) \neq \pi_\ell(g_2)$．このことは，また，$\mathrm{Ker}(\pi_\ell) = \{\,e\,\}$，すなわち，$g \neq e$ ならば $\pi_\ell(g) \neq \mathbf{1}$, と同値である．

右移動による $\pi_r(g)$ についても同様であるが，計算は，次の通り：

$$\begin{aligned}\pi_r(g_1 g_2)x &= x(g_1 g_2)^{-1} = x(g_2^{-1} g_1^{-1}) \\ &= (xg_2^{-1})g_1^{-1} = \pi_r(g_1)(\pi_r(g_2)x).\end{aligned}$$

3.9 群の置換表現

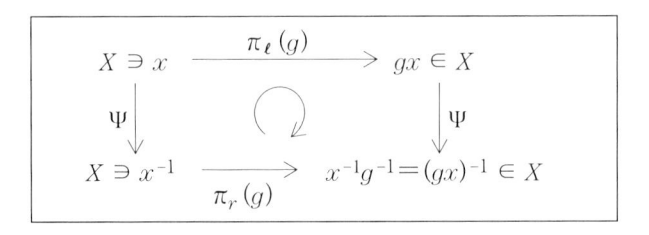

$$
\begin{array}{ccc}
X \ni x & \xrightarrow{\pi_\ell(g)} & gx \in X \\
\Psi \downarrow & \circlearrowleft & \downarrow \Psi \\
X \ni x^{-1} & \xrightarrow{\pi_r(g)} & x^{-1}g^{-1} = (gx)^{-1} \in X
\end{array}
$$

図 **3.3** 置換表現 π_ℓ, π_r の同値関係を表す可換図形

2つの置換表現 π_ℓ, π_r の同値対応を与えるには,X 上の変換 $\Psi : X \ni x \mapsto x^{-1} \in X$ を考える.そうすると,$\Psi \circ \pi_\ell(g) = \pi_r(g) \circ \Psi$ $(g \in G)$,となるので,両者の同値関係が Ψ により与えられたことになる.これを図 3.3 のように表すことができる.この図の左上から右下に至るルートは 2 本あるが,どちらを通っても同じであるので,これを可換図形という.図形の真中にある記号 ↻ は可換性を表している.

4
多面体群の置換表現と行列表現

多面体群 $G(T_4), G(T_6) \cong G(T_8)$ および $G(T_{12}) \cong G(T_{20})$ の各元は，第2章において，適当な回転軸の回りの2次元的回転であることが分かった．本章では，多面体群の群としての構造を調べる．そのためには，適切な置換表現を与えるのがよい．

4.1 四面体群の置換表現と行列表現
この比較的簡単な場合に，少し丁寧に述べて，後々への導入にもしたい．
4.1.1 4次交代群 $\mathcal{A}_4$ の上への同型写像
図 4.1(a) のように正四面体 T_4 の各頂点に番号を付ける．また，これを各頂点の原位置の番号とする．$g \in G(T_4)$ により，原位置 i $(1 \leq i \leq 4)$ にある頂点が位置 j_i に移ってきたとすると，g は，$I_4 = \{1, 2, 3, 4\}$ の上の置換を与える．これを $\phi(g)$ と書く．すると，g は置換 $\phi(g)$ によって決定されているので，$\phi : G(T_4) \to \mathcal{S}_4$ は，単射（1対1）である．また，$\phi(g) \in \mathcal{S}_4$ の行列型表示は次の通りである：

$$\phi(g) = \begin{pmatrix} 1 & 2 & 3 & 4 \\ j_1 & j_2 & j_3 & j_4 \end{pmatrix}.$$

定理 4.1 四面体群 $G(T_4)$ の各元 g に，置換 $\phi(g)$ を対応させる写像 $\phi : g \mapsto \phi(g)$ は，$G(T_4)$ から 4次対称群 $\mathcal{S}_4$ の中への群としての同型を与える．

証明 $G = G(T_4)$ とおく．G の単位元 e（恒等変換）をとれば，$\phi(e) = \mathbf{1}$（恒等置換）である．従って，$g, g' \in G$ に対し，$\phi(gg') = \phi(g)\phi(g')$ を示せばよい（すると，$\phi(g^{-1}) = \phi(g)^{-1}$ も出てくる）．置

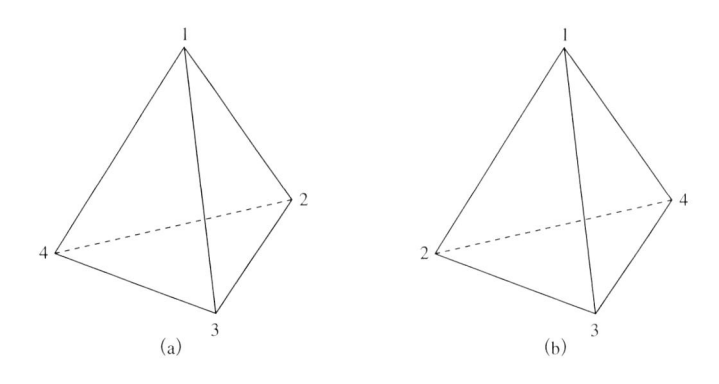

図 **4.1** 正四面体の頂点の番号付け (a), (b)

換 $\phi(g)$ を上述の通りとする．また，g' によって，原位置 i にある頂点は，位置 k_i に移るとすると，$\phi(g')$ は次のように表示される：

$$\phi(g) = \begin{pmatrix} 1 & 2 & 3 & 4 \\ j_1 & j_2 & j_3 & j_4 \end{pmatrix}, \quad \phi(g') = \begin{pmatrix} 1 & 2 & 3 & 4 \\ k_1 & k_2 & k_3 & k_4 \end{pmatrix}. \quad (4.1)$$

そこで，作用の積 gg' を考えてみると，まず，g' により，原位置 i にある頂点は，位置 k_i に移る．ついで，g により，原位置 ℓ にある頂点は位置 j_ℓ に移る．従って，$\ell = k_i$ ととると，$j_\ell = j_{k_i}$ なので，結局，原位置 i にあった頂点は，位置 j_{k_i} に移る．ここに現れた置換は，$\mathcal{S}_4$ における積 $\phi(g)\phi(g')$ に他ならない．実際,

$$\begin{pmatrix} 1 & 2 & 3 & 4 \\ j_1 & j_2 & j_3 & j_4 \end{pmatrix} \begin{pmatrix} 1 & 2 & 3 & 4 \\ k_1 & k_2 & k_3 & k_4 \end{pmatrix} = \begin{pmatrix} 1 & 2 & 3 & 4 \\ j_{k_1} & j_{k_2} & j_{k_3} & j_{k_4} \end{pmatrix}. \quad (4.2)$$

□

さて，上の定理での同型対応 ϕ による四面体群の像 $\mathrm{Im}(\phi)$ を決定しよう．印刷スペースを節約することと，簡便性とを考慮して，今後は，置換はできるだけ巡回置換の積の形に書くことにする．

第 2 章 2.4 節で，$G(T_4)$ の各元はどのような回転であるかを示したので，その結果を踏まえる．まず，図 4.1(a) の頂点 1 から T_4 の中心に向

かう軸の回りに右回りに 1 辺分だけ回したとすると，頂点 2, 3, 4 の間に巡回置換 $\sigma = (2\ 3\ 4)$ が起こる．2 辺分回すと，$\sigma^2 = (2\ 4\ 3)$ が出る．$\sigma^3 = \mathbf{1}$ である．同様に，巡回置換 $(1\ 3\ 4), (1\ 4\ 3)$; $(1\ 2\ 4), (1\ 4\ 2)$; $(1\ 2\ 3), (1\ 3\ 2)$, が現れる．これらはすべて偶置換なので，$\mathcal{A}_4$ に入る．

次に，頂点 1, 2 を結ぶ辺を $\overline{12}$ と書くと，その中点と中心を結ぶ軸（これは辺 $\overline{34}$ の中点を通る）の回りに角 π だけ回した回転を考えると，これは頂点の置換として，$(1\ 2)(3\ 4)$ を生ずる．このほかの同様な形の回転に対応して，置換 $(1\ 3)(2\ 4), (1\ 4)(2\ 3)$ を得る．これらも偶置換である．恒等置換 $\mathbf{1}$ を合わせると，位数 4 の $\mathcal{A}_4$ の部分群

$$H_4 = \{\mathbf{1}, (1\ 2)(3\ 4), (1\ 3)(2\ 4), (1\ 4)(2\ 3)\}$$

が出てくる．

結局，以上で 4 次交代群 $\mathcal{A}_4$ の 12 個の元すべてが出てきたので，$\mathrm{Im}(\phi) = \mathcal{A}_4$ が分かった．まとめると次の定理を得る．

定理 4.2 図 4.1(a) のように正四面体の頂点に番号を打ち，四面体群 $G(T_4)$ の各元に，4 頂点の置換を対応させる写像 ϕ を定義する．ϕ は四面体群 $G(T_4)$ から 4 次交代群 $\mathcal{A}_4$ の上への同型を与える．すなわち，$\phi : G(T_4) \ni g \mapsto \phi(g) \in \mathcal{A}_4$, は上への同型である．

注意 4.1 正四面体の頂点の番号付けを図 4.1(b) のようにすると，四面体群 $G(T_4)$ から 4 次交代群 $\mathcal{A}_4$ の上への同型 ϕ' を得るが，これは，番号付け (a) によって得られた ϕ とは異なっている．両者の差異は，数字 3, 4 の役割が入れ替わっていることである．4 次対称群 $\mathcal{S}_4 (\supset \mathcal{A}_4)$ の元である互換 $(3\ 4)$ による共役変換は群 $\mathcal{A}_4$ の外部自己同型 $\alpha : \sigma \mapsto (3\ 4)\sigma(3\ 4)$ を与えるが，$\phi' = \alpha \circ \phi$ である．この差異は，4.1.3 項における交代群 $\mathcal{A}_4$ の線形表現を考える際に意味をもってくる（第 11 章を参照のこと）．

注意 4.2 四面体群から 4 次交代群への同型写像は，正四面体の 4 個の頂点の代わりに，4 個の面の置換に注目しても同様に得られる．

これは，「正四面体は，また正四面体に双対である」ことに注意すれば当然のことと納得できる．

4.1.2 3 次交代群 $\mathcal{A}_3$ の上への準同型写像

正四面体において，今度は，別の対象を捉えて，その上への四面体群 $G(T_4)$ の作用を考える．別の対象とは，ある辺の中点とそれと斜交いに対

向している辺の中点を結ぶ軸のことである．これらの軸は3本あって，正
四面体の中心を通り互いに直交している．各軸に適当に向きを付けると，
直交座標右手系を与えるが，ここでは，向きは付けない．この3本の軸の
集合を Y とすると，$g \in G(T_4)$ は，Y 上の置換を誘導する．Y の各元に
図 4.2 のように，$1^=, 2^=, 3^=$，と番号を付けると，$\Phi: Y \ni j^= \mapsto j \in I_3$
によって，Y と I_3 は1対1に対応する（Φ は大文字ファイ）．従って，
g は3次対称群 $\mathcal{S}_3$ の元 $\psi(g)$ を与える．

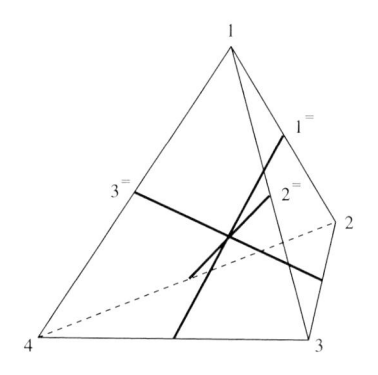

図 4.2　正四面体における直交する3軸

上の対応 $\Phi: Y \to I_3$ によって導かれる $G(T_4)$ から $\mathcal{S}_3$ への写像 ψ
（プサイ）は群の準同型である．その像 $\text{Im}(\psi)$ および，核 $\text{Ker}(\psi)$ を決
定しよう．後者を的確に表示するには，先に 4.1.1 項で与えた同型写像
$\phi: G(T_4) \to \mathcal{A}_4$ を用いるとよい．

定理 4.3　　準同型 $\psi: G(T_4) \to \mathcal{S}_3$ に対し，その像は，$\text{Im}(\psi) = \mathcal{A}_3 = \{\mathbf{1}, (1\ 2\ 3), (1\ 3\ 2)\}$ である．さらに，同型写像 $\phi^{-1}: \mathcal{A}_4 \to G(T_4)$ をつないで，準同型 $\psi \circ \phi^{-1}: \mathcal{A}_4 \xrightarrow{\phi^{-1}} G(T_4) \xrightarrow{\psi} \mathcal{A}_3$ を考えると，
その核は，$\text{Ker}(\psi \circ \phi^{-1}) = H_4 = \{\mathbf{1}, (1\ 2)(3\ 4), (1\ 3)(2\ 4), (1\ 4)(2\ 3)\}$
である．従って，準同型定理より，H_4 は $\mathcal{A}_4$ の正規部分群であり，群の
同型 $\mathcal{A}_4/H_4 \cong \mathcal{A}_3$ が成立する．

証明　　まず，$\text{Im}(\psi) = \mathcal{A}_3$ であることを見よう．そのためには，図
4.2 を使う．

（ⅰ） 頂点 1 と T_4 の中心を結ぶ軸の回りに 1 辺分だけ右回りさせる $g_1 \in G(T_4)$ をとると，Y 上の置換としては，$1^= \to 2^=, 2^= \to 3^=, 3^= \to 1^=$，を生ずる．従って，$\psi(g_1) = (1\ 2\ 3) \in \mathcal{A}_3$ である．2 辺分回転させると，$\psi(g_1^2) = (1\ 2\ 3)^2 = (1\ 3\ 2)$ を得る．他の頂点を使っても $\mathcal{A}_3$ の元を得る．

（ⅱ） もうひとつのタイプの $G(T_4)$ の元は，Y に属する軸の回りに角度 π だけ回転させるものである．例えば，軸 $1^=$ をとると，その回りの回転 g_2 では，軸 $1^=$ は回転軸なので当然不変であり，他の 2 軸 $2^=, 3^=$ もそれぞれ軸の向きは変わるが，軸としてはそのままである．従って，Y 上には恒等置換 $\mathbf{1}$ を導くので，g_2 は $\mathrm{Ker}(\psi)$ の元である．

このように，$\mathrm{Ker}(\psi)$ は，上の（ⅱ）のタイプの元 $g \in G(T_4)$ と e との集合である．これを，$\phi: G(T_4) \to \mathcal{A}_4$ で写すと，図 4.2 で 4 頂点の置換を見ればいいので，軸 $1^=$ の回りの回転 g_2 では，$\phi(g_2) = (1\ 2)(3\ 4)$ である．他の 2 軸 $2^=, 3^=$ でも同様に考えて，すべて合わせると，部分群 H_4 を得る． □

3 次交代群 $\mathcal{A}_3$ は位数 3 の可換群である．また，H_4 も可換群であるが，これについては，次の問題を解いてみられたい．

問題 4.1 （ⅰ） 群 G の単位元 e と異なるすべての元が位数 2 とする．すなわち，$a^2 = e\ (a \in G)$．このとき G は可換であることを示せ．
（ⅱ） とくに，$|G| = 4$，とすると，G は H_4 と同型であり，また位数 2 の可換群 C_2 の直積 $C_2 \times C_2$ に同型である．

閑話休題 7 プラトン立体のほかに，プラトンの名を冠したものに，西洋における聖なる数であるプラトン数 12960000 がある．これは，216×60000 であり，216 は人間が母胎にとどまる最短の日数を示すとされる．また，$216 = 3^3 + 4^3 + 5^3 = 6^3 = 35 \times 6 + 6$，であり，$6 = 3$（男性数）$\times 2$（女性数）は結婚数，$35 = 6 + 8 + 9 + 12$ は調和数，と呼ばれる．この聖数は，桁は違うが，インドや北宋にも現れている．また，$12960000 = 360$（1 年の日数）$\times 36000$（完全数）と考えれば，36000 年を意味するが，これは宇宙の更新が行われる聖なる周期（プラトン大年）と考えられてきた．

以上は，聖なる数についての話であるが，聖なる立体図形とされた正多面体の対称性の群について，その置換表現を本章において，また，その既約（線形）表

現を第 10 章〜第 12 章において詳しく述べる．それは，ルネッサンス期の数学者たち，例えばパチョーリ（L. Pacioli, 1445?-1514?）など，にとっても，神秘を含んでいた正多面体について，あらためて注目してみたのである．

さらに，これらは，群論への動機付けとしても，はたまた，群論の実地演習としても，格好の題材を我々に提供してくれているのである．

4.1.3　四面体群の行列表現

第 8 章以降で，群の線形表現について述べるのであるが，ここでは，少々先走りの感があるが，上の 4.1.2 項の話題に関連して，せっかくの機会であるから，四面体群 $G(T_4) \cong \mathcal{A}_4$ の線形表現（とくに行列表現と呼ばれるもの）がいかに自然に現れてくるか，を示そう．

4.1.2 項における Y 上の置換 $\psi(g)$ を決定するときに，定理 4.3 の証明中の（ii）において，軸の向きが変わるという重要な情報を無視してしまった．そこで，この情報も棄てずに拾い上げることを工夫する．そのために，軸 $1^=, 2^=, 3^= \in Y$ の代わりに，3 軸の交点（T_4 の中心）から出る軸方向の単位ベクトル f_1, f_2, f_3 を考える（向きは勝手に決めてよい）（図 4.3）．すると，軸 $1^=$ の回りの回転 g_2 では，$f_1 \to f_1, f_2 \to -f_2, f_3 \to -f_3$ となる．ベクトル f_1, f_2, f_3 の張る 3 次元ベクトル空間 V_3 の線形変換 $\rho(g_2)$ が出てきたわけである（ρ はギリシャ文字ロー）．

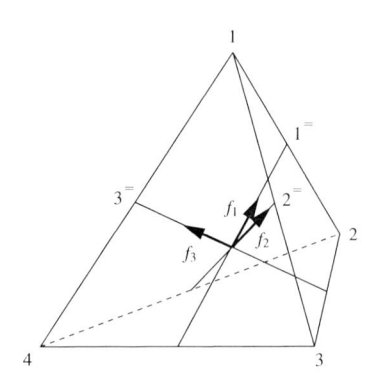

図 4.3　直交する 3 本の単位ベクトル f_1, f_2, f_3

他の $g \in G(T_4)$ に対しても線形変換が与えられる．例えば，上の証明中

の（ⅰ）における g_1 に対しては，$\rho(g_1)$ は，$f_1 \to f_2, f_2 \to f_3, f_3 \to f_1$ で与えられる．これは，群 $G = G(T_4)$ の各元 g にベクトル空間 V_3 上の線形変換 $\rho(g)$ を対応させて，積を積に写すものである．すなわち，

$$\rho(e) = I, \qquad \rho(gh) = \rho(g)\rho(h) \qquad (g, h \in G),$$

ただし，$e \in G$ は群の単位元，I はベクトル空間上の恒等写像を表す．これを，群 G の線形表現という．$\rho(g)$ のはたらくベクトル空間を ρ の表現空間，その次元を ρ の次元といい，$\dim \rho$ と書く．（ベクトル空間については，次章を見よ．）

ベクトル空間に基底を1つ決めれば，線形変換は，その基底に関して，行列で表示されるので，そのときには，とくに行列表現ともいう．同じ線形表現 ρ でも，基底のとり方を変えれば，見かけ上は違った行列表現になる．これは，3.7節で群 $\mathcal{S}_3$ の線形表現について見た通りである．（線形変換を行列を用いて表示することについては，第5章を参照のこと．）

ここでは，直交基底 $\{f_1, f_2, f_3\}$ に関する，3×3 の行列を計算して，ρ に対する行列表現を具体的に書き表してみよう．表現 ρ に，群の同型写像 $\phi^{-1} : \mathcal{A}_4 \to G(T_4)$ をつなげて，$\rho \circ \phi^{-1}$ を考えると，4次交代群 $\mathcal{A}_4$ のベクトル空間 V_3 上の線形表現が得られるが，これに対する行列表現 ρ' を調べることにする．

まず，(ⅱ)における軸 $1^=$ の回りの回転 g_2 をとると，$\phi(g_2) = (1\ 2)(3\ 4)$ ($= \sigma_1$ とおく）なので，

$$(\rho(g_2)f_1, \rho(g_2)f_2, \rho(g_2)f_3) = (f_1, -f_2, -f_3) = (f_1, f_2, f_3)\,\rho'(\sigma_1),$$

として，行列 $\rho'(\sigma_1)$ は，

$$\rho'(\sigma_1) = \begin{pmatrix} 1 & 0 & 0 \\ 0 & -1 & 0 \\ 0 & 0 & -1 \end{pmatrix}. \tag{4.3}$$

他の $H_4 \subset \mathcal{A}_4$ の元 $\sigma_2 = (1\ 3)(2\ 4), \sigma_3 = (1\ 4)(2\ 3),$ に対しても，それぞれに対応する，軸 $2^=, 3^=$ の回りでの回転を考えることにより，次を

得る：

$$\rho'(\sigma_2) = \begin{pmatrix} -1 & 0 & 0 \\ 0 & 1 & 0 \\ 0 & 0 & -1 \end{pmatrix}, \quad \rho'(\sigma_3) = \begin{pmatrix} -1 & 0 & 0 \\ 0 & -1 & 0 \\ 0 & 0 & 1 \end{pmatrix}. \quad (4.4)$$

次に，(ⅰ)における頂点 1 の回りの回転 $g_1 \in G(T_4)$ をとると，$\phi(g_1) = (2\ 3\ 4)$ $(= \tau_1$ とおく，τ はギリシャ文字タウ)，そして，$\phi(g_1{}^2) = \tau_1{}^2 = (2\ 4\ 3)$ であるから，先に与えられている $\rho(g_1)$ の形から，次が分かる：

$$\rho'(\tau_1) = \begin{pmatrix} 0 & 0 & 1 \\ 1 & 0 & 0 \\ 0 & 1 & 0 \end{pmatrix}, \quad \rho'(\tau_1{}^2) = \begin{pmatrix} 0 & 1 & 0 \\ 0 & 0 & 1 \\ 1 & 0 & 0 \end{pmatrix}. \quad (4.5)$$

4 次交代群 $\mathcal{A}_4$ は，H_4 と τ_1 とで生成されるので，以上のデータによって，行列表現 ρ' は完全に決定される．例えば，$\tau_2 = (1\ 4\ 3), \tau_3 = (1\ 2\ 4), \tau_4 = (1\ 3\ 2)$ とおくと，$\tau_{j+1} = \sigma_j \tau_1 \sigma_j \ (1 \le j \le 3)$ であるから，$\rho'(\tau_{j+1}) = \rho'(\sigma_j)\rho'(\tau_1)\rho'(\sigma_j)$ である．具体的に行列の積を計算して次が得られる：

$$\rho'(\tau_2) = \begin{pmatrix} 0 & 0 & -1 \\ -1 & 0 & 0 \\ 0 & 1 & 0 \end{pmatrix}, \quad \rho'(\tau_3) = \begin{pmatrix} 0 & 0 & 1 \\ -1 & 0 & 0 \\ 0 & -1 & 0 \end{pmatrix},$$

$$\rho'(\tau_4) = \begin{pmatrix} 0 & 0 & -1 \\ 1 & 0 & 0 \\ 0 & -1 & 0 \end{pmatrix}.$$

注意 4.3 注意 4.1 における同型対応 $\phi' : G(T_4) \to \mathcal{A}_4$ を ϕ の代わりに用いて，3 次交代群 $\mathcal{A}_4$ の表現 $\rho \circ (\phi')^{-1}$ を考えると，違った表現（同値でない表現）が得られる．

4.2 六面体群（≅ 八面体群）の置換表現と行列表現

4.2.1 4次対称群 $\mathcal{S}_4$ の上への同型写像

この立方体 T_6 の場合は，頂点の個数が 8 個なので，$G(T_6)$ の各元に 8 頂点の置換を対応させると，対称群 $\mathcal{S}_8$ の中への同型写像を得る．また，面の個数は 6 なので，6 個の面の置換を対応させれば，対称群 $\mathcal{S}_6$ の中への同型写像を得る．ところが，いずれの場合も，同型写像による $G(T_6)$ の像が対称群 $\mathcal{S}_8$ や $\mathcal{S}_6$ の中で小さすぎるので，この手の置換表現は，六面体群の構造を知るには，大雑把すぎるわけである．T_6 の辺の個数は 12 なので，辺を用いると，$\mathcal{S}_{12}$ の中への同型写像になり，さらに大雑把になる．

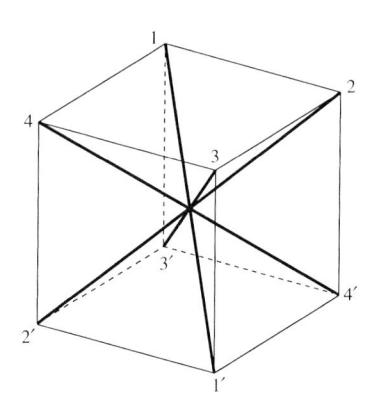

図 4.4 立方体（正六面体）の 4 本の対角線

そこで我々はもっと別のものに注目しよう．立方体の 8 頂点に図 4.4 のように番号付けする．そして，頂点 1 とそれに対向する頂点 $1'$ とを結ぶ対角線（それは T_6 の中心を通る）を $[1, 1']$ と書く．この種の対角線はちょうど 4 個ある．その集合を $X = \{\,[i, i'] \,;\, 1 \leq i \leq 4\,\}$ とおく．すると，六面体群 $G(T_6)$ の各元 g は，X 上の置換 $\phi(g) \in \mathcal{S}_X$ を決める．その決まり方は，原位置 $[i, i']$ にあった対角線が，g によって位置 $[j_i, j_i']$ に移される（ただし，$1 \leq j_i \leq 4$），というわけである．

対角線の集合 X は自然に整数の集合 $I_4 = \{\,1, 2, 3, 4\,\}$ と $\Psi : [i, i'] \mapsto$

$i \in I_4$ によって，1対1に対応する．この Ψ を通して $\mathcal{S}_X \cong \mathcal{S}_4$ となり，結局，六面体群 $G(T_6)$ から4次対称群 $\mathcal{S}_4$ への写像 ϕ が与えられる．

定理 4.4 　上に与えられた射像 $\phi : G(T_6) \to \mathcal{S}_4$ は，六面体群から4次対称群 $\mathcal{S}_4$ の上への同型対応を与える．よって，$G(T_6) \cong \mathcal{S}_4$．

証明　（ⅰ）ϕ が群の準同型であることは，定理 4.1 と同様にして証明される．

（ⅱ）準同型 ϕ の核 $\mathrm{Ker}(\phi)$ が自明であること，すなわち，$\mathrm{Ker}(\phi) = \{\mathbf{1}\}$ であることを示す．それによって，ϕ が同型写像であることが分かる．$g \in \mathrm{Ker}(\phi)$ をとると，g は任意の対角線 $[i, i']$ を不変にする．従って，頂点 i は頂点 i または i' に移っているはずである．もし，ある頂点 i が g で不変になっていれば，g は対角線 $[i, i']$ の回りの回転である．この回転は角度が，$0, 2\pi/3, 4\pi/3$ のどれかであるが，実際には，角度 0 のとき，従って $g = e$ （恒等変換）のときだけが要求を満たす．

従って，まだ未解明で残っている場合は，どの i についても，$i \to i'$ となっている場合である．このときは，頂点 $1, 2, 3, 4$ の乗っている面は g によって，頂点 $1', 2', 3', 4'$ の乗っている平面に移るが，これは不可能である．何故なら，立方体の外側から見るとき，頂点は，右回りに $1, 2, 3, 4$ となっているのに反し，他方では，左回りに $1', 2', 3', 4'$ となっているからである．

（ⅲ）さらに，ϕ が上への写像であることを示す．まず，対角線 $[1, 1']$ を回転軸にする回転によって得られる置換は，巡回置換 $\sigma = (2\ 4\ 3), \sigma^2 = (2\ 3\ 4), \sigma^3 = \mathbf{1}$ である．同様に，任意の3数字の巡回置換が現れる．次に，頂点 $1, 2, 3, 4$ の決める平面の中点と対向する平面の中点を結んだ軸の回りの回転を考えると，角度は $\pi/2$ の倍数であり，現れてくる X の置換を I_4 の置換に翻訳すると，$\tau = (1\ 2\ 3\ 4), \tau^2 = (1\ 3)(2\ 4), \tau^3 = (1\ 4\ 3\ 2), \tau^4 = \mathbf{1}$ である．この種の回転軸は残り2本あるが，そこから出てくる置換を合わせると4数字の巡回置換全部と，$H_4 = \{(1\ 3)(2\ 4), (1\ 2)(3\ 4), (1\ 4)(2\ 3), \mathbf{1}\}$ を得る．

辺 $\overline{1\ 2}$ と対向する辺 $\overline{1'\ 2'}$ のそれぞれの中点を結んだ軸を回転軸にし

て，角 π だけ回転させると，置換 (1 2) を得る．この種の回転軸は残り 5 本あり，これらを合わせると出てくる置換は，$\mathcal{S}_4$ の中の互換全部になる．

以上で，労力を払って，個別にチェックしたわけではあるが，ϕ が全射であること：$\mathrm{Im}(\phi) = \mathcal{S}_4$，が分かった．

もっとも，ϕ が全射であることは，この個別チェックをしなくても，別証として，上の (ii) と，第 2 章 2.4 節で，定理 2.2 を基礎にして，計算した $G(T_6)$ の位数： $|G(T_6)| = 24$，を用いても示される．すなわち，準同型定理によって，$\mathrm{Im}(\phi) = \phi(G(T_6)) \cong G(T_6)/\mathrm{Ker}(\phi)$ であり，(ii) によって，$\mathrm{Ker}(\phi) = \{\, e \,\}$．ゆえに，$|\mathrm{Im}(\phi)| = |G(T_6)| = 24$．他方，$|\mathcal{S}_4| = 4! = 24$，なので，$\mathrm{Im}(\phi) = \mathcal{S}_4$．

これで，定理にいう同型が証明された． □

4.2.2　3 次対称群 $\mathcal{S}_3$ の上への準同型写像

4.2.1 項では，六面体群 $G(T_6)$ から，4 次対称群 $\mathcal{S}_4$ の上への同型写像を与えたが，ここでは，3 次対称群 $\mathcal{S}_3$ の上への準同型が自然に出てくることを示そう．それには，立方体の対向する 2 面の中心を結ぶ軸を考える．それは 3 本あるので，図 4.5 のように番号を $1^=, 2^=, 3^=$ と打って，それらの集合 $Y = \{\, 1^=, 2^=, 3^= \,\}$ と集合 $I_3 = \{\, 1, 2, 3 \,\}$ との間に，1 対 1 対応 $\Phi : k^= \mapsto k \; (1 \leq k \leq 3)$ を与える．立方体の頂点の番号付けは従前通りとしてある．

各元 $g \in G(T_6)$ に対して，Y 上の置換が引き起こされ，対応 Φ を通じて，それは，I_3 上の置換 $\psi(g) \in \mathcal{S}_3$ を与える．これは，群の準同型である．同型写像 $\phi : G(T_6) \to \mathcal{S}_4$ と合わせて考えると次の定理を得る．

定理 4.5

準同型写像 $\psi : G(T_6) \to \mathcal{S}_3$ は，同型写像 $\phi : G(T_6) \to \mathcal{S}_4$ とつないで，

$$\psi \circ \phi^{-1} : \mathcal{S}_4 \xrightarrow{\phi^{-1}} G(T_6) \xrightarrow{\psi} \mathcal{S}_3$$

を考えると，群 $\mathcal{S}_3$ の上への準同型となり，その核は，$\mathrm{Ker}(\psi \circ \phi^{-1}) = H_4 = \{\, \mathbf{1}, (1\,2)(3\,4), (1\,3)(2\,4), (1\,4)(2\,3) \,\}$ である．従って，H_4 は $\mathcal{S}_4$

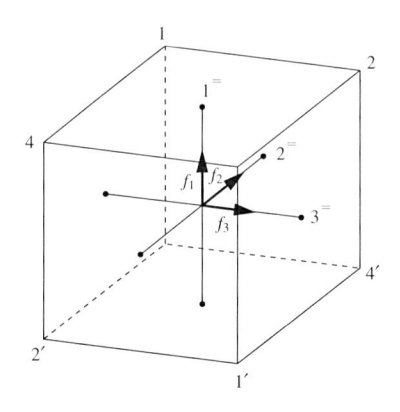

図 **4.5** 正六面体における直交する 3 軸

の正規部分群であり，群の同型 $\mathcal{S}_4/H_4 \cong \mathcal{S}_3$ が成立する．

証明 この準同型の像と核を求めるのに，$g \in G(T_6)$ から，$\phi(g)$ を決める 4.2.1 項での手続きにおいて，Y 上の置換 $\psi(g)$ がどうなるかを 1 つ 1 つ見ていけばよい．

（ｉ） まず，頂点 1 から $1'$ へ向かう対角線 $[1, 1']$ の回りの角 $2\pi/3$ だけの回転 g をとると，$\phi(g) = (2\,4\,3)$ であり，他方 Y 上の置換としては，$1^= \to 3^= \to 2^= \to 1^=$ を引き起こすので，$\psi(g) = (1\,3\,2)$ を得る．また，$\phi(g^2) = (2\,3\,4), \psi(g^2) = (1\,2\,3)$ である．他の対角線についても同様である．

（ⅱ） 次に，頂点 1, 2, 3, 4 の乗っている面の中心と対向する面の中心を結んだ軸の回りに角 $\pi/2$ だけ回す g をとると，$\phi(g) = (1\,2\,3\,4), \psi(g) = (2\,3)$ であり，$\phi(g^2) = (1\,3)(2\,4), \psi(g^2) = \mathbf{1}$ となる．ゆえに，$(1\,3)(2\,4) \in \mathrm{Ker}(\psi \circ \phi^{-1})$．他の面についても同様である．

（ⅲ） 辺 $\overline{1\,2}$ と対向する辺の中心どうしを結んだ軸の回りの角 π の回転 g をとると，$\phi(g) = (1\,2), \psi(g) = (1\,2)$ を得る．

以上を合わせると，各個撃破の計算ではあるが，定理が証明できた．□

4.2.3　六面体群の行列表現

4.1.2 項における四面体群の場合と同様に，上の 4.2.2 項での準同型 $G(T_6) \to \mathcal{S}_3$ を求めるときに，Y に入っている 3 軸の向きは無視していた．ここでは，軸 $1^=, 2^=, 3^=$ それぞれの上に T_6 の中心 O から出る単位ベクトル f_1, f_2, f_3 をとり（向きは任意に決定），ベクトルの向きの変化に関する情報も有効に拾い上げる．

もともと四面体群 $G(T_6)$ の各元 g は O を原点とする 3 次元ユークリッド空間 E^3 の変換からきている．実際，O を通るある回転軸の回りの 2 次元的回転であった．従って，ユークリッド空間 E^3 にぴったり寄り添っている 3 次元ベクトル空間 $\mathbf{R}^3$ の線形変換 $\rho(g)$ を与える．(E^3 と $\mathbf{R}^3$ とは E^3 の原点を決めれば同一視できる．)

対応 $g \mapsto \rho(g)$ は自然に $\mathbf{R}^3$ の上の群 $G(T_6)$ の線形表現を与えているので，この ρ を六面体群の自然表現と呼ぼう．この自然表現に，群同型 $\phi^{-1} : \mathcal{S}_4 \to G(T_6)$ をつないで，対称群 $\mathcal{S}_4$ の線形表現 $\rho \circ \phi^{-1}$ を考える．線形変換 $\rho(g)$ を基底 $\{f_1, f_2, f_3\}$ に関する行列で書き表して，行列表現 ρ' を得る．4.1.3 項におけるように具体的に計算してみる．

基底のベクトル f_1, f_2, f_3 の向きは，図 4.5 の通りとする．定理 4.4 の証明の中に出てくる $\sigma = (2\ 4\ 3), \tau = (1\ 2\ 3\ 4)$，と互換 $s_1 = (1\ 2)$ に対して，それぞれに対する $g \in G(T_6)$ はそこに明示してあるので，自然表現 ρ に対する変換 $(\rho(g)f_1, \rho(g)f_2, \rho(g)f_3)$ を計算することによって，次が得られる：

$$\rho'(\sigma) = \begin{pmatrix} 0 & 1 & 0 \\ 0 & 0 & -1 \\ -1 & 0 & 0 \end{pmatrix}, \quad \rho'(\tau) = \begin{pmatrix} 1 & 0 & 0 \\ 0 & 0 & -1 \\ 0 & 1 & 0 \end{pmatrix},$$

$$\rho'(s_1) = \begin{pmatrix} 0 & 1 & 0 \\ 1 & 0 & 0 \\ 0 & 0 & -1 \end{pmatrix}.$$

4.3 十二面体群（$\cong$ 二十面体群）の置換表現

4.3.1 5次交代群 $\mathcal{A}_5$ の上への同型写像

正十二面体の頂点，面，辺の個数は，それぞれ 20, 12, 30 なので，これらを用いて得られる $G(T_{12})$ の置換表現は対称群 $\mathcal{S}_{20}, \mathcal{S}_{12}, \mathcal{S}_{30}$ の中への同型写像となり，大雑把すぎる．対向する 2 頂点を結ぶ対角線も 10 本ある．そこで，我々は，もっと個数の少ないものを探すべきである．

試行錯誤の後に行き着いたのが，各辺とそれに対向する辺とで決まる長方形である．これは，正十二面体より正二十面体の方が，図が書きやすいので，図 4.6 の T_{20} の図をもとにして二十面体群 $G(T_{20})\,(\cong G(T_{12}))$ で話を進める．

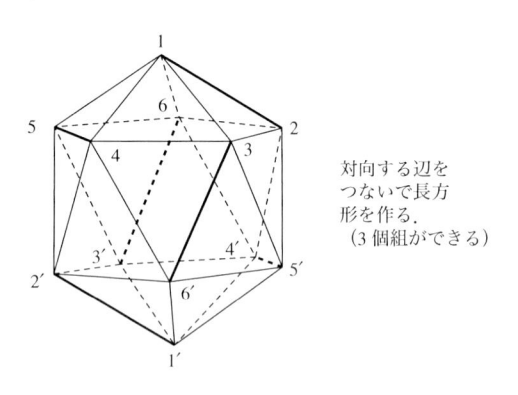

図 4.6 正二十面体における 6 辺ずつの組（直交する 3 個の長方形を決定）

図 4.6 において，例えば 2 辺 $\overline{1\,2}, \overline{1'\,2'}$ で決まる長方形をとる．こうした長方形も全部集めると 15 個あり，数が多すぎるので，互いに直交する長方形 3 個ずつを組にしてその各組を 1 単位として捉える．(3 次元ユークリッド空間 E^3 における x-平面，y-平面，z-平面は，互いに直交する 3 平面の組をなすので，このようなものをイメージすれば分かりやすい．) このような組を考えると，都合 5 組ある．その 5 組全体の集合を X とおくと，$G(T_{20})$ の各元 g は，面の間の直交性を保つので，集合 X の上の変換 $\phi(g)$ を引き起こす．かくて，写像 $\phi: G(T_{20}) \to \mathcal{S}_X$ を得る．

集合 X は元の個数が 5 なので，$\mathcal{S}_X \cong \mathcal{S}_5$ である．この置換群どうしの同型対応を具体的に決めておこう．

図 4.6 において，対向する 2 辺 $\overline{1\,2}, \overline{1'\,2'}$ の決める長方形と直交する残り 2 つの長方形を決めるのは，2 辺 $\overline{3\,6'}, \overline{3'\,6}$ と 2 辺 $\overline{4\,5}, \overline{4'\,5'}$ とである．合わせて 6 個の辺が 1 組の直交する 3 個の長方形の組を決める．別の見方をすれば，全部で 30 個の辺を 6 個ずつの組（全部で 5 組）に分けることになる．そこで各組を同値類と呼び，同じ同値類に入っている 6 個の辺は互いに同値であるといい，記号 " $\sim$ " で表す．例えば，$\overline{1\,2} \sim \overline{4'\,5'}$．1 つの同値類に入っているどの辺もその類の代表元たる資格がある．これら 5 個の同値類の集合 X の完全代表元系として，例えば，辺の集合 $\{\overline{1\,2}, \overline{1\,3}, \overline{1\,4}, \overline{1\,5}, \overline{1\,6}\}$ がとれる．さらに，辺 $\overline{1\,i}$ に数字 $(i-1) \in I_5$ $(2 \leq i \leq 6)$ を対応させると X から $I_5 = \{1,2,3,4,5\}$ への 1 対 1 対応 Ψ ができる．これを通して，各元 $g \in G(T_{20})$ に I_5 の置換の元 $\phi(g)$ を対応させることができる．

定理 **4.5**

二十面体群 $G(T_{20})$ から 5 次対称群 $\mathcal{S}_5$ への対応 ϕ は，群 $G(T_{20})$ から 5 次交代群 $\mathcal{A}_5$ の上への同型対応である．よって，$G(T_{20}) \cong \mathcal{A}_5$．

証明　（ⅰ）ϕ が群の準同型を与えることは，定理 4.1 と同様にして証明される．

（ⅱ）また，ϕ の核 $\mathrm{Ker}(\phi)$ が自明であることは，定理 4.4 と同様にして証明できる．さらに，このあとの議論で，具体的に g に対応する置換 $\phi(g)$ を決定することにより，別証明が得られる．すなわち，$g \neq e$ ならば $\phi(g) \neq \mathbf{1}$ となっていることが分かるわけである．

（ⅲ）さて，$g \in G(T_{20})$ に対する $\phi(g)$ を決めよう．まず，2 頂点 1, $1'$ を結ぶ軸 $[1,1']$ の回りの 1 辺分だけの回転 g をとると，辺の間の置換 $\overline{1\,2} \to \overline{1\,3}, \overline{1\,3} \to \overline{1\,4}, \overline{1\,4} \to \overline{1\,5}, \overline{1\,5} \to \overline{1\,6}, \overline{1\,6} \to \overline{1\,2}$，が出てくる．これは，上の対応 $\Psi: X \to I_5$ を通して翻訳すると，巡回置換 $\sigma = (1\,2\,3\,4\,5)$ に当たる（Ψ は大文字プサイ）．すると，2 辺分の回転は，$\sigma^2 = (1\,3\,5\,2\,4)$ に当たる．σ が偶置換なので，σ の冪（$\sigma^5 = \mathbf{1}$

はみな $\mathcal{A}_5$ に入っている．

軸 $[2, 2']$ で考えると，頂点 2 の回りの辺の置換は，図 4.6 より，$\overline{2\,1} \to \overline{2\,6}$，$\overline{2\,6} \to \overline{2\,4'}$，$\overline{2\,4'} \to \overline{2\,5'}$，$\overline{2\,5'} \to \overline{2\,3}$，$\overline{2\,3} \to \overline{2\,1}$．ここで，$\overline{2\,6} \sim \overline{1\,4}$，$\overline{2\,4'} \sim \overline{1\,3}$，$\overline{2\,5'} \sim \overline{1\,6}$，$\overline{2\,3} \sim \overline{1\,5}$，であるから，同値類の代表元の間の置換としては，$\overline{1\,2} \to \overline{1\,4} \to \overline{1\,3} \to \overline{1\,6} \to \overline{1\,5} \to \overline{1\,2}$，を得る．これを，$\Psi$ によって，I_5 上の置換に翻訳すると，$\tau = (1\,3\,2\,5\,4)$ となる．τ およびその積も偶置換なので，$\mathcal{A}_5$ に入る．

次に，対向する 2 辺 $\overline{1\,2}, \overline{1'\,2'}$，の中点を結んだ軸を回転軸として，角度 π だけの回転は $G(T_{20})$ の元であるが，辺の置換としては，$\overline{1\,3} \longleftrightarrow \overline{2\,6} \sim \overline{1\,4}$，$\overline{1\,6} \longleftrightarrow \overline{2\,3} \sim \overline{1\,5}$，を得る．これを辺の同値類の集合 X 上の置換と見て，それを Ψ を通して I_5 上の置換に翻訳すると，$\alpha = (2\,3)(4\,5) \in \mathcal{A}_5$ を得る．

頂点 1, 2, 3, の決める面を $[1, 2, 3]$ と書くと，これに対向する面は $[1', 2', 3']$ である．これら 2 面の中心を結ぶ軸を回転軸として，角度 $2\pi/3$ だけの回転は，上と同様に計算すれば，I_5 の置換 $\beta = (1\,4\,2) \in \mathcal{A}_5$ を得る．

以上をまとめると，$G(T_{20})$ の各元 $g \neq e$ は，交代群 $\mathcal{A}_5$ の元 $\phi(g) \neq \mathbf{1}$ に写る．すなわち，$\mathrm{Ker}(\phi)$ は自明である．他方，群の位数を比べれば，2.4 節で計算したように，$|G(T_{20})| = 60$，また，$|\mathcal{A}_5| = 5!/2 = 60$．ゆえに，$\mathrm{Im}(\phi) = \mathcal{A}_5$．これにより，定理で主張する同型 $G(T_{20}) \cong \mathcal{A}_5$ が得られた． □

問題 4.2　二十面体群 $G(T_{20})$ は上に与えた $\sigma, \tau \in \mathcal{A}_5$ に対応する 2 元（これらをそれぞれ g_σ, g_τ と書く）によって生成されることを証明せよ．

ヒント：　正二十面体の任意の頂点が，g_σ, g_τ の適当な繰り返しによって，頂点 1 に移されることを示せばよい．

［参考］　定理 4.5 により $G(T_{20}) \cong \mathcal{A}_5$ なので，5 次交代群 $\mathcal{A}_5$ は上の 2 つの巡回置換 σ, τ によって生成されることが分かる．すなわち，$\mathcal{A}_5 = \langle \sigma, \tau \rangle$．このことは，また直接の計算によっても示される．例えば，$\alpha = \sigma\tau\sigma$，$\beta = \sigma\tau$ などであるが，これらは，図 4.6 を見ながら計算すれば，分かりやすい．

問題 4.3（やや難）　正二十面体の 20 個の面を，4 面ずつ 5 個の同値類に分割して，その同値類の集合を Y とし，$g \in G(T_{20})$ が Y 上の置換 $\psi(g)$ を導

くようにできるか？（あるいは，正十二面体の 20 個の頂点について考えても同じことである．)

もしこれができるならば，写像 $\psi : G(T_{20}) \to \mathcal{S}_Y \cong \mathcal{S}_5$ は $\mathcal{A}_5$ の上への同型を与えるか？

ヒント： T_{20} の互いに触れ合わない 4 面，例えば，[1, 2, 3], [4, 2', 6'], [5, 3', 6], [4', 5', 6']，を 1 つの同値類にまとめると，5 個の同値類が得られるのではないか？ これと同値なことを T_{12} で考えると，各面の正五角形から 1 頂点ずつをとり，4 個の頂点で 1 つの同値類を作らせることになる．こちらの方が分かりやすいかもしれない．

4.3.2　十二面体群の自然表現

正十二面体 T_{12} の中心を 3 次元ユークリッド空間 E^3 の原点 O に選んで，E^3 と 3 次元ベクトル空間 $\boldsymbol{R}^3$ とを同一視する．すると，十二面体群 $G(T_{12})$ の各元 g は原点 O を通るある回転軸の回りの 2 次元的回転からきているので，$\boldsymbol{R}^3$ の上の線形変換 $\rho(g)$ を決める．この ρ は，群 $G(T_{12})$ の 3 次元の線形表現を与える．これを 4.2.3 項におけると同様に自然表現と呼ぶ．

これまでの，四面体群，六面体群の場合には，$\boldsymbol{R}^3$ に適当な基底 { f_1, f_2, f_3 } を決めれば，表現 ρ に対応する行列表現の各行列は，その行列要素が，$0, \pm 1$，になり，簡単な行列だった．しかし，今回は，そうはいかない．

実際，定理 4.5 の証明（iii）におけるように，軸 $[1, 1']$ の回りの角 $\varphi = 2\pi/5$ の回転 g をとってみよう．g に対応する置換は，$\sigma = (1\,2\,3\,4\,5)$ である．さて，この回転軸上に単位ベクトル f_3 をとり，他に適当に，f_1, f_2 を正規直交右手系になるようにとったとすると，自然表現 ρ に対する $\rho(g)$ は，$1 \leq k \leq 4$ として，

$$(\rho(g^k)f_1, \rho(g^k)f_2, \rho(g^k)f_3) = (f_1, f_2, f_3) \begin{pmatrix} \cos k\varphi & -\sin k\varphi & 0 \\ \sin k\varphi & \cos k\varphi & 0 \\ 0 & 0 & 1 \end{pmatrix}.$$

となる．この行列は，どんな別の正規直交基底をもってきても，それに関する 3×3 型行列の行列要素が，$0, \pm 1$ だけになることはない．

その他の $g \in G(T_{12})$ に対する $\rho(g)$ の行列は一筋縄ではいかない複雑な形をしているはずなのでここでは省略する．

注意 4.4 上で見たように，$G(T_{12}) \cong \mathcal{A}_5$ の自然表現 ρ からきた行列表現は，結構複雑な形をしているわけだが，一般に n 次対称群，n 次交代群の線形表現，とくに行列表現は，基本的に重要であるので，よく調べられている．成書も何冊もあるが，いずれにしても，勝手な置換の元 σ に対して，それの表現行列を具体的に与えることは難しい．そこで，適当な互換の系，例えば，$s_i = (i\ i+1)$ $(1 \leq i < n)$ に対しての行列を計算する公式が与えられている．この互換の系は，対称群 $\mathcal{S}_n$ を生成するので，原理的には，勝手な置換 σ に対する行列は，このデータによって確定しているのである．(これは，計算可能性とはまた別のことである.)

5

線形代数入門
ベクトル空間，行列，線形写像，跡，行列群

第4章における群の線形表現，行列表現の話において，線形写像とそれを表す行列とが現れた．これに関連する基礎事項を，ここで説明しておく．

5.1 ベクトル空間とその基底

K を実数体 $\mathbf{R}$ または複素数体 $\mathbf{C}$ とする．

定義 5.1 係数体 K をもつベクトル空間 V とは，次の公理を満たすものである．V の元をベクトル，係数体 K の元をスカラーと呼ぶ．

公理 (V1) V は加法に関する可換群である．(加法に関する単位元を 0 と書く．)

公理 (V2) $\alpha \in K$ と $v \in V$ に対してスカラー倍と呼ばれる算法 $\alpha v \in V$ が決まっていて次を満たす．

(V2- i) $1v = v \ (v \in V)$, ただし，$1 \in K$ は乗法単位元．

(V2- ii) (結合律) $(\alpha\beta)v = \alpha(\beta v) \quad (\alpha, \beta \in K, v \in V)$.

(V2-iii) (分配律) 次の2種類の分配律が成立する：

$$(\alpha + \beta)v = \alpha v + \beta v \quad (\alpha, \beta \in K, v \in V),$$
$$\alpha(u + v) = \alpha u + \alpha v \quad (\alpha \in K, u, v \in V).$$

ベクトル空間 V の部分集合 W が，和およびスカラー倍に関して閉じているとき，すなわち，$w, w' \in W, \alpha \in K$ に対して，$w + w' \in W, \alpha w \in W$，となっているとき，$W$ を V の部分（ベクトル）空間という．

例 5.1 $V = K^n$ とおき，$u = (u_j)_{j=1}^n \in V$ を縦ベクトルに書くことにする．加群としては K の n 個の直積と考える，すなわち，加法は，$u = (u_j)_{j=1}^n, v = (v_j)_{j=1}^n \in V$ の成分ごとの加法をとり，スカラー倍は n 個の成分ごとの掛け算とする：

$$u + v := (u_j + v_j)_{j=1}^n, \quad \alpha u := (\alpha u_j)_{j=1}^n \quad (\alpha \in K). \tag{5.1}$$

この V を数ベクトル空間という．

$W := \{ u = (u_j)_{j=1}^n ; u_n = 0 \}$ は，V の部分ベクトル空間であり，K^{n-1} と同型である．

例 5.2 $K = \mathbf{R}$ で $n = 2$ のときは，ベクトルの和 $u + v$ および差 $u - v$ は図 5.1 のように平行四辺形（あるいは三角形）で作図できる．

スカラー倍 αu は，$\alpha > 0$ のときは，u と同じ方向での伸縮を表し，$\alpha < 0$ のときは，u の向きを反転させて，絶対値 $|\alpha|$ だけの伸縮をする．

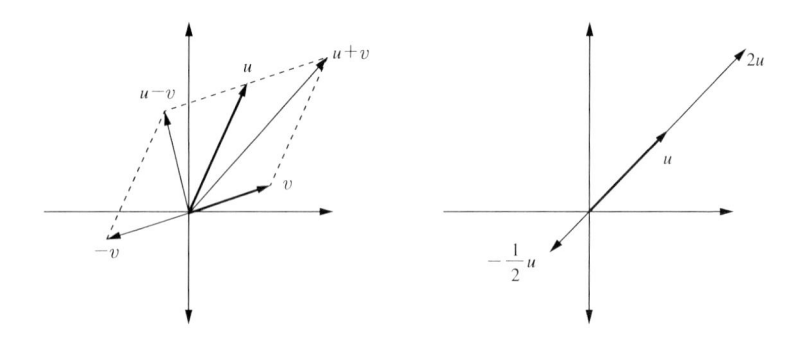

図 5.1 ベクトルの和・差（力の合成）とベクトルのスカラー倍

例 5.3 質点の力学においては，質点にはたらく力はその大きさと向きとを含めて，直交座標系に対する (x, y, z) 成分を用いて 3 次元ベクトル $\boldsymbol{f} = {}^t(f_x, f_y, f_z)$ で表される．ここでは，転置記号 t を左肩につけて，横ベクトル (f_x, f_y, f_z) を転置して縦ベクトルにしてある．座標を第 1, 2, 3 成分ということにすれば，ベクトルは $\boldsymbol{f} = {}^t(f_1, f_2, f_3)$ と書かれる．$-\boldsymbol{f} = {}^t(-f_1, -f_2, -f_3)$ は逆向きで同じ大きさの力を表す．2 つ

の力 f と $f' = {}^t(f_1', f_2', f_3')$ とを合成した力 f'' は，3 次元数ベクトル空間 $\mathbf{R}^3$ における和 $f + f' = {}^t(f_1 + f_1', f_2 + f_2', f_3 + f_3')$ によって表されるのである：$f'' = f + f'$．これを図形的に表示すれば，ベクトル f, f' を 2 辺とする平行四辺形の対角線が f'' であり，図 5.1 と同じようなものになる．この「力の合成と分解」に関する法則は，既に 17 世紀にイタリアの科学者ガリレイが発見していたものである．

定義 5.2 ベクトルの集合 $\mathcal{E} = \{e_j\}_{j=1}^k$ の **1 次結合**（または，**線形結合**）とは，$\alpha_1 e_1 + \alpha_2 e_2 + \ldots + \alpha_k e_k \quad (\alpha_j \in K)$ の形のベクトルのことである．$\mathcal{E}$ が **1 次独立**（または，**線形独立**）であるとは，$\alpha_1 e_1 + \alpha_2 e_2 + \ldots + \alpha_k e_k = 0$ のとき，必ず，$\alpha_1 = \alpha_2 = \cdots = \alpha_k = 0$ となることである．1 次独立でないとき，$\mathcal{E}$ は **1 次従属**（または，**線形従属**）であるという．無限個のベクトルの集合 $\mathcal{E}$ については，その中の任意の有限個をとったとき，つねにそれらが 1 次独立であるときに，$\mathcal{E}$ は **1 次独立**であるという．

命題 5.1 $\mathcal{E} = \{e_j\}_{j=1}^k$ が線形独立であれば，その線形結合につき，$\alpha_1 e_1 + \alpha_2 e_2 + \ldots + \alpha_k e_k = \beta_1 e_1 + \beta_2 e_2 + \ldots + \beta_k e_k$ のとき，$\alpha_j = \beta_j \ (1 \leq j \leq k)$ である．

証明 等式の右辺をすべて左辺に移項して整理すれば，
$$(\alpha_1 - \beta_1)e_1 + (\alpha_2 - \beta_2)e_2 + \ldots + (\alpha_k - \beta_k)e_k = 0.$$
従って，$\alpha_j - \beta_j = 0$ $\quad \therefore \quad \alpha_j = \beta_j \ (1 \leq j \leq k)$． $\square$

定義 5.3 ベクトル空間 V の（代数的）**基底**とは，V の 1 次独立なベクトルの集合 $\{f_\ell\}_{\ell \in L}$ であって，V を（代数的に）張るもののことである．すなわち，V の任意の元 v がこれらのベクトルの有限個の 1 次結合で書ける：$v = \sum_{\ell \in L} \alpha_\ell f_\ell \ (\alpha_\ell \in K)$．ただし，有限個の ℓ を除いて $\alpha_\ell = 0$．

各 $v \in V$ の，基底 $\{f_\ell\}_{\ell \in L}$ に関する 1 次結合としての表示は一意的である．

例えば，数ベクトル空間 $V = K^n$ においては，$f_\ell = (\delta_{j\ell})_{j=1}^n$ $(1 \leq \ell \leq n)$，は標準的な基底を与える．ここに，$\delta_{j\ell}$ はクロネッカー (L. Kronecker, 1823-91) のデルタと呼ばれるもので，

$$\delta_{j\ell} = \begin{cases} 1 & (j = \ell \text{ のとき}) \\ 0 & (j \neq \ell \text{ のとき}). \end{cases}$$

ここでは証明を省略するが，次のことを認めておこう．

命題 5.2 ベクトル空間には必ず基底が存在する． □

ベクトル空間 V に対して，有限個のベクトルよりなる基底が存在するとき，V は，有限次元であるという．そうでないとき，無限次元であるという．基底の元の個数を数えて V の次元を決めるが，その根拠として，次の命題がある．

命題 5.3 ベクトル空間の基底は，いろいろあるが，その中のベクトルの個数，すなわち，基底 $\{f_\ell\}_{\ell \in L} \subset V$ の添字集合 L の濃度（$|L|$ と書く）は一定である． □

その濃度を V の（K 上の）次元といい，$\dim V$ または $\dim_K V$ と書く： $\dim V := |L|$.

当然ながら，数ベクトル空間 K^n の次元は n である．

これらの基本的な命題の証明は，無限次元の場合には，超限帰納法なるものを用いなければならないので割愛する．有限次元の場合には，もう少しベクトル空間の取り扱いに慣れてからということで，急がずに，第 II 巻第 16 章 線形代数基礎 まで延ばしておこう．この延期によってとくに不自由をすることはない．

問題 5.1 $V = K^n$ において，下で与えられる n 個のベクトルの f'_j の集合 $\{f'_1, f'_2, ..., f'_n\}$ を考えると，これは，V の基底であることを示せ：

$$f'_j = {}^t(\overbrace{1, 1, ..., 1}^{j \text{ 個}}, 0, ..., 0) \quad (1 \leq j \leq n).$$

問題 5.2 K の元の無限列 $x = (x_1, x_2, \cdots, x_n, \cdots) = (x_j)_{j \in \mathbf{N}}$ の全体を $K^{\mathbf{N}}$ と書く．ここに，演算として，$x, y = (y_j)_{j \in \mathbf{N}} \in K^{\mathbf{N}}, \alpha \in K$，に対して，
$$x + y := (x_j + y_j)_{j \in \mathbf{N}}, \qquad \alpha\, x := (\alpha\, x_j)_{j \in \mathbf{N}}, \tag{5.2}$$
と定義すると，ベクトル空間になることを示せ．

この $K^{\mathbf{N}}$ には，有限個のベクトルからなる基底は存在しないことを示せ．(よって，$K^{\mathbf{N}}$ は無限次元である．)

問題 5.3 上記のベクトル空間 $K^{\mathbf{N}}$ の元 $x = (x_j)_{j \in \mathbf{N}}$ で，有限個の j を除いて $x_j = 0$ となるもの全体の集合を $K^{(\mathbf{N})}$ と書く，すなわち，
$$K^{(\mathbf{N})} := \{\, x = (x_j)_{j \in \mathbf{N}} \in K^{\mathbf{N}}\,;\, x_j = 0\ (j \gg 0)\,\},$$
ここに，記号 $j \gg 0$ は，"十分大きな j について" という意味である．

（ⅰ）$K^{(\mathbf{N})}$ は，$K^{\mathbf{N}}$ の部分ベクトル空間であることを示せ．

（ⅱ）可算無限個のベクトルの集合 $\{\, f_\ell = (\delta_{j\ell})_{j \in \mathbf{N}}\,;\, \ell \in \mathbf{N}\,\}$，ただし，$f_\ell = (0, \ldots, 0, 1, 0, 0, \ldots)$，第 ℓ 座標のみが 1，他はすべて 0，は $K^{(\mathbf{N})}$ の基底を与えることを証明せよ．

5.2　行列，およびその演算：積，和，スカラー倍

２つの行列の積

体 K 上の $n_1 \times n_2$ 型行列とは，K の $n_1 \times n_2$ 個の元 a_{ij} $(1 \leq i \leq n_1, 1 \leq j \leq n_2)$ を次のように長方形の形に並べたものである：

$$A = (a_{ij})_{1 \leq i \leq n_1, 1 \leq j \leq n_2} = \begin{pmatrix} a_{11} & a_{12} & a_{13} & \cdots & a_{1n_2} \\ a_{21} & a_{22} & a_{23} & \cdots & a_{2n_2} \\ \vdots & \vdots & \vdots & \ddots & \vdots \\ a_{n_1 1} & a_{n_1 2} & a_{n_1 3} & \cdots & a_{n_1 n_2} \end{pmatrix}. \tag{5.3}$$

このとき，a_{ij} を行列 A の (i, j) 要素という．第 i 番目の横列 $(a_{i1}, a_{i2}, \ldots, a_{in_2})$ を A の第 i 行といい，第 j 番目の縦列を第 j 列という．A を n_1 行 n_2 列の行列ともいう．

K 上の $n_1 \times n_2$ 型行列の全体を $M(n_1, n_2; K)$ と書く．とくに，$n_1 = n_2 = n$ のときには，n 次正方行列といい，その全体を $M(n, K)$ と書く．

定義 5.4（行列の積）　　$n_1 \times n_2$ 型行列 A と，$n_2 \times n_3$ 型行列

$$B = (b_{ij})_{1 \le i \le n_2, 1 \le j \le n_3} = \begin{pmatrix} b_{11} & b_{12} & b_{13} & \cdots & b_{1n_3} \\ b_{21} & b_{22} & b_{23} & \cdots & b_{2n_3} \\ \vdots & \vdots & \vdots & \ddots & \vdots \\ a_{n_2 1} & a_{n_2 2} & a_{n_2 3} & \cdots & a_{n_2 n_3} \end{pmatrix} \quad (5.4)$$

との積 AB とは次の行列要素 $c_{i\ell}$ を持つ $n_1 \times n_3$ 型行列 C のことである．C の行列要素 $c_{i\ell}$ は，A の第 i 行と B の第 ℓ 列との '内積' として与えられている：

$$c_{i\ell} := \sum_{j=1}^{n_2} a_{ij} b_{j\ell} \quad (1 \le i \le n_1, \, 1 \le \ell \le n_3),$$
$$C := (c_{i\ell})_{1 \le i \le n_1, \, 1 \le \ell \le n_3}. \quad (5.5)$$

例 5.4　　2×2 型行列の積は，高校の数学の教科書にも書いてあるかと思うが，あらためてここで書くと，

$$\begin{pmatrix} a & b \\ c & d \end{pmatrix} \begin{pmatrix} a' & b' \\ c' & d' \end{pmatrix} = \begin{pmatrix} aa' + bc' & ab' + bd' \\ ca' + dc' & cb' + dd' \end{pmatrix}. \quad (5.6)$$

問題 5.4

$A = \begin{pmatrix} a & b \\ c & d \end{pmatrix}, \quad B = \begin{pmatrix} 1 & 2 \\ 0 & 3 \end{pmatrix}$ とおく．$AB = BA$ となる A を求めよ．

問題 5.5

$A = \begin{pmatrix} 1 & 2 \\ -2 & 3 \end{pmatrix}, \quad B = \begin{pmatrix} 1 & -3 & -2 \\ 2 & 5 & 4 \end{pmatrix}, \quad C = \begin{pmatrix} 2 & 1 \\ -2 & 4 \\ 3 & -1 \end{pmatrix},$

とおく．これら 3 個の行列のうち 2 つをとって積を作ると，AB, CA, BC の 3 種の積が可能であり，それらはそれぞれ次で与えられることを計算で確かめよ：

$$\begin{pmatrix} 5 & 7 & 6 \\ 4 & 21 & 16 \end{pmatrix}, \quad \begin{pmatrix} 0 & 7 \\ -10 & 8 \\ 5 & 3 \end{pmatrix}, \quad \begin{pmatrix} 2 & -9 \\ 6 & 18 \end{pmatrix}.$$

行列の和とスカラー倍

定義 5.5　　$M(n_1, n_2; K)$ の 2 元 $A = (a_{ij})_{1 \leq i \leq n_1, 1 \leq j \leq n_2}$, $B = (b_{ij})_{1 \leq n_1, 1 \leq j \leq n_2}$，とスカラー $\lambda \in K$ に対して，和 $A + B$ およびスカラー倍 λA を次のように定義する（λ はギリシャ文字ラムダ）．これらの行列の (i, j) 要素をそれぞれ $(A + B)_{ij}$, $(\lambda A)_{ij}$ と書けば，

$$(A + B)_{ij} := a_{ij} + b_{ij}, \quad (\lambda A)_{ij} := \lambda a_{ij} \quad (1 \leq i \leq n_1, 1 \leq j \leq n_2).$$

この和とスカラー倍の演算によって，行列の空間 $M(n_1, n_2; K)$ は，K 上のベクトル空間になる．その次元は，$n_1 n_2$ である．

5.3　線形写像と行列

5.3.1　線形写像とそれを表示する行列

2 つのベクトル空間 V_1, V_2 に対して，写像 $S : V_2 \to V_1$ が V_2 から V_1 への線形写像（もしくは線形変換）であるとは，

$$S(\alpha u + \beta v) = \alpha S(u) + \beta S(v) \quad (\alpha, \beta \in K, u, v \in V_2),$$

が成り立つことである．

V_1, V_2 を有限次元とする．$n_k = \dim V_k$ $(k = 1, 2)$ とし，V_k の基底 $\{f_1^{(k)}, f_2^{(k)}, ..., f_{n_k}^{(k)}\}$ をとる．このとき，各 $Sf_j^{(2)} = S(f_j^{(2)}) \in V_1$ $(1 \leq j \leq n_2)$ は，係数 $a_{ij} \in K$ $(1 \leq i \leq n_1)$ を用いて

$$Sf_j^{(2)} = \sum_{i=1}^{n_1} a_{ij} f_i^{(1)} \quad (1 \leq j \leq n_2), \tag{5.7}$$

と書ける．ここで n_1 行 n_2 列の行列 A を (5.3) 式のようにおく．すると，ベクトル $Sf_j^{(2)}$ $(1 \leq j \leq n_2)$ を横に並べたものは，この行列 A を用いて，$1 \times n_1$ 型行列と $n_1 \times n_2$ 型行列の計算法に従って，次のように書ける：

$$(Sf_1^{(2)}, Sf_2^{(2)}, ..., Sf_{n_2}^{(2)}) = (f_1^{(1)}, f_2^{(1)}, ..., f_{n_1}^{(1)}) A. \tag{5.8}$$

そこで，V_2 の元 u が基底を用いて，

$$u = \sum_{i=1}^{n_2} x_i f_i^{(2)} = (f_1^{(2)}, f_2^{(2)}, ..., f_{n_2}^{(2)})\, x, \quad \text{ここに，} x = \begin{pmatrix} x_1 \\ x_2 \\ \vdots \\ x_{n_2} \end{pmatrix}, \tag{5.9}$$

と書けているとする．$x = (x_j)_{j=1}^{n_2}$ は $n_2 \times 1$ 型の縦ベクトルであり，u の座標ベクトルといわれる．いま，$Su \in V_1$ の座標ベクトルを $y = (y_j)_{j=1}^{n_1}$ とすると，

$$\begin{aligned} Su &= S\left(\sum_{j=1}^{n_2} x_j f_j^{(2)}\right) = \sum_{j=1}^{n_2} x_j S f_j^{(2)} \\ &= \sum_{j=1}^{n_2} x_j \left(\sum_{i=1}^{n_1} a_{ij} f_i^{(1)}\right) = \sum_{i=1}^{n_1} \left(\sum_{j=1}^{n_2} a_{ij} x_j\right) f_i^{(1)}, \end{aligned}$$

であるから，

$$y_i = \sum_{j=1}^{n_2} a_{ij} x_j, \quad \text{行列の形で書けば，} \quad y = A\,x, \tag{5.10}$$

となる．このように，基底に関する S の表示（(5.8) 式）と座標ベクトルを用いた表示（(5.10) 式）とは対(つい)になっているが，座標ベクトルは，縦ベクトルに書くのが普通である．

5.3.2　線形写像の積と行列の積

定理 5.4　有限次元ベクトル空間 V_1, V_2, V_3 をとる．$V_2 \to V_1$ の線形写像 S，$V_3 \to V_2$ の線形写像 T をとる．V_k の基底 $\{f_1^{(k)}, f_2^{(k)}, \ldots, f_{n_k}^{(k)}\}$ ($k=1,2,3$) に関する S, T の行列をそれぞれ $A = (a_{ij})_{1 \le i \le n_1, 1 \le j \le n_2}$，$B = (b_{k\ell})_{1 \le i \le n_2, 1 \le j \le n_3}$ とする．このとき，写像の積 $ST : V_3 \xrightarrow{T} V_2 \xrightarrow{S} V_1$ は，また線形写像であって，それに対応する行列は，行列の積 AB によって与えられる．

証明 まず，行列の積 AB を求める．$C = (c_{i\ell})_{1 \le i \le n_1, 1 \le \ell \le n_3} := AB$ とおくと，

$$c_{i\ell} = \sum_{j=1}^{n_2} a_{ij} b_{j\ell}$$

である．次に，行列 A, B を与えるときの V_k の基底を使って，

$$Sf_j^{(2)} = \sum_{i=1}^{n_1} a_{ij} f_i^{(1)}, \quad Tf_\ell^{(3)} = \sum_{j=1}^{n_2} b_{j\ell} f_j^{(2)}$$

となる．従って，

$$(ST)f_\ell^{(3)} = S(Tf_\ell^{(3)}) = \sum_{j=1}^{n_2} b_{j\ell}\, Sf_j^{(2)} = \sum_{j=1}^{n_2} b_{j\ell} \left(\sum_{i=1}^{n_1} a_{ij} f_i^{(1)} \right)$$
$$= \sum_{i=1}^{n_1} \left(\sum_{j=1}^{n_2} a_{ij} b_{j\ell} \right) f_i^{(1)} = \sum_{i=1}^{n_1} c_{i\ell}\, f_i^{(1)}.$$

これは，積 ST に対応する行列が行列の積 $C = AB$ であることを示している． □

5.3.3　線形写像の和・スカラー倍と行列の和・スカラー倍

ベクトル空間 V_2 から V_1 への２つの線形変換 S, T をとる．これらの和 $S + T$ は次の式によって定義される：

$$(S+T)(v) := S(v) + T(v) \quad (v \in V_2).$$

新たに定義された $V_2 \to V_1$ の写像 $S + T$ は，また線形写像である．実際 $R = S + T$ とおくと，$R(\alpha u + \beta v) = \alpha R(u) + \beta R(v)$ が示される．

線形写像 S の $\lambda \in K$ によるスカラー倍 λS は次のように定義される：

$$(\lambda S)(v) = \lambda S(v) \quad (v \in V).$$

このスカラー倍 λS がまた，$V_2 \to V_1$ の線形写像であることは，容易に確認できる．

V_2 から V_1 への線形写像の全体を $\mathcal{L}(V_2, V_1)$ と書く．$V_2 = V_1 = V$ のとき，これを $\mathcal{L}(V)$ とも書く．

定理 5.5 K 上のベクトル空間 V_2 から V_1 への線形写像の全体 $\mathcal{L}(V_2, V_1)$ は，上で定義された和とスカラー倍によって，K 上のベクトル空間になる．その次元は，$\dim(V_2) \times \dim(V_1)$ である．

問題 5.6 この定理を証明せよ．
ヒント： 次元の計算には，線形写像の行列表示を考えればよい．

K 上の $n_1 \times n_2$ 型行列全体 $M(n_1, n_2; K)$ は，線形写像の空間 $\mathcal{L}(V_2, V_1)$ に対応する空間である．前者における2つの演算，和およびスカラー倍，には，後者における，和およびスカラー倍の演算が対応する．これに対して，次の定理を得る．

定理 5.6 線形変換 $S, T \in \mathcal{L}(V_2, V_1)$ を表示する行列を，(5.7)，(5.8) 式におけるように，$A, B \in M(n_1, n_2; K)$ とする．また，スカラー $\lambda \in K$ をとる．このとき，和 $S + T$ に対応する行列は，和 $A + B$ であり，スカラー倍 λS に対応する行列は，スカラー倍 λA である． □

この定理の内容は，別の言葉でいえば，K 上のベクトル空間として，$\mathcal{L}(V_2, V_1)$ と $M(n_1, n_2; K)$ とが自然と同型になる，ということである．この同型対応は，V_1, V_2 の基底をとるごとに決まるものである．

とくに，$V_2 = V_1 = V$ のときは，$n = \dim V$ として，線形写像の空間 $\mathcal{L}(V)$ と n 次正方行列の空間 $M(n, K)$ とは，(和とスカラー倍が対応して) ベクトル空間として同型になるが，さらに，両者の積演算も対応している（定理 5.4 による）．

定理 5.6 の証明 基底の元 $f_j^{(2)}$ $(1 \leq j \leq n_2)$ への作用を考えてみればよい．

$$(S + T)(f_j^{(2)}) = S(f_j^{(2)}) + T(f_j^{(2)}) = \sum_{i=1}^{n_1} (a_{ij} + b_{ij}) f_i^{(1)},$$
$$(\lambda S)(f_j^{(2)}) = \lambda S(f_j^{(2)}) = \sum_{i=1}^{n_1} (\lambda a_{ij}) f_i^{(1)}.$$
□

5.4 ベクトル空間の基底の変換と行列の変換

２つのベクトル空間の間の線形写像 $V_2 \to V_1$ の場合

体 K 上のベクトル空間 V_1, V_2 をとり, $n_k = \dim V_k$ とおく. 各 V_k の1つの基底 $\{f_1^{(k)}, f_2^{(k)}, ..., f_{n_k}^{(k)}\}$ を固定すれば, それに関して, $V_2 \to V_1$ の線形変換 S は K の元を要素とする $n_1 \times n_2$ 型行列 $A = (a_{ij})_{1 \le i \le n_1, 1 \le \ell \le n_2}$ によって表示される. いま, V_k に別の基底 $\{e_1^{(k)}, e_2^{(k)}, ..., e_{n_k}^{(k)}\}$ をとったとき, 線形変換 S の行列表示はどう変わるだろうか?

それには, 基底どうしの変換を書き下してみなければならない. 行列 $P_k = (p_{ij}^{(k)})_{i,j=1}^{n_k}, Q_k = (q_{ij}^{(k)})_{i,j=1}^{n_k}$ が存在して, ２種の基底は互いに他を次のように表示できる:

$$(f_1^{(k)}, f_2^{(k)}, ..., f_{n_k}^{(k)}) = (e_1^{(k)}, e_2^{(k)}, ..., e_{n_k}^{(k)}) P_k,$$
$$(e_1^{(k)}, e_2^{(k)}, ..., e_{n_k}^{(k)}) = (f_1^{(k)}, f_2^{(k)}, ..., f_{n_k}^{(k)}) Q_k.$$

$n \times n$ 型の単位行列 E_n を $E_n = (\delta_{ij})_{i,j=1}^n$ と定義すると, 任意の $n \times n$ 型行列 $B = (b_{ij})_{i,j=1}^n$ に対して, $E_n B = B E_n = B$ である. そして, 上の２式から $n = n_k$ として, $P_k Q_k = Q_k P_k = E_{n_k}$ となる. このとき, 行列 P_k, Q_k は可逆である, あるいは, 正則である, といい, 互いに他の逆行列であるという. 記号では, $P_k = Q_k^{-1}, Q_k = P_k^{-1}$ と書く.

定理 5.7 線形変換 $S: V_2 \to V_1$ が, ベクトル空間 V_k $(k=1,2)$ の２種の基底 $\{f_1^{(k)}, f_2^{(k)}, ..., f_{n_k}^{(k)}\}$, $\{e_1^{(k)}, e_2^{(k)}, ..., e_{n_k}^{(k)}\}$ に関してそれぞれ, 行列 $A = (a_{ij})_{i,j=1}^n$, $B = (b_{ij})_{i,j=1}^n$ で表されたとする:

$$(Sf_1^{(2)}, Sf_2^{(2)}, ..., Sf_{n_2}^{(2)}) = (f_1^{(1)}, f_2^{(1)}, ..., f_{n_1}^{(1)}) A,$$
$$(Se_1^{(2)}, Se_2^{(2)}, ..., Se_{n_2}^{(2)}) = (e_1^{(1)}, e_2^{(1)}, ..., e_{n_1}^{(1)}) B.$$

このとき, 行列 A, B の間の関係は, ２つの基底の間の変換行列 $P_k, Q_k = P_k^{-1}$ を用いて, 次のように表される:

$$A = P_1^{-1} B P_2 = Q_1 B Q_2^{-1}, \qquad B = P_1 A P_2^{-1} = Q_1^{-1} A Q_2.$$

これの証明は, 難しいことはないので, 演習問題としておこう.

問題 **5.7** 　　上の定理を証明せよ．

同一のベクトル空間の間の線形写像 $V \to V$ の場合

$V_2 = V_1 = V, n = \dim V$ の場合を考える．このときは，上の議論で，添字の k $(= 1, 2)$ を取り去った形を考えればよい．すると，V の2つの基底の間の変換は，行列 $P = (p_{ij})_{i,j=1}^n, Q = (q_{ij})_{i,j=1}^n$，によって，

$$(f_1, f_2, ..., f_n) = (e_1, e_2, ..., e_n) P,$$
$$(e_1, e_2, ..., e_n) = (f_1, f_2, ..., f_n) Q.$$

となり，$PQ = QP = E_n$，従って，$P = Q^{-1}, Q = P^{-1}$，である．

系 **5.8** 　　n 次元ベクトル空間上の線形変換 S が2つの基底 $\{f_1, f_2, ..., f_n\}$，$\{e_1, e_2, ..., e_n\}$ に関してそれぞれ，行列 $A = (a_{ij})_{i,j=1}^n, B = (b_{ij})_{i,j=1}^n$ で表されたとする：

$$(Sf_1, Sf_2, ..., Sf_n) = (f_1, f_2, ..., f_n) A,$$
$$(Se_1, Se_2, ..., Se_n) = (e_1, e_2, ..., e_n) B.$$

このとき，行列 A, B の間の関係は，2つの基底の間の変換行列 $P, Q = P^{-1}$ を用いて，次のように表される：

$$A = P^{-1} B P = Q B Q^{-1}, \qquad B = P A P^{-1} = Q^{-1} A Q.$$

5.5 　転置行列，随伴行列，積に対する結合律

まず，行列 A の転置行列，随伴行列（$K = \mathbf{C}$ のとき）を定義しておこう．

定義 **5.6** 　　n_1 行 n_2 列の行列 $A = (a_{ij})$ $(1 \leq i \leq n_1, 1 \leq j \leq n_2)$ に対して，その転置行列 ${}^t\!A$ および随伴行列 $A^* = {}^t\!\overline{A}$ は，それぞれ，下式で与えられる (k, ℓ)-要素 $b_{k\ell}, c_{k\ell}$，をもつ $n_2 \times n_1$ 型行列である：

$$b_{k\ell} = a_{\ell k}, \qquad c_{k\ell} = \overline{a_{\ell k}} \quad (1 \leq k \leq n_1, \quad 1 \leq \ell \leq n_2).$$

ここに，$\overline{z}$ は複素数 z の共役数である．

行列 A の転置行列とは，A を左上から右下に走る対角線に関して転置した（行と列を入れ替えた）ものである．

行列 A が正方行列であって，${}^tA = A$，または，${}^tA = -A$ となっているとき，A をそれぞれ対称行列，交代行列という．また，$A^* = A$ となっているとき，エルミート行列という．これは，フランスの数学者 C. Hermite (1822-1901) の名前からきている．

また，n 次正方行列 A が直交行列（または，ユニタリ行列）であるとは，$A\,{}^tA = E_n$（または，$A\,A^* = E_n$）となっていることである．

さて，n 次正方行列よりなる行列群を与えるために，まず，2つの行列 A, B に対する積 AB をつくる2項演算に対して，結合律が成立することを示そう．

定理 5.9 n 次正方行列に対する積演算は，結合律を満たす．すなわち，$A = (a_{ij})_{i,j=1}^n$, $B = (b_{ij})_{i,j=1}^n$, $C = (c_{ij})_{i,j=1}^n$ に対して，

$$(AB)C = A(BC).$$

証明 上式の両辺を計算してみればよい．$AB = (d_{ij})_{i,j=1}^n$ とおけば，左辺の (i, j) 要素は，

$$\sum_{1 \leq k \leq n} d_{ik} c_{kj} = \sum_{1 \leq k \leq n} \left(\sum_{1 \leq \ell \leq n} a_{i\ell} b_{\ell k} \right) c_{kj} = \sum_{1 \leq \ell \leq n} \sum_{1 \leq k \leq n} a_{i\ell} b_{\ell k} c_{kj}.$$

右辺の (i, j) 要素も計算してみれば，同じ結果に到達するはずなので，試みられたい．

別証 別の証明を与えてみよう．n 次元ベクトル空間 V で基底 $\{f_1, f_2, ..., f_n\}$ をとっておく．この基底に関して，行列 A, B, C, をもつ V 上の線形作用素を，それぞれ，T_A, T_B, T_C とする．すると，V 上の写像としての結合律 $(T_A\, T_B)\, T_C = T_A\,(T_B\, T_C)$ が成立していることは見やすい．実際，この両辺がそれぞれ $v \in V$ に作用したとき，その像は，ともに，$T_A(T_B(T_C(v)))$ に等しい．

この写像の積の間に成立している結合律を，定理 5.4 により，行列の方に翻訳してみれば，求めていた，行列の積に関する結合律になる．

問題 5.8　$n_1 \times n_2$ 型行列 A, $n_2 \times n_3$ 型行列 B, $n_3 \times n_4$ 型行列 C に対して，それらの積として，2種類の積 $(AB)C, A(BC)$ が $n_1 \times n_4$ 型行列として与えられる．この場合も，等式 $(AB)C = A(BC)$ が成り立つことを示せ．

問題 5.9　行列の A, B の積に関して次の性質（積の順序が入れ替わる）を証明せよ：

$$^t(A\,B) = {^t B}\,{^t A}, \quad (A\,B)^* = B^*\,A^*.$$

5.6　正方行列・線形写像の跡（トレース）

いろんなところで非常に役に立つものとして，ベクトル空間上の正方行列や線形写像の跡（トレース，trace）を導入しておこう．これは，写像や行列の演算に慣れるためにもよい教材となる．（後に，第 13 章において，群の線形表現の指標（character）が，跡の概念を用いて定義される．）

定義 5.7　n 次正方行列 $A = (a_{ij})_{i,j=1}^n$ に対し，その跡 $\mathrm{tr} A$ とは，A の対角成分の総和のことである．すなわち，$\mathrm{tr} A := \sum_{1 \leq i \leq n} a_{ii}$．　□

有限次元ベクトル空間 V の上の線形写像 S をとる．V の基底 $\{f_\ell; 1 \leq \ell \leq n\}$ に関する，S の行列表示を，$S f_j = \sum_{1 \leq i \leq n} a_{ij} f_i$, とする．

定義 5.8　線形写像 S に対し，上の表示行列 $A = (a_{ij})_{i,j=1}^n$ を用いて，$\mathrm{tr} S := \mathrm{tr} A$ とおき，これを S の跡（トレース）と呼ぶ．　□

この定義が well-defined である（すなわち，定義が矛盾なくうまくいっている）ことを示すには，別の基底 $\{e_\ell; 1 \leq \ell \leq n\}$ をとって，S を行列表示したとき得られる行列を B とすれば，$\mathrm{tr} A = \mathrm{tr} B$, であることを示さねばならない．5.3 節によれば，$\{f_\ell\}$ から $\{e_\ell\}$ への基底変換の行列を $P = (p_{ij})_{i,j=1}^n$ とすれば，$A = P^{-1} B P$ であるから，証明すべきは，$\mathrm{tr} A = \mathrm{tr}(P^{-1} B P)$, である．

それには次のように，まず，行列の跡の性質を証明する．それの直接の帰結として，系 5.11：$\mathrm{tr} A = \mathrm{tr} B$, を得る．

定理 5.10 2つの n 次正方行列 A と $C = (c_{ij})_{i,j=1}^n$ に対して,

$$\mathrm{tr}(A\,C) = \mathrm{tr}(C\,A). \tag{5.11}$$

証明 これは計算すればよい. 積 $A\,C$ の (i,j) 要素を $(A\,C)_{ij}$ と書くと,

$$\mathrm{tr}(A\,C) = \sum_{1 \le i \le n} (AC)_{ii} = \sum_{1 \le i \le n} \left(\sum_{1 \le \ell \le n} a_{i\ell} c_{\ell i} \right)$$
$$= \sum_{1 \le \ell \le n} \left(\sum_{1 \le i \le n} c_{\ell i} a_{i\ell} \right) = \mathrm{tr}(C\,A).$$

系 5.11 行列 A, B が可逆な行列 P によって, $A = P^{-1}\,B\,P$, となっているとき, $\mathrm{tr}A = \mathrm{tr}B$, である.

証明 $\mathrm{tr}\,A = \mathrm{tr}\,((P^{-1}\,B)\,P) = \mathrm{tr}(P\,(P^{-1}\,B)\,)$
$= \mathrm{tr}\,((P\,P^{-1})\,B) = \mathrm{tr}\,B.$ □

問題 5.10 2つの有限次元ベクトル空間 V_j $(j = 1, 2)$, の上にそれぞれ線形写像 $S_j \in \mathcal{L}(V_j)$ をとったとき, 可逆な線形写像 $T : V_1 \to V_2$ があって, $S_2 = T\,S_1\,T^{-1}$ となっているとする. 次を示せ.

$$\mathrm{tr}(S_1) = \mathrm{tr}(S_2) \equiv \mathrm{tr}(T\,S_1\,T^{-1}).$$

ヒント: 各 V_j にそれぞれ基底をとって, S_1, S_2, T をそれぞれこれらの基底に関して行列で書けば, 系 5.11 を用いればよい. (T が可逆なので, $\dim V_1 = \dim V_2$.)

5.7 **R** または **C** 上の一般線形群

n 次正方行列の集合 $M(n, K)$ の中での積に関して結合律が成立するので, 次のように, 行列からなる群を与えることができる.

定理 5.12 K を実数体 **R** もしくは複素数体 **C** とする. n 次正方行列で可逆なものの全体を

$$GL(n, K) := \{\, g \in M(n, K) \,;\, g \text{ は可逆} \,\}$$

とおくと，これは積に関して，群になる．その単位元は，$n \times n$ 型の単位行列 E_n である．

この群を K 上の**一般線形群**（general linear group）という．あるいは，$K = \mathbf{R}, \mathbf{C}$ に従って，実（もしくは，複素）一般線形群ともいう．

行列式（定義は 20.8 節参照）を知っている人のために書いておくと，$\det g = 1$ という条件を付加して，

$$SL(n, K) := \{\, g \in GL(n, K)\,;\, \det g = 1 \,\}$$

を考えると，これは，**特殊線形群**（special linear group）と呼ばれる群になる．

注意 5.1 線形変換に対応させるときの行列は，$A, B, C, ...,$ とアルファベットの大文字を使ったが，行列群を考えるときには，群の元としての行列は小文字で書かれることが多い（ソ連邦を含む文化圏ではそうとばかりはいえなかったが）．我々は，記号に関するこのデノミネーション（日本円のデノミに似てグレードを1つ下げたという意味）の慣習に従うことにする．このデノミに従って，群の単位元としての n 次の単位行列は，$(E_n$ ではなく) $\mathbf{1}_n$ と書くことがある．

定理 5.12 の証明 第1章 1.2 節 における群の公理（ii）を示せばよい．$G = GL(n, K)$ の与えられた2元 $a, b \in G$ に対する G 上の2つの方程式 $ax = b$, $ya = b$ を考える．すると，a の逆行列 a^{-1} をとると，$a\,a^{-1} = a^{-1}\,a = \mathbf{1}_n$ なので，$x = a^{-1}\,b$, $y = b\,a^{-1}$ として一意的な解が得られる． □

定理 5.13 一般線形群 $GL(n, K)$ の中心は，単位行列の定数倍からなる部分群 $\{\, a\,\mathbf{1}_n\,;\, a \subset K, \neq 0 \,\} \cong K^*$ である．

証明 $n \times n$ 型行列で対角線上を除いては行列要素がすべて0になっているものを対角型という．その対角要素が，$d_1, d_2, ..., d_n$ $(d_i \in K)$ となっているものを $\mathrm{diag}(d_1, d_2, ..., d_n)$ と書く．この行列が，可逆であるのは，$d_1 d_2 \cdots d_n \neq 0$ のときである．

さて，$GL(n, K)$ の中心の元 $h = (h_{ij})_{i,j=1}^n$ をとる．ここで，h_{ij} は行列 h の (i, j) 要素である．すると，$gh = hg$ $(g \in GL(n, K))$ である．g

として，上にあげた対角行列を代入する．このとき，左辺 gh の (i,j) 要素は，$d_i h_{ij}$ であり，右辺のそれは，$h_{ij} d_j$ である．従って，

$$d_i h_{ij} = h_{ij} d_j \quad \text{ゆえに} \quad (d_i - d_j) h_{ij} = 0.$$

従って，$h_{ij} = 0 \; (i \neq j)$ となり，h はそれ自身対角型である．

そこで，$h = \mathrm{diag}(h_1, h_2, ..., h_n)$ とする．あらためて，条件 $gh = hg \; (g \in GL(n,K))$ を考えると，上式で，d_i の代わりに h_i，h_{ij} の代わりに g_{ij}，を代入した式を得る：$(h_i - h_j) g_{ij} = 0$．従って，勝手な $i \neq j$ に対して，$g_{ij} \neq 0$ となる $g \in GL(n,K)$ があれば，$h_i - h_j = 0$ となり，$h = a\,E_n$ の形となる．

他方，g を下の問題 5.11 における $e_{ij}(x) = E_n + x\,E_{ij}$ にとる：$g = e_{ij}(x)$．すると，(i,j) 要素は，$g_{ij} = x$，となるので，当然 $g_{ij} \neq 0$ となりうる． □

一般線形群 $GL(n,K)$ をその中心（K^* と同一視できる）で割った群 $PGL(n,K) = GL(n,K)/K^*$ を射影変換群という．これは，自明でない正規部分群をもたないことが証明される．(証明はこの段階ではそう簡単ではない．)

問題 5.11 $n \times n$ 型行列で，(k, ℓ) 要素だけ 1 で，残りの要素はすべて 0 である行列を $E_{k\ell}$ と書く：$E_{k\ell} = (\delta_{ik} \delta_{j\ell})_{i,j=1}^n$．

（イ）等式 $E_{k\ell} E_{pq} = \delta_{\ell p} E_{kq}$，を示せ．

（ロ）$k \neq \ell$ とする．n 次正方行列 $e_{k\ell}(x) := E_n + x E_{k\ell} \; (x \in K)$，に対して，次を示せ：

$$e_{k\ell}(x)\,e_{k\ell}(y) = e_{k\ell}(x+y) \quad (x, y \in K),$$
$$e_{k\ell}(0) = \mathbf{1}_n, \; e_{k\ell}(x)^{-1} = e_{k\ell}(-x).$$

注意 5.1 これによって，$G_{k\ell} := \{\, e_{k\ell}(x) \,;\, x \in K \,\}$ が，$GL(n,K)$ の部分群になることが分かる．そして，写像 $K \ni x \mapsto e_{k\ell}(x) \in GL(n,K)$ は，加法群 K から，$G_{k\ell}$ の上への同型写像である．この意味で $G_{k\ell}$ を 1 径数部分群という．

5.8 群の有限次元線形表現

V を K 上の有限次元ベクトル空間とする．V 上の線形写像を，V 上の線形作用素ともいう．$S \in \mathcal{L}(V)$ が可逆（もしくは，正則(せいそく)）であるとは，ある $T \in \mathcal{L}(V)$, が存在して，$ST = TS = I_V$ となること．ただし，I_V は，V 上の恒等作用素：$I_V v = v \ (v \in V)$，であり，T は S^{-1} と書かれる．V 上の可逆な線形作用素の全体

$$GL(V) := \{\, S \in \mathcal{L}(V) \,;\, S \text{ は可逆}\,\}$$

は，群になる．

定義 5.9 群 G の V 上の線形表現 ρ とは，G から $GL(V)$ への群準同型写像のことである．すなわち，

$$\rho(g_1 g_2) = \rho(g_1)\, \rho(g_2) \quad (g_1, g_2 \in G).$$ □

このとき，$\rho(e) = I_V$ となっている．V 上の表現 ρ を，V と ρ とをペアにして，(ρ, V) とも書く．係数体が K であることを強調するときは，K 上の線形表現，という．

前章でもちょっと出てきたが，群 G の行列表現とは G から一般線形群 $GL(n, K)$ への群準同型のことである．

これらの，線形表現，もしくは，行列表現は，群自身の構造を研究するのに役立つだけでなく，「群の作用」を研究する基本をなしている．

定義 5.10 群 G の 2 つの線形表現 $(\rho_1, V_1), (\rho_2, V_2)$ が，互いに同値であるとは，V_1 から V_2 へのベクトル空間としての同型写像（1 対 1，上への線形写像）$\Phi : V_1 \to V_2$ があって，

$$\Phi \circ \rho_1(g) = \rho_2(g) \circ \Phi \quad \text{または} \quad \rho_1(g) = \Phi^{-1} \circ \rho_2(g) \circ \Phi \quad (g \in G)$$

となることである． □

これを図示すれば，図 5.2 が可換図形であること，すなわち，2 つのルートのうちどちらを通っても同じということが，同値性を記述する．

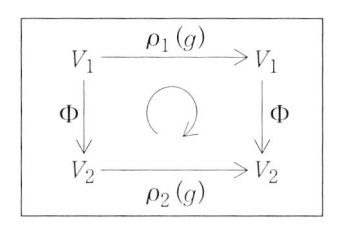

図 **5.2** 表現の同値性を表す可換図形

この定義に同調して，行列表現については，次のような定義になる．

定義 5.11 群 G の 2 つの行列表現 $\pi_k : G \ni g \mapsto \pi_k(g)$ $(k=1,2)$, が互いに同値であるとは，π_1 と π_2 とが同じ次元（ n とする）をもち，かつ，n 次正則行列 P があって，次が成り立つ：

$$\pi_1(g)\,P = P\,\pi_2(g), \quad \text{または，} \quad \pi_1(g) = P\,\pi_2(g)\,P^{-1} \quad (g \in G).$$

この定義が，上の定義 5.10 と対応するものであることは，系 5.8 から，見てとれる．

例 5.4 3.7 節における 3 次対称群 $\mathcal{S}_3$ の 2 次元の行列表現 2 つ，π', π'' は，見かけは異なるが，互いに同値なものである．これは，同じ線形表現 π を，異なった基底に関して書き下したものであるから当然である．

5.9 n 次直交群，n 次ユニタリ群

さらに，行列群の例として，$GL(n,K)$ のたくさんの部分群のうち，後の章で取り扱うものをもち出しておこう．

n 次対称行列 J に対して，J の $g \in GL(n,K)$ による変換を，$\Psi(g)J := gJ\,{}^tg$ と決める．K 上の n 対称行列全体を，$S(n,K)$ と書けば，これは，群 $GL(n,K)$ が $S(n,K)$ の上に（次のような意味で）変換群としてはたらいていることになる．

定理 5.14 $g \in GL(n,K)$ と $J \in S(n,K)$ に対して，$\Psi(g)J =$

$gJ\,{}^tg$ とおく．これは，$S(n,K)$ の上の写像を与える．そして，

$$\Psi(g_1g_2) = \Psi(g_1)\,\Psi(g_2), \quad \Psi(\mathbf{1}_n) = I_{S(n,K)}.$$

ここに，$I_{S(n,K)}$ は，空間 $S(n,K)$ の上の恒等写像を表す．

証明　左辺から計算してみると，次のようにして右辺に至る：

$$\begin{aligned}\Psi(g_1g_2)J &= (g_1g_2)J\,{}^t(g_1g_2) \\ &= g_1\,(g_2J\,{}^tg_2)\,{}^tg_1 = \Psi(g_1)\,(\Psi(g_2)J).\end{aligned} \qquad \Box$$

さて，上の $GL(n,K)$ の作用を $J = E_n$ （単位行列）のところで考えて，E_n を固定する元のなす群，すなわち，E_n の固定化部分群として，n 次直交群が定義される．

定義 **5.12**　体 K 上の n 次の直交群 (orthogonal group) とは，次で与えられる行列群である：

$$O(n,K) := \{\, g \in GL(n,K)\,;\, g\,{}^tg = E_n \,\}. \qquad \Box$$

この群は，K 上の n 次直交行列の全体からなっている．その部分群として，n 次特殊直交群とは，

$$SO(n,K) := \{\, g \in O(n,K)\,;\, \det g = 1 \,\},$$

のことである．$O(n,\mathbf{R}), SO(n,\mathbf{R})$ は，$\mathbf{R}$ を省いて単に $O(n), SO(n)$ と書かれることが多い．

別の対称行列 J を用いれば，

$$O(J,K) := \{\, g \in GL(n,K)\,;\, gJ\,{}^tg = J \,\},$$

として，別の群も得られるが，ここでは，くどくなるのでとりあえず割愛しておく．

問題 **5.12**　n 次エルミート行列の全体を $H(n,\mathbf{C})$ と書く．$g \in GL(n,\mathbf{C})$, $B \in H(n,\mathbf{C})$ に対し，$\Psi'(g)B = g\,B\,g^*$ とおく．これに対して，定理 5.14 と同様なことが成立することを示せ．

この問題が分かったとすれば，次で定義される n 次ユニタリ群（unitary group） $U(n)$ が実際に群になっていることが分かる：

$$U(n) := \{\, g \in GL(n, \mathbf{C}) \,;\, gg^* = E_n \,\}.$$

さらに，

$$SU(n) := \{\, g \in U(n) \,;\, \det g = 1 \,\},$$

を n 次特殊ユニタリ群という (行列式 $\det g$ の定義は 20.8 節).

群 G の行列表現 ϖ が，$\varpi(g) \in U(n)$ $(g \in G)$ となっているときには，ϖ を n 次元のユニタリ表現という．(ϖ はギリシャ文字 π の変わり型であり，やはりパイと読む.)

第 II 部

具体的な群，および群の作用と線形表現

第 6 章： 置換群 $\mathcal{A}_4, \mathcal{S}_4, \mathcal{A}_5$ と多面体群の構造
第 7 章： ユークリッド空間の運動群
第 8 章： 群の関数への作用，群の線形表現
第 9 章： 表現論入門

6

置換群 $\mathcal{A}_4, \mathcal{S}_4, \mathcal{A}_5$ と多面体群の構造

6.1 群論より { 交換子群，特性部分群，組成列，半直積，ほか }

交換子群

群 G の部分群のうち，特別のものとして，交換子群がある．まず，2元 $g_1, g_2 \in G$ に対して，$[g_1, g_2] = g_1 g_2 g_1^{-1} g_2^{-1}$ を g_1, g_2 の交換子 (commutator) と呼ぶ．交換子は，可換性からの隔たりを表すものである．G の交換子全体が生成する群を $[G, G]$ と書き，G の交換子群という．

例えば $G = \mathcal{S}_3$ に対しては，$g_1 = (1\ 2)$, $g_2 = (2\ 3)$, とおけば，$[g_1, g_2] = (1\ 2)(2\ 3)(1\ 2)(2\ 3) = (1\ 2)(1\ 3) = (1\ 3\ 2)(=: \tau)$, であるから，$[\mathcal{S}_3, \mathcal{S}_3] = \mathcal{A}_3 = \{\mathbf{1}, \tau, \tau^2 = (1\ 2\ 3)\}$ が分かる．また，$\mathcal{A}_3 = \langle \tau \rangle$ は可換であるから，$[\mathcal{A}_3, \mathcal{A}_3] = \{\mathbf{1}\}$．

定理 6.1   対称群 $\mathcal{S}_n\ (n \geq 3)$ に対して，その交換子群は交代群 $\mathcal{A}_n$ である，すなわち，$[\mathcal{S}_n, \mathcal{S}_n] = \mathcal{A}_n$.

証明   まず，$\mathcal{S}_n$ の互換たちの交換子として，

$$[(i\ j), (i\ k)] = (j\ k)(i\ k) = (i\ j\ k) \quad (i, j, k,\ は互いに相異なる)$$

を得る．さらに，この形の元の積として，

$$(i\ j\ k)(j\ k\ \ell) = (i\ j)(k\ \ell) \quad (i, j, k, \ell,\ は互いに相異なる)$$

が得られる．これら2つのタイプの元の集合を，$\mathcal{D}$ と書くと $\mathcal{D} \subset \mathcal{A}_n$ である．

他方，$\mathcal{A}_n$ の任意の元は，互換の偶数個の積に書ける．この互換たちを左から2個ずつ組にしていくと，上の2つのタイプのどちらかになる．

これは，交代群 $\mathcal{A}_n$ が部分集合 $\mathcal{D}$ で生成されることを意味する．従って，$[\mathcal{S}_n, \mathcal{S}_n] \supset \mathcal{A}_n$．（とくに，$n = 3$ のときは，第2のタイプの元は存在しない．）

逆に，任意の交換子は，偶数個の互換の積であるから，偶置換であり，$[\mathcal{S}_n, \mathcal{S}_n] \subset \mathcal{A}_n$ となる．従って，$[\mathcal{S}_n, \mathcal{S}_n] = \mathcal{A}_n$ が得られた． □

特性部分群

群 G の部分群 H が G の自己同型群 $\mathrm{Aut}(G)$ で不変，すなわち，$\phi \in \mathrm{Aut}(G)$ に対し，$\phi(H) = H$ となっているとき，H を G の特性部分群 (characteristic subgroup) と呼ぶ．$\mathrm{Int}(G) \subset \mathrm{Aut}(G)$ であるから，特性部分群は，つねに正規部分群である．

例えば，G の中心 C_G は特性部分群である．

また，交換子群 $[G, G]$ は特性部分群である．実際，$\phi \in \mathrm{Aut}(G)$ に対して，$\phi([g_1, g_2]) = [\phi(g_1), \phi(g_2)]$ である．

群の組成列

群 G が自明な正規部分群（G 自身と $\{e\}$）以外に，正規部分群をもたないとき，単純群といわれるが，一般の群の場合には，その構造を記述するのに，単純群とどれだけ近いか，といった視点で考えるのが分かりやすい．すなわち，単純群を基礎単位として構造を記述するわけである．（他方で，単純群については，別途，分類する（同型を除いて決定する）作業を行う．）このために，G の組成列を考える．それは，G の相異なる部分群の列

$$G = H_0 \supset H_1 \supset H_2 \supset \cdots \supset H_m = \{e\}$$

であって，H_i は H_{i-1} の正規部分群，かつ，H_i と H_{i-1} との間には，もはや H_{i-1} の正規部分群はないようなものである．個数 m をこの組成列の長さという．剰余群 H_{i-1}/H_i は単純であり，これを組成剰余群という．

有限群 G には必ず1つは組成列が存在する．無限群には，組成列が存在しないものもある．例えば，無限置換群 $\mathcal{S}_\mathbf{N}$ など（ただし，$\mathbf{N}$ は自然数全体の集合）．

次の定理は，基本的に重要であるが，その証明はここでは省略し，話の流れを中断しないこととする．

定理 **6.2**

（ⅰ） 群 G は組成列をもつと仮定する．部分群の列

$$G = N_0 \supsetneq N_1 \supsetneq \cdots N_n \supsetneq \{e\}$$

に対し，N_i は N_{i-1} の正規部分群（$1 \leq i \leq n$），となっているとする．このとき，これらの群の列を拡大した，G の組成列が存在する．

（ⅱ） 群 G に対して，2つの組成列

$$G = H_0 \supsetneq H_1 \supsetneq H_2 \supsetneq \cdots \supsetneq H_m = \{e\}$$
$$G = K_0 \supsetneq K_1 \supsetneq K_2 \supsetneq \cdots \supsetneq K_p = \{e\}$$

があれば，$m = p$ であり，組成剰余群 H_{i-1}/H_i および K_{j-1}/K_j は適当に順序を並べ替えれば，それぞれ1つずつ互いに同型になっている．

記号の約束　　記号 "$\supsetneq$" は，"$\supset$ かつ $\neq$" を意味する．

問題 **6.1**　　（ⅰ） 群 G をその剰余群 $[G, G]$ で割った剰余群 $G/[G, G]$ は可換であることを示せ．

（ⅱ） 逆に，G の正規部分群 H に対して，剰余群 G/H が可換であれば，$H \supset [G, G]$ であることを示せ．

単純群

群 G が単純であるとは，G が自明な正規部分群のほかには，正規部分群をもたないときにいう．自明な正規部分群とは，G 自身と，$\{e\}$ とである．

可換群 G が単純であるための必要十分条件は，G の位数が素数であること，である．

どんな群の組成剰余群も組成列の定義から明らかなように，単純群である．また，単純群 G に対する組成列は，$G \supset \{e\}$，であり，何ら情報をもたらすものではない．従って，単純群は，群の構造を調べるときには，いわば，"原子"の役割をしており，一般の群に対する組成列は，

群がこれらの"原子"からどのように組み上げられているか，の情報を与える．

有限単純群は無限個存在するが，6.5 節で証明するように，n 次交代群 $\mathcal{A}_n$ は $n \geq 5$ のときには非可換かつ単純である．これは，対称群 $\mathcal{S}_n \supset \mathcal{A}_n$ の性質にも直接反映して，「5 次以上の次数の代数方程式が，一般には代数的には解けない」というガロアの結果の根拠になっている．

群が群に作用するとは

群 G_1 が群 G_2 に（群同型として）作用する，あるいは，G_2 にはたらく，とは，群 G_1 の各元 g_1 に群 G_2 の自己同型 $\jmath(g_1) \in \mathrm{Aut}(G_2)$ が対応して，

$$\jmath(g_1 g_1') = \jmath(g_1)\,\jmath(g_1') \qquad (g_1, g_1' \in G_1),$$

となっていることである（記号 $\jmath$（点なしジェイ）はアルファベット j の変形で ι に似せた数学用文字）．すなわち，$G_1 \ni g_1 \mapsto \jmath(g_1) \in \mathrm{Aut}(G_2)$ は群 G_1 から群 $\mathrm{Aut}(G_2)$ への準同型になっている．

例 6.1 n 次対称群 $\mathcal{S}_n$ と n 次交代群 $\mathcal{A}_n$ とを考えてみよう．$\mathcal{S}_n$ の互換 $s_{ij} = (i\ j)$ をとり，それの生成する位数 2 の部分群を $C_2' = \langle s_{ij} \rangle$ とおく．

群 C_2' の交代群 $\mathcal{A}_n$ への作用は，$\jmath(s_{ij}) : \mathcal{A}_n \ni \sigma \mapsto s_{ij} \sigma s_{ij}^{-1} \in \mathcal{A}_n$ によって与えられる．この $\tau \in C_2'$ の作用は，$\mathcal{S}_n$ の τ による自己同型 $\iota(\tau)$ を正規部分群 $\mathcal{A}_n$ 上に制限したものである．そして，具体的には $\jmath(s_{ij})\sigma$ は σ を巡回置換の積に書き，そこに現れてくる i を j に，j を i に置き換えればよい．例えば，s_{12} によって，$\sigma = (1\ 2\ 3), (1\ 3)(2\ 4)$ を変換すれば，それぞれ，$\jmath(s_{12})\sigma = (2\ 1\ 3), (2\ 3)(1\ 4)$，となる．

例 6.2 4 次交代群 $\mathcal{A}_4$ およびその正規部分群

$$H_4 = \{\,\mathbf{1}, \sigma_1, \sigma_2, \sigma_3\,\},$$

$$\sigma_1 = (1\ 2)(3\ 4),\ \sigma_2 = (1\ 3)(2\ 4),\ \sigma_3 = (1\ 4)(2\ 3),$$

を考えてみよう．$\mathcal{A}_4$ の元 $\tau' = (1\ 2\ 3)$ で生成する位数 3 の部分群を $C_3' = \langle \tau' \rangle$ とおく．

τ' による自己同型を H_4 に制限すると，その作用は，各 $\sigma \in \mathcal{A}_4$ の巡回置換による表示において，$1 \to 2 \to 3 \to 1$ と数字の置換を行えばよい．かくて，C_3' の群 $\mathcal{A}_4$ に対する作用 $\jmath$ は次で決まる：

$$\jmath(\tau'): \sigma_1 \to \sigma_3,\ \sigma_2 \to \sigma_1,\ \sigma_3 \to \sigma_2.$$

2つの群の半直積

2つの群 G_1, G_2 の直積は，先に 2.1 節において定義したが，これは2つの群が，互いに干渉し合わずに，独立な場合である．ここでは，一方の群 G_2 が他方の群 G_1 に作用している場合を考える．これは，G_2 が G_1 に干渉している場合である．$g_2 \in G_2$ の $g_1 \in G_1$ への作用を $\jmath(g_2)g_1 = \jmath(g_2)(g_1)$ と書く．

この場合の群の半直積を $G_1 \rtimes G_2$ と書く．これは集合としては，集合の直積 $G_1 \times G_2 = \{(g_1, g_2);\ g_1 \in G_1, g_2 \in G_2\}$ であり，その群としての構造は，次の積で与えられる：

$$(g_1, g_2)(g_1', g_2') := (g_1 \cdot \jmath(g_2)(g_1'), g_2 g_2').$$

この半直積を，$G_2 \ltimes G_1$ とも書くことができる．その場合の積は，上で与えた積を書き直して，次のようになる．これは，g_2' が g_1 を越えてその左側に出るときに，非可換性から g_1 に影響を与えることを考慮すれば，計算できる：

$$(g_2, g_1)(g_2', g_1') := (g_2 g_2', \jmath(g_2')^{-1}(g_1) \cdot g_1').$$

そして，$G_1 \rtimes G_2$ から $G_2 \ltimes G_1$ の上への自然な同型写像は，$(g_1, g_2) \longmapsto (g_2, \jmath(g_2)^{-1}(g_1))$ によって与えられる．

記号の説明　　記号 $\rtimes$ や $\ltimes$ の向きについて説明する．半直積群 $G = G_1 \rtimes G_2$ の中において，$G_1 \hookrightarrow G$ は正規部分群であるが，G_2 の作用が自明でないかぎり，部分群 $G_2 \hookrightarrow G$ は正規ではない（問題 6.2(ⅱ) 参照）．半直積記号 $\rtimes$ は正規部分群の方に向かって開いている．これは「正規部分群の方を優遇している」記号だと理解すれば覚えやすい．

問題 6.2 （ⅰ）上の積の定義によって，$G_1 \ltimes G_2, G_2 \ltimes G_1$ がたしかに群になっていること，および，上の写像が同型を与えること，を証明せよ．

（ⅱ）半直積群 $G = G_1 \ltimes G_2$ の中において，$G_1 \hookrightarrow G$ は正規部分群である．他方，G_2 の作用が自明，すなわち，$\jmath(g_2)g_1 = g_1 (g_2 \in G_2, g_1 \in G_1)$, でないかぎり，部分群 $G_2 \hookrightarrow G$ は正規ではない．これを証明せよ．

ある群 G の構造を知るのに，G の適当な部分群2つをとって，G をそれらの直積または半直積に書ければ，ありがたい．群 G の構造が，これら2つの群の構造からかなり分かるからである．そのために使える定理として次を証明しておこう．

定理 6.3 群 G に対して，正規部分群 N と 部分群 H とがあって，次の条件が成り立っているとする：

（ⅰ） $G = NH := \{ bh ; b \in N, h \in H \}$, すなわち，$G$ の任意の元は，N の元 b と H の元 h を用いて，bh の形に書ける．

（ⅱ） $N \cap H = \{ e \}$.

このとき，H は内部自己同型 $\imath(h), h \in H$, を N 上に制限することによって，群 N 上に作用する．そして，G はこの作用による N と H との半直積に，写像 $\phi : N \ltimes H \ni (b, h) \mapsto bh \in G$ によって同型である．

証明 写像 ϕ が G の上への写像であることは，条件（ⅰ）により保証されている．ϕ が1対1であることは，条件（ⅱ）から出てくる．実際，$b_1 h_1 = b_2 h_2$ ($b_i \in N, h_i \in H$) とすると，$b_2^{-1} b_1 = h_2 h_1^{-1} \in N \cap H = \{ e \}$, であるから，$b_1 = b_2, h_1 = h_2$, を得る．

写像 ϕ が同型写像であることを示すため，2元 $g = bh = \phi((b, h)), g' = b'h' = \phi((b', g'))$ ($b, b' \in N, h, h' \in H$) をとる．積 $\phi((b, h)) \phi((b', h')) = gg'$ を計算してみると，

$$gg' = (bh)(b'h') = \bigl(b\,(hb'h^{-1})\bigr) \cdot (hh')$$
$$= (b \cdot \imath(h)(b')) \cdot (hh') = \phi((b \cdot \imath(h)(b'), hh')) = \phi((b, h)\,(b', h')).$$

これにより，ϕ が同型を与えることが分かった． □

上の場合，商群 G/N は H と同型になるが，剰余類 $gN = Ng \ (g \in G)$, の完全代表元系として，H がとれて，$h_1 N \cdot h_2 N = (h_1 h_2) N$, となっているわけである．

この章のあとの節において，上の定理を用いて，多面体群や対称群について，それらをより簡単な部分群たちの半直積に書いて，群の構造を解明する．

閑話休題 **8** 昭和 30 年代初期，私が大学 1 回生だったとき，敗戦後の食料不足はやや改善されていたが，それでもまだ，主食の米は配給であり，学生食堂でも米食券が必要だった．それで，郷里を離れる学生は自分の食事のために米穀通帳を家族から分離してもらって持参した．

そんな時代であったが，数学の専門書がシリーズ本として出版され始めていた．大学のそばの書店で,「抽象代数学」,「抽象代数学演習」の姉妹本などを見ていると，誰か学生が,「抽象代数学に，何故演習が要るんだろう？」と友達と話していた．私はそのとき 1 回生で，まだ教養部に所属していて，専門の学部に進んでおらず，数学を専攻する以前のことだったので，私自身もこの素朴な疑問に頭の中で同調していた．この数学専門書も，現在ならば，もはや「抽象代数学 … 」という題名ではなくて，単に「代数学 … 」と題すべき内容のものであったろうが,「何故，抽象ナントカに演習が必要なのか」については，本書の読者の学習にも関係するので，一言したい．

それは，数学における「演習」というか,「訓練」というかは，絶対必要であるということである．野球やサッカーならば，基礎訓練（素振りやキックの練習など）が必要不可欠であることは，万人が認めるわけだが，数学の理論においても同じことである．小説とは違って，数学の理論は読んですぐ分かるというものではない．理論を納得して，それが必要と思えるときに，的確に思い出せて使えるように身につけるには，いろいろな局面で繰り返し使ってみて初めて可能となる．これは私の個人的な経験からしても断言できる．

その意味で，学習中の読者には，問題を解いてみたり，文中の計算結果なども，自らペンを持って確かめてみたり，自己鍛錬を怠らないようにお勧めしたい．そして独りよがりに陥らないためには，誰かに演習の面倒を見てもらうとか，友達などと一緒にゼミをするとか，そうしたチャンスがあればよろしいのだが．

6.2 交代群 $\mathcal{A}_4$ と四面体群の構造

第 4 章 4.1 節において,この互いに同型な群の構造については,かなり詳しく述べたが,ここでは,前節の群の一般論に従って,群としての構造を示す組成列を与えてみよう.

まず,交代群 $\mathcal{A}_4$ の交換子群を求めると,$\tau' = (1\,2\,3), \tau'' = (2\,3\,4)$ に対し,$[\tau', \tau''] = (1\,4)(2\,3) \in H_4$, である.また,長さ 3 の巡回置換 τ, τ' を勝手にとると,これと同様にして,交換子として,部分群 H_4 の元を得る.そして,H_4 の **1** 以外のすべての元が現れる.かくて,ともかく,$[\mathcal{A}_4, \mathcal{A}_4] \supset H_4$.

逆に,$[\mathcal{A}_4, \mathcal{A}_4] \subset H_4$ を示すには,$\mathcal{A}_4$ の残りの交換子をいちいち計算してみればよい.この計算は,問題 6.3 として掲げておこう.

問題 6.3　　$\mathcal{A}_4$ の元 $\tau' = (1\,2\,3)$, $\sigma_1 = (1\,2)(3\,4), \sigma_2 = (1\,3)(2\,4), \sigma_3 = (1\,4)(2\,3)$ の 4 元に対して,それら相互の交換子を計算せよ.

定理 6.4　　4 次交代群 $\mathcal{A}_4$ の交換子群は H_4 である.部分群 H_4 の **1** と異なる元 σ から生成される位数 2 の群を $\langle \sigma \rangle$ と書くと,群 $\mathcal{A}_4$ の組成列は次の形である:

$$\mathcal{A}_4 \supset H_4 \supset \langle \sigma \rangle \supset \{\,\mathbf{1}\,\}.$$

証明　　剰余群 $\mathcal{A}_4/H_4$ は位数 3 の可換群であるので,上に与えられた列が組成列であることは明らかである.ゆえに,3 つの組成剰余群は,それぞれ巡回群 C_3, C_2, C_2 に同型である.

逆に,$\mathcal{A}_4 \supset K \supset \cdots$, が組成列だとすると,$\mathcal{A}_4/K$ は,定理 6.2 より,位数 2 または 3 である.従って,この剰余群は可換であり,問題 6.1 の結果を認めれば,正規部分群 K は $\mathcal{A}_4$ の交換子群 H_4 を含む.従って,$K = H_4$ となる. □

ここで,定理 6.3 を応用してみよう.例 6.2 におけるように,$G = \mathcal{A}_4$ の元 $\tau' = (1\,2\,3)$ から生成される位数 3 の部分群を $H = C_3'$ とおく.正規部分群 $N = H_4$ の上への群 H の作用は,例 6.2 で与えられている.

他方，$G = NH$, $N \cap H = \{e\}$, なので，定理 6.3 が適用できる．かくて，次の群同型を得る．これは，群 $\mathcal{A}_4$ の構造を与える定理である．

定理 6.5　　4 次交代群 $\mathcal{A}_4$ の部分群 $C'_3 = \langle \tau' \rangle$ と正規部分群 $H_4 \cong \langle \sigma_1 \rangle \times \langle \sigma_2 \rangle$ をとると，$\mathcal{A}_4$ は次のように半直積の形に書ける：

$$\mathcal{A}_4 \cong H_4 \rtimes C'_3 \cong (C_2 \times C_2) \rtimes C'_3.$$

6.3　対称群 $\mathcal{S}_4$ と六面体群の構造

まず，4 次対称群 $\mathcal{S}_4$ の交換子群を求めてみよう．

定理 6.6　　4 次対称群 $\mathcal{S}_4$ の交換子群は，4 次交代群 $\mathcal{A}_4$ である．$\mathcal{S}_4$ の組成列は任意の $\sigma \in H_4, \sigma \neq \mathbf{1}$, によって，次の形に書ける：

$$\mathcal{S}_4 \supset \mathcal{A}_4 \supset H_4 \supset \langle \sigma \rangle \supset \{\,\mathbf{1}\,\}.$$

証明　　対称群 $\mathcal{S}_4$ の交換子群が $\mathcal{A}_4$ であることは，定理 6.1 で示されている．

他方，$\mathcal{S}_4$ の組成列 $\mathcal{S}_4 \supsetneq K \supsetneq \cdots$, については，定理 6.4 における $\mathcal{A}_4$ の場合と同じく，$\mathcal{S}_4$ に引き続く最初の正規部分群 K は交換子群を含むことが結論付けられる．従って，$K = \mathcal{A}_4$ となる．ついで，$\mathcal{A}_4$ に引き続く分については，上の定理 6.4 による．　□

4 次交代群の構造に関する定理 6.5 と同様に，4 次対称群に対する半直積分解が，定理 6.3 を用いて，次のように得られる．

定理 6.7　　4 次対称群 $\mathcal{S}_4$ の中の互換 $s_{ij} = (i\ j)$ をとり，それの生成する位数 2 の部分群を C'_2 と書く．C'_2 の 4 次交代群 $\mathcal{A}_4$ の上への作用は，例 6.1 の通りであり，群 $\mathcal{S}_4$ は $\mathcal{A}_4$ と C'_2 との半直積に書ける：

$$\mathcal{S}_4 \cong \mathcal{A}_4 \rtimes C'_2 \cong (H_4 \rtimes C'_3) \rtimes C'_2.$$

6.4 十二面体群の部分群

先に示したように，十二面体群 $\cong$ 二十面体群は5次交代群 $\mathcal{A}_5$ と同型である．他方，交代群 $\mathcal{A}_n$ は，次節で示すように，$n \geq 5$ のときには，単純である．従って，$\mathcal{A}_n$ の組成列は，$\mathcal{A}_n \supset \{\mathbf{1}\}$ となり，群 $\mathcal{A}_n$ の構造の理解には役立たない．

そこで，十二面体群 $\cong \mathcal{A}_5$ の構造に迫るためには，正規部分群でなくてもよいから，$\mathcal{A}_5$ にはどんな部分群が含まれているのかを見るのがよい．4.3.1項におけると同様に二十面体群 $G(T_{20})$ で話をするのが分かりやすそうだ．そこで，図4.6のように正二十面体の頂点に番号を付け，同型 $\phi : G(T_{20}) \to \mathcal{A}_5$ を考える．

まず，頂点 1 と対向する頂点 $1'$ を結んだ軸 $[1, 1']$ の回りの角 $2\pi/5$ ずつの回転のなす部分群を考えると，ϕ による像は，位数 5 の巡回群 $K_1 = \langle \sigma \rangle, \sigma = (1\,2\,3\,4\,5)$, である．

次に，同型 ϕ を決めるときに使った，3組の2対の辺 $\{\overline{1\,6}, \overline{1'\,6'}\}$, $\{\overline{3\,4}, \overline{3'\,4'}\}$, $\{\overline{2\,5'}, \overline{2'\,5}\}$, を考える．これは，互いに直交する3つの長方形の組を与える．部分群 $K_2 \subset \mathcal{A}_5$ を，この長方形の組をそれ自身に写す $G(T_{20})$ の元全体の ϕ による像とする．すると，4.3.1項の話より K_2 は数字5を不変にする偶置換全体になり，$K_2 = \mathcal{A}_4 \subset \mathcal{S}_4$ である．

この2つの部分群については，$G = \mathcal{A}_5$ に対して，

$$G = K_1 K_2 := \{\, k_1 k_2\,;\, k_1 \in K_1, k_2 \in K_2\,\}, \quad K_1 \cap K_2 = \{\mathbf{1}\}$$

となるのであるが，定理6.3の場合と違って，K_1, K_2 のどちらも正規部分群ではないので，群 G が半直積には書けない．従って，積 $(k_1 k_2)(k_1' k_2')$ をまた分解 $G = K_1 K_2$ に従って，$k_1'' k_2''$ と書き表したとき，K_1, K_2 それぞれの成分がごちゃ混ぜになってしまう．しかし，上の K_1, K_2 の性質から，次のことは分かる．

命題 6.8　　G の右剰余類 G/K_2，または左剰余類 $K_2 \backslash G$ の完全代表系として K_1 がとれる．また，剰余類 G/K_1 および $K_1 \backslash G$ の完全代表系として，K_2 がとれる．　　□

さらに，ここで，部分群 $K_2 = \mathcal{A}_4$ は，二十面体群 $G(T_{20})$ の 3 次元の自然表現 ρ（4.3.2 項参照）では，どう表現されているかを見ておこう．上にとった直交する 3 つの長方形それぞれが座標平面を決める形で，直交座標系を決める．そこの座標ベクトルの順番をうまく付ける．そうすると，ρ を $\mathcal{A}_4$ に制限したものは，この基底に関する行列表現として，4.1.3 項で四面体群の自然表現から与えられた行列表現 ρ' と一致する．これを，具体的に確認してみるのは，頭の体操として面白い．

6.5　交代群 $\mathcal{A}_n$ ($n \geq 5$) の単純性

十二面体群は 5 次交代群と同型であったが，ここでは，一般的に，5 次以上の n 次交代群 $\mathcal{A}_n$ が単純であることを証明する．$\mathcal{A}_n$ ($n \geq 5$) は，非可換な有限単純群の重要な 1 系列である．

まず，次の 2 つの補題を証明しておこう．

補題 6.9　（ⅰ）$n \geq 3$ とする．n 次交代群 $\mathcal{A}_n$ は，その部分集合

$$\mathcal{B} := \{\,(i\,j\,k)\,;\ i,j,k \text{ は相異なる}\,\}$$

によって生成される．

（ⅱ）$n \geq 5$ とする．$\mathcal{A}_n$ は，その部分集合

$$\mathcal{C} := \{\,(i\,j)(k\,\ell)\,;\ i,j,k,\ell \text{ は相異なる}\,\}$$

によって生成される．

証明　（ⅰ）$n = 3$ のときは自明なので，$n \geq 4$ とする．2 個ずつの互換の積がすべて出てくれば，それで交代群全体が生成できる．一方，互換の 2 個の積すべてが出てくるのは，次の式を見れば分かる：

$$(i\,j)(j\,k) = (i\,j\,k), \quad (i\,j)(k\,\ell) = (i\,j\,k)(j\,k\,\ell).$$

（ⅱ）$n \geq 5$ なので，相異なる 5 数 i,j,k,ℓ,m がとれる．すると，

$$(i\,j\,k) = (i\,j)(\ell\,m) \cdot (\ell\,m)(j\,k)$$

であるから，集合 $\mathcal{C}$ の生成する部分群は集合 $\mathcal{B}$ を含む．従って，(ⅰ) の結果によって，$\mathcal{A}_n$ 自身であることが分かる． □

補題 6.10 （ⅰ）$n \geq 3$ とする．n 次交代群 $\mathcal{A}_n$ の正規部分群が，部分集合 $\mathcal{B}$ の元を 1 つでも含めば，それは $\mathcal{A}_n$ 自身である．

（ⅱ）$n \geq 5$ とする．$\mathcal{A}_n$ の正規部分群が，部分集合 $\mathcal{C}$ の元を 1 つでも含めば，$\mathcal{A}_n$ 自身と一致する．

証明 補題 6.9 を用いる．

（ⅰ）$n = 3$ のときは自明なので，$n \geq 4$ とする．$\mathcal{B}$ の 1 元 σ をとると，$\mathcal{B}$ の勝手な元 τ は，σ または σ^{-1} に $\mathcal{A}_n$ の中で共役である，すなわち，ある $\kappa \in \mathcal{A}_n$ をとれば，$\tau = \kappa \sigma \kappa^{-1}$ または，$\tau = \kappa \sigma^{-1} \kappa^{-1}$．このことの証明は，演習問題として適当なので，下に問題 6.4 として掲げる．

（ⅱ）$n \geq 4$ のときには，$\mathcal{C}$ の 1 元 σ をとれば，任意の $\tau \in \mathcal{C}$ は σ に $\mathcal{A}_n$ の中で共役である．このことの証明は問題 6.5 として掲げておく． □

問題 6.4 $n \geq 3$ とする．交代群 $\mathcal{A}_n$ の部分集合 $\mathcal{B}$ の任意の 2 元は，$\mathcal{A}_n$ の中で互いに共役であることを示せ．

問題 6.5 $n \geq 4$ とする．群 $\mathcal{A}_n$ の中で，部分集合 $\mathcal{C}$ の 2 元は互いに共役であることを示せ．

さて，我々の目的の定理は次である．

定理 6.11 $n \geq 5$ とする．交代群 $\mathcal{A}_n$ は単純である．

証明 $\mathcal{A}_n$ の $\{\mathbf{1}\}$ とは異なる正規部分群 N をとる．$N = \mathcal{A}_n$ を証明する．そのためには，補題 6.10 によれば，N の中に，$\mathcal{B}$ の 1 元もしくは $\mathcal{C}$ の 1 元が入っていることを示せばよい．

（a）そこで，N の 1 元 $\sigma \neq \mathbf{1}$ をとる．σ は，数字が重ならない巡回置換の積に一意的に書ける．巡回置換 $(i_1 \ i_2 \ \cdots \ i_q)$ に対して，その長さを q と定義する．元 σ の表示に現れた巡回置換の長さが，1 種類ではないとする．長さの最小を ℓ とすると，$\sigma^\ell \neq \mathbf{1}$ であり，$\sigma' = \sigma^\ell \in N$ であり，あらためて σ' の表示に現れる長さの種類をみると，σ のそれより減少している．かくて，数学的帰納法により，N には，同じ長さの巡

回置換の積に書ける元 σ がある．

(b) 元 σ の表示を，$\sigma = \sigma_1 \sigma_2 \cdots \sigma_p$, 各 σ_k の長さは ℓ, とする．まず，$p \geq 2$ とする．

$\sigma_1 = (i_1\ i_2\ \cdots), \sigma_2 = (j_1\ j_2\ \cdots)$ に対して，$\ell \geq 3$ のときは，$\tau = (i_1\ j_1)(i_2\ j_2) \in \mathcal{A}_n$ をとり，$\ell = 2$ のときは，$\tau = (i_1\ i_2\ j_1) \in \mathcal{A}_n$ ととる．そこで $\sigma(\tau\sigma^{-1}\tau^{-1}) \in N$ を計算してみると，次のようになる．$\ell \geq 3$ のときは，

$$\sigma(\tau\sigma^{-1}\tau^{-1}) = (\sigma\tau\sigma^{-1})\tau^{-1}$$
$$= (i_2\ j_2)(i_3\ j_3) \cdot (i_1\ j_1)(i_2\ j_2) = (i_1\ j_1)(i_3\ j_3).$$

また，$\ell = 2$ のときは，$\sigma\tau\sigma^{-1}\tau^{-1} = (i_1\ j_1)(i_2\ j_2) \in \mathcal{C}$ を得る．

次に，残っている $p = 1$ の場合は，同様にして，$\mathcal{C} \cap N$ の元を得る．これの証明は，適当な難しさなので，問題として掲げておこう． □

問題 6.6 $n \geq 5$ とする．$\mathcal{A}_n$ に入っている巡回置換 $\sigma = (i_1\ i_2\ \cdots\ i_\ell)$ をとる．適当な元 $\tau = (i\ j\ k) \in \mathcal{A}_n$ をとると，$\sigma\tau\sigma^{-1}\tau^{-1}$ として $\mathcal{C}$ の元を得る．これを証明せよ．

6.6 n 次対称群 $\mathcal{S}_n$ と n 次交代群 $\mathcal{A}_n$ の関係

我々は，既に次のことを証明した．n 次対称群 $\mathcal{S}_n$ の交換子群は n 次交代群 $\mathcal{A}_n$ であること，および，$n \geq 5$ のとき $\mathcal{A}_n$ は単純であること．ここでは，まず，$\mathcal{S}_n$ の組成列を決めよう．

定理 6.12 $n \geq 5$ とする．n 次対称群 $\mathcal{S}_n$ の自明でない正規部分群は $\mathcal{A}_n$ だけである．$\mathcal{S}_n$ の組成列は次である：

$$\mathcal{S}_n \supset \mathcal{A}_n \supset \{\mathbf{1}\}.$$

証明 $\mathcal{S}_n$ の正規部分群 N が奇置換 $\sigma \neq \mathbf{1}$ を含んでいるとする．前定理の証明と同様にして，適当な $\tau \in \mathcal{A}_n$ を選べば，$\sigma\tau\sigma^{-1}\tau^{-1} \in N \cap \mathcal{A}_n$ が $\mathcal{B}$ または $\mathcal{C}$ の元になる．従って，補題 6.10 によって，$N \cap \mathcal{A}_n = \mathcal{A}_n$, すなわち，$N \supset \mathcal{A}_n$ となる．ところが，$\mathcal{S}_n$ の $\mathcal{A}_n$ による剰余類分解で

は，σ が奇置換なので，$\mathcal{S}_n = \mathcal{A}_n \sqcup \sigma \mathcal{A}_n$ となる．かくて，$N = \mathcal{S}_n$ が分かった．

他方，$\mathcal{A}_n$ は単純だから，$\mathcal{S}_n$ の組成列は，上のようになる． □

問題 6.7 次のような手順で別証明を与えよ．まず，$N \cap \mathcal{A}_n \subset \mathcal{A}_n$ を考えると，これは，$\mathcal{A}_n$ の正規部分群である．$\mathcal{A}_n$ は単純群であるから，

$$(\mathcal{ア})\ N \cap \mathcal{A}_n = \{e\}, \quad \text{または，} \quad (\mathcal{イ})\ N \cap \mathcal{A}_n = \mathcal{A}_n,$$

である．この2つの場合を，それぞれ吟味せよ．

n 次対称群の半直積分解を与えよう．$\sigma \in \mathcal{S}_n$ を位数2の奇置換，例えば，勝手な互換，にとる．σ の生成する位数2の群 $\langle \sigma \rangle$ は，$\mathcal{A}_n \ni \tau \mapsto \sigma \tau \sigma^{-1} \in \mathcal{A}_n$ によって，正規部分群 $\mathcal{A}_n$ 上にはたらく．

定理 6.13 位数2の部分群 $\langle \sigma \rangle$ の $\mathcal{A}_n$ への上記の作用によって，$\mathcal{S}_n$ は，次のように半直積に書ける：

$$\mathcal{S}_n \cong \mathcal{A}_n \rtimes \langle \sigma \rangle.$$

6.7 群論より { 可解群，Sylow 部分群，中心化群 }

可解群

群 G が可解 (solvable) であるとは，$G_0 = G$ として，交換子群の列 $G_1 = [G_0, G_0], G_2 = [G_1, G_1], \ldots, G_{i+1} = [G_i, G_i]\ (i \geq 0)$，が単位元よりなる群 $\{e\}$ に到達すること，すなわち，ある i に対して，$G_i = \{e\}$．

例 6.3 4次交代群 $\mathcal{A}_4$ は，$[\mathcal{A}_4, \mathcal{A}_4] = H_4$，$[H_4, H_4] = \{\mathbf{1}\}$，であるから，可解である．4次対称群 $\mathcal{S}_4$ も可解である．

しかし，$n \geq 5$ のときは，n 次対称群 $\mathcal{S}_n$ も n 次交代群 $\mathcal{A}_n$ もいずれも可解ではない．

命題 6.14 有限群 G が可解であるための必要十分条件は，G の組成列 $G \supsetneq H_1 \supsetneq H_2 \supsetneq \cdots \supsetneq H_p = \{e\}$ において，剰余群 H_i / H_{i+1} がすべて可換となることである． □

組成剰余群 H_i/H_{i+1} が可換であれば，それは必然的に，素数位数の巡回群である．

シロウ（**Sylow**）部分群

p を素数とする．有限群 G の位数 n を割る p の巾の最大を p^m とする，すなわち，n/p^m はもはや p では割り切れない．すると，次の事実が知られている．(この本の叙述の流れをあまり途切れさせないために，証明は，省略する.)

命題 6.15 群 G の部分群で位数がちょうど p^m に等しいものが存在する．それらの部分群は G において共役である，すなわち，G の元による内部自己同型で写り合う． □

この部分群を G の p-**Sylow** 部分群という．

中心化群

群 G の部分集合 B に対して，その中心化群とは，

$$C_G(B) := \{\, g \in G \,;\, gb = bg \ (b \in B) \,\}$$

である．B が 1 元 t からなるときは，$C_G(t)$ と書く．$C_G(B)$ が，たしかに群になることを検証しておいてほしい．

6.8 お話 { 可解群と代数方程式，単純群の分類 }
6.8.1 可解群と代数方程式

ここでは，厳密な議論はやめて，お話として，代数方程式と群との関係を述べる．n 次の代数方程式

$$x^n + a_1 x^{n-1} + a_2 x^{n-2} + \cdots + a_{n-1} x + a_n = 0,$$

の根を求めるのに，係数 $a_1, a_2, \ldots, a_n$ から，加減乗除の四則と，p 乗根をとる操作 $\sqrt[p]{b}$ とを何回か繰り返して，すべての根を求めうるときに，この方程式は代数的に解けるという．すなわち，巾乗根の記号と四則だけを含んだ根の公式がある場合である．

これは，もちろん，方程式の与えられ方にもよる．例えば，一番簡単な場合を考えてみると，

$$x^n + a_n = 0$$

となり，これの根は，$x = (\sqrt[n]{-a_n})^q$ $(0 \leq q < n)$ という公式で与えられる．問題は，この極端な場合のやり方をうまく繰り返して，根が求まるか，ということである．これを調べるのに，与えられた方程式の根の間の置換の群を調べればよい，というのがいわゆるガロア群の理論である．例えば，上の簡単な方程式では，巾根をとるわけで，そのガロア群は，n 次巡回群の部分群となり，可換である．

一般的な結論を標語的にいえば，次になる．「与えられた代数方程式が代数的に解けるための必要十分条件は，その方程式のガロア群が可解であること．」

一般の形の n 次方程式に対して，この問題を考える．すると，出てきている係数 $\{a_1, a_2, \ldots, a_n\}$ は，それぞれ，独立性をもっていると考えるべきである．そして，その場合には，方程式の n 個の根は，互いに平等であり，そのことの反映として，これらの根を自由に互いに置き換えるのがガロア群である．従って，ガロア群は，n 次対称群 $\mathcal{S}_n$ に同型である．

我々は，今までに，3 次対称群 $\mathcal{S}_3$，4 次対称群 $\mathcal{S}_4$ が可解であることを示したが，それは，「3 次，または，4 次の代数方程式は，代数的に解ける」というアーベル以前に確立された事実と符合する．

アーベルが，「一般の 5 次代数方程式は，代数的には解けない」ことを，証明したのであるが，それは，つまるところ，「5 次対称群 $\mathcal{S}_5$ が可解でない」という事実に帰せられる．$n \geq 5$ ならば，同様に，$\mathcal{S}_n$ が可解でないので，「一般の n 次方程式は，代数的には解けない」ことになる．

6.8.2 有限単純群の分類

我々は，既に，単純群の 1 系列として，n 次交代群 $\mathcal{A}_n$ $(n \geq 5)$ を知っている．

有限群の理論における大問題のひとつは，有限単純群の分類問題である．すなわち，有限単純群を同型を除いて，すべて決定せよ，ということである．この問題は，1981 年に一応の決着を見たが，それは，当時既に書かれていた膨大な数の論文，それに加えて，講演その他の形で結果は発表済みだが，論文自体はそれ以後に書かれるであろう数多くの仕事，それらを合わせると分類が完成する，ということであった．

　まとまった形での一貫した証明を与えるために，現在進行形で，大部のシリーズ本が，アメリカ数学会から出版されつつある．

　実は，1964 年までは，専門家の間では，楽観論が支配していて，既に自分たちが知っている単純群で終わりではないか，従って，あとはどうやってそれを証明するか，だけだ，という雰囲気だった．知っていたといわれる単純群は，

（1）　素数位数の巡回群，

（2）　n 次交代群 $\mathcal{A}_n$ $(n \geq 5)$,

（3）　有限体 K 上の Lie 型の群．ここで，体とは，大雑把にいって，四則ができるもののことで，$K = \mathbf{R}, \mathbf{C}$ の代わりに，K として有限体を使ったときの，$PGL(n, K)$ や，$O(n, K), U(n, K)$ を中心で割った商群，等々，

（4）　Mathieu 群といわれる例外的な群 5 個．

　ところが，1964 年になって，専門家たちにとって驚天動地のことが起こった．オーストラリアというやや孤立していた土地柄にいたジャンコ（Z. Janko, 1932-　）という人が，1 個新しい単純群を見つけたのである．彼の論文は，1966 年になって印刷発表されたが，使われた方法は，その当時までに知られていた「有限群の表現論」の結果を全部動員することであった．もっとも，筆者が，1967 年 11 月にシュバレイ（C. Chevalley, 1909-84）のブールバキ・セミナーにおける「Janko の単純群について」と題する講演を聴いたときには，ジャンコの証明の大事なところに見落としがあって，ある二股道で，結局よい方向へ勝手に曲がっていった，ということであった．

ジャンコが，この単純群を発見するに至る契機となった研究は，これこれこういう条件を満たす有限群はどれだけあるか，という型のものであった．彼は，論文では，有限群 G に対する 3 つの条件を挙げているが，我々は既にこの時点でちゃんとこれらを理解できる．(我らが親しき $\mathcal{A}_5$ が，ここに登場してくれている！)

(a) G の 2-Sylow 部分群は可換である．

(b) G は指数 2 の部分群をもたない．

(c) G は位数 2 の元 t で，その中心化群 $C_G(t) := \{g \in G ; gt = tg\}$ が，直積 $\langle t \rangle \times \mathcal{A}_5$ と同型，となるものをもつ．

閑話休題　**9**　ジャンコ以後には，20 個の例外的な群が見つかっている．合わせて 21 個のこれらの群は散在群（sporadic groups）といわれている．ジャンコ自身，さらに 1967 年に 1 個共同で見つけ，1975 年に 1 個を予言して，コンピューターで確かめられた．これが打ち止めである．日本人では，鈴木通夫氏，原田耕一郎氏が 1 個ずつ発見した．ある人の言によると，めったやたらに見つかるのではなくて，やはり，本気で頑張った人にだけ神様がご褒美として，見つけさせたのだ，とのことである．

これら散在群の中でも，フィッシャー（B. Fischer, 1936-　）が単独，または共同で見つけた単純群は位数が，10 進法で 34 桁，54 桁と思いきり大きいので，Baby Monster, Monster と愛称されて親しまれている．この 2 つの群は，数学や数理物理学のひょんなところに顔を出す人気者である．

7

ユークリッド空間の運動群

7.1 ユークリッド空間とは何か

n 次元ユークリッド空間 E^n とは，その背後に n 次元数ベクトル空間 $\mathbf{R}^n$ が影の形に添うようにくっついており，それとペアになって，次のような条件を満たしているものである．

(a) E^n の 2 点 P, Q をとれば，ベクトル $\overrightarrow{PQ}$ が決まり，第 3 の点 R をとれば，$\overrightarrow{PQ} = \overrightarrow{PR} + \overrightarrow{RQ}$ となる．

(b) E^n の 1 点 P と $\mathbf{R}^n$ のベクトル x をとると，$\overrightarrow{PQ} = x$ となる点 $Q \in E^n$ がただ 1 つ存在する．

(c) 数ベクトル空間 $\mathbf{R}^n$ には，ノルムといわれるものが定義されている： $x = (x_j)_{j=1}^n \in \mathbf{R}^n$ に対して，

$$\|x\| := (x_1^2 + x_2^2 + \cdots + x_n^2)^{1/2}. \tag{7.1}$$

E^n に原点 O を 1 つ決めれば，写像 $E^n \ni P \mapsto \overrightarrow{OP} \in \mathbf{R}^n$ によって E^n と $\mathbf{R}^n$ とは同一視できる．ベクトル $\overrightarrow{OP} \in \mathbf{R}^n$ を点 P の（原点 O を決めたときの）座標という．2 点 $P, Q \in E^n$ の距離を，

$$d(P, Q) := \|\overrightarrow{PQ}\| = \|x - y\| \tag{7.2}$$

と決める．ここに，x, y はそれぞれ P, Q の座標である．

実際，この $d(P, Q)$ が，距離に関する次の 3 つ公理を満たすことが分かるが，その中の三角不等式は，この後の命題 7.1 にあるミンコフスキー (H. Minkowski, 1864-1909) の不等式を用いれば，証明される：

（1） $d(P, Q) \geq 0$, かつ，$d(P, Q) = 0 \iff P = Q$ ；

（２）　　　　　$d(P,Q) = d(Q,P)$;

（３）　　　　　$d(P,Q) \leq d(P,R) + d(R,Q)$.　　（三角不等式）

我々は，2次元ユークリッド平面 E^2, 3次元ユークリッド空間 E^3 については，よく知っている．図 7.1 に示すように，直交座標系も決められる．

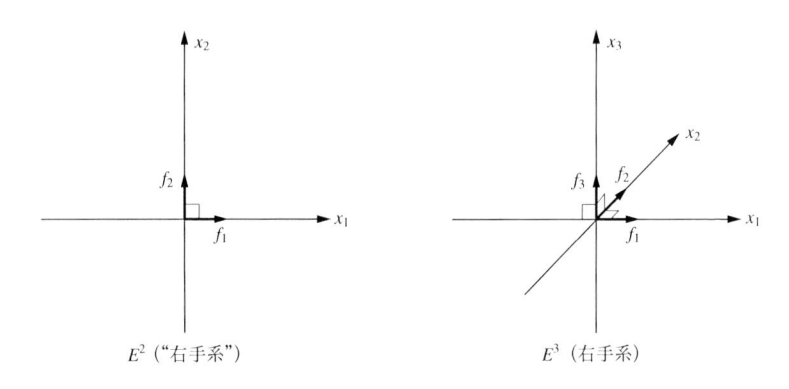

図 7.1　E^2, E^3 における直交座標右手系

$\mathbf{R}^n$ の 2 つのベクトル $x = (x_j)_{j=1}^n$, $y = (y_j)_{j=1}^n \in \mathbf{R}^n$ に対し，内積 $\langle x, y \rangle$ を次で定義する：

$$\langle x, y \rangle := x_1 y_1 + x_2 y_2 + \cdots + x_n y_n = {}^t x\, y. \tag{7.3}$$

ここで，x, y は縦ベクトルと思っているので，上式右端は，$1 \times n$ 型行列と $n \times 1$ 型行列の積としての 1×1 型行列であると解する．このとき，$\langle x, y \rangle = \langle y, x \rangle$ であり（これを内積が対称であるという），内積とノルムの間の関係式として，次を得る：

$$\langle x, y \rangle = \frac{1}{2}\left(\|x+y\|^2 - \|x\|^2 - \|y\|^2\right). \tag{7.4}$$

E^n における 2 つの方向 $\overrightarrow{OP}$ と $\overrightarrow{OQ}$ のなす角度 $\angle POQ$ は，3 点 P, O, Q で決まる 2 次元ユークリッド平面で考えることにより，次の公式を満たすように決められる．ここに，x, y はそれぞれ P, Q の座標で

ある：

$$\cos \angle POQ = \frac{\langle \overrightarrow{OP}, \overrightarrow{OQ} \rangle}{\|\overrightarrow{OP}\| \cdot \|\overrightarrow{OP}\|} = \frac{\langle x, y \rangle}{\|x\| \cdot \|y\|}. \tag{7.5}$$

命題 **7.1**　　$\mathbf{R}^n$ におけるノルムと内積とに関して，次の，シュヴァルツ（H.A. Schwarz, 1843-1921）の不等式，ミンコフスキーの不等式, が成り立つ：

$$|\langle x, y \rangle| \leq \|x\| \cdot \|y\|, \quad （シュヴァルツの不等式）$$
$$\|x + y\| \leq \|x\| + \|y\|. \quad （ミンコフスキーの不等式）$$

証明　　$x \neq \mathbf{0}$ とする．$t \in \mathbf{R}$ をとると，

$$\|tx + y\|^2 = \|x\|^2 t^2 + 2\langle x, y \rangle t + \|y\|^2 \geq 0,$$

が，どんな t に対しても成り立つので，t の 2 次式の判別式をとって，

$$D = 4\,|\langle x, y \rangle|^2 - 4\,\|x\|^2\,\|y\|^2 \leq 0.$$

これから，シュヴァルツの不等式が得られる．

さらに，この不等式を使えば，ミンコフスキーの不等式が得られる：

$$\|x + y\|^2 = \|x\|^2 + 2\langle x, y \rangle + \|y\|^2$$
$$\leq \|x\|^2 + 2\|x\| \cdot \|y\| + \|y\|^2 = (\|x\| + \|y\|)^2. \quad \square$$

問題 **7.1**　　n 次元ユークリッド空間で定義された $d(P, Q)$ について，上の距離に関する 3 つの公理が満たされていることを証明せよ．

7.2　n 次元ユークリッド空間の等距離変換群と運動群

n 次元ユークリッド空間 E^n の等距離変換とは，E^n から自分自身の上への変換（あるいは写像）$g : E^n \ni P \mapsto gP \in E^n$，であって，距離を不変にするものである：

$$d(gP, gQ) = d(P,Q) \quad (P,Q \in E^n).$$

2つの等距離変換 g_1, g_2 に対してはその積 $g_1 g_2$ が，

$$(g_1 g_2)P := g_1(g_2 P) \quad (P \in E^n)$$

により，定義できる．E^n の等距離変換をすべて集めると，群になるが，それを E^n の等距離変換群といい，Iso(E^n) と書く．

2つの等距離変換 g_0, g_1 で，g_0 を連続的に変えていって g_1 になる，すなわち，連続な弧 (arc) $g_t \in$ Iso(E^n) $(0 \le t \le 1)$ があって，それを伝わっていくと，g_0 から g_1 につながるとき，g_0, g_1 は (Iso(E^n) 内で) 弧状連結であるという．ある元 g_0 に弧状連結な元をすべて集めたものを，g_0 を含む弧状連結成分という．恒等変換 I_{E^n} に弧状連結な元 $g \in$ Iso(E^n) をユークリッド空間 E^n の運動 (motion) という．恒等変換は，群 Iso(E^n) の単位元であり，これを含む弧状連結成分，すなわち，運動の全体は，その部分群になる．これを $\mathcal{M}(E^n)$ と書き，E^n の運動群，あるいは，n 次元ユークリッド運動群 (Euclidean motion group) という．

「恒等変換と弧状連結な」とは，この場合には，要するに，ある超平面に関する鏡映変換などを除外するための条件である．2次元ユークリッド平面 E^2 や 3 次元ユークリッド空間 E^3 においては，直交座標右手系を右手系に写す等距離変換が，運動と呼ばれるのである．これに対応することは，n 次元空間 E^n においては，n 次正方行列の行列式 det($\cdot$) (定義は 20.8 節) を用いて正確に述べられる．それによって，$\mathcal{M}(E^n)$ が Iso(E^n) の指数 2 の部分群であることが，分かる．

注意 7.1 ここでの議論で，4 次元以上のユークリッド空間のイメージがわかなければ，2 次元，または 3 次元でイメージすればよい．前節まで，多面体群などについて，非常に具体的に論じてきたので，ここでは，n 次元を取り扱い，数学の一般的議論の進め方を学ぼうということである．しばらくご辛抱願いたい．

これからの議論では，E^n に原点 O を固定して，写像 $E^n \ni P \mapsto x = \overrightarrow{OP} \in \mathbf{R}^n$ により，E^n と $\mathbf{R}^n$ を同一視することが頻繁に起こる．すなわち，点 P とその座標 x を同一視して，この２つを同時に取り扱う面倒くささを避けるのである．この同一視のことを，簡潔に，$\mathbf{R}^n \cong E^n$ と書く．

例 7.1 E^n と同一視した $\mathbf{R}^n$ の１つのベクトル $x^{(0)}$ をとる．変換
$$T_{x^{(0)}}: \quad \mathbf{R}^n \ni x \longmapsto x + x^{(0)} \in \mathbf{R}^n \tag{7.6}$$
は，運動である，すなわち，$T_{x^{(0)}} \in \mathcal{M}(E^n)$．これを，ベクトル $x^{(0)}$ だけの平行移動と呼ぶ．

実際，$g = T_{x^{(0)}}$ の逆変換 g^{-1} は，$-x^{(0)}$ だけの平行移動であり，g が距離を不変にすることは，次の計算で分かる．$P, Q \in E^n$ の座標をそれぞれ，$x, y \in \mathbf{R}^n$ とすると，
$$d(gP, gQ) = \|(x + x^{(0)}) - (y + x^{(0)})\| = \|x - y\| = d(P, Q).$$

$g = T_{x^{(0)}}$ と I_{E^n} とをつなぐパスは，$g_t = T_{t\,x^{(0)}}$ $(0 \le t \le 1)$ により与えられる．

E^n の平行移動の全体を $\mathcal{T}(E^n)$ と書くと，これは，$\mathcal{M}(E^n)$ の部分群である．そして，写像 $\mathcal{T}(E^n) \ni T_{x^{(0)}} \mapsto x^{(0)} \in \mathbf{R}^n$ により，平行移動の群 $\mathcal{T}(E^n)$ は，加群 $\mathbf{R}^n$ と群同型である．実際，
$$T_{x^{(0)}}\, T_{x^{(1)}} = T_{(x^{(0)} + x^{(1)})} \quad (x^{(0)}, x^{(1)} \in \mathbf{R}^n). \tag{7.7}$$

例 7.2 $\mathbf{R}^n \cong E^n$ の超平面とは，$\mathbf{R}^n$ の $(n-1)$ 次元部分空間を平行移動したものである．この超平面 W に直交する単位ベクトルを f, $\|f\| = 1$, とし，W の１点を w_0 とする．超平面 W は，次の方程式を満たす点 w の集合である：
$$\langle w - w_0, f \rangle = 0, \quad \text{すなわち}, \quad (w - w_0) \perp f \quad (\text{直交}).$$

そこで，f と直交する $\mathbf{R}^n$ のベクトル全体のなす $(n-1)$ 次元部分空間を $W_0 := \{\, y \in \mathbf{R}^n\,;\, y \perp f\,\}$ とおくと，$W = W_0 + w_0 := \{\, y + w_0\,;\, y \in W_0\,\}$ である．

すると，超平面 W, W_0 に関する鏡映変換 r_W, r_{W_0} の関係は，$r_W = T_{w_0} r_{W_0} T_{-w_0}$ である．他方，r_{W_0} は，次式で与えられる：

$$r_{W_0}: \quad \mathbf{R}^n \ni x \longmapsto r_{W_0} x = x - 2\langle x, f\rangle f \in \mathbf{R}^n. \tag{7.8}$$

実際，$x = (x - \langle x, f\rangle f) + \langle x, f\rangle f$ と分解表示すれば，右辺第 1 項は，$\langle (x - \langle x, f\rangle f), f\rangle = 0$ となるから，f に直交している．従って，第 2 項 $\langle x, f\rangle f$ は，x の f 方向への直交射影である．この直交射影の分を超平面 W_0 の反対側へ移せば，点 x の鏡映による像 $r_{W_0} x$ が得られる（図 7.2 参照）．すなわち，$r_{W_0} x = (x - \langle x, f\rangle f) - \langle x, f\rangle f = x - 2\langle x, f\rangle f$.

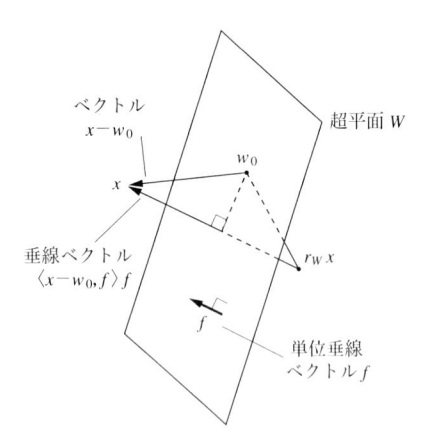

図 **7.2** 超平面に関する鏡映 r_W

鏡映変換 r_W, r_{W_0} は，E^n の距離を不変にするので，$\mathrm{Iso}(E^n)$ の元である．また，2乗すれば恒等変換になる： $(r_W)^2 = I_{E^n}$．これらの事実の証明は，難しくないので，演習問題としておこう．

この鏡映変換は，E^n の運動ではない．何故なら，"運動"の定義における，I_{E^n} に連続的につながる，という条件が満たされないのである．

問題 **7.2** 鏡映変換 r_W は，次の形で与えられることを示せ：

$$r_W x = x - 2\langle x - w_0, f\rangle f.$$

ヒント： 上の r_{W_0} に対する証明をなぞればよい．別証としては，上の r_W, r_{W_0} の関係式と r_{W_0} の公式とを用いて計算する．

問題 7.3　　鏡映変換 r_W に関して，距離の不変性，および，等式 $(r_W)^2 = I_{E^n}$，を証明せよ．

ヒント：　前者については，$\|r_W x - r_W y\| = \|x - y\|$ $(x, y \in \mathbf{R}^n)$ を計算により示せ．

等距離変換 g で原点 O を固定するもの，すなわち，$gO = O$ となるものの全体を，$\mathrm{Iso}(E^n, O)$ と書くと，これは，$\mathrm{Iso}(E^n)$ の部分群である．

補題 7.2　　等距離変換 $g \in \mathrm{Iso}(E^n)$ に対して，適当な平行移動 $T_{x^{(0)}}$ と $h \in \mathrm{Iso}(E^n, O)$ が存在して，$g = T_{x^{(0)}} \cdot h$ と積の形に一意的に書ける．

証明　　g によって原点 O が移った先 gO の座標を $\tilde{x}$ とおく．すると，g の次に，$\tilde{g} = T_{-\tilde{x}}$ をほどこすと，原点の動きは，$O \to gO \to \tilde{g}(gO)$ となるが，$\tilde{g}(gO)$ の座標は，

$$(gO \text{ の座標}) - \tilde{x} = \tilde{x} - \tilde{x} = \mathbf{0},$$

である．従って，$h = \tilde{g}g$ とおくと，$hO = O$ となり，$h \in \mathrm{Iso}(E^n, O)$，そして，$g = \tilde{g}^{-1}h$ は，求められている g の表示である．

この g の表示が一意的であるのは，$g = g_1 h_1 = g_2 h_2$ $(g_i \in \mathcal{T}(E^n), h_i \in \mathrm{Iso}(E^n, O))$ と2通りの表示があったとすると，$g_1^{-1} g_2 = h_1 h_2^{-1} \in \mathcal{T}(E^n) \cap \mathrm{Iso}(E^n, O) = \{\, I_{E^n} \,\}$，であるから，$g_1 = g_2, h_1 = h_2$ を得る．
$\square$

$\mathrm{Iso}(E^n)$ 対する分解表示 $\mathrm{Iso}(E^n) = \mathcal{T}(E^n) \cdot \mathrm{Iso}(E^n, O)$ から，運動群についても，

$$\mathcal{M}(E^n) = \mathcal{T}(E^n) \cdot \mathcal{M}(E^n, O),$$
$$\mathcal{M}(E^n, O) := \{\, g \in \mathcal{M}(E^n) \,;\, gO = O \,\}$$

を得る．次節では，$\mathrm{Iso}(E^n, O), \mathcal{M}(E^n, O)$ を詳しく調べることにする．そして，さらに後節では，上の分解表示が実は半直積分解であることを示す．

7.3 E^n の原点を固定する等距離変換

7.3.1 原点を固定する等距離変換は線形である

補題 7.3 原点 O を動かさない E^n の等距離変換 $g \in \mathrm{Iso}(E^n, O)$ は，E^n の座標空間 $\mathbf{R}^n$ の変換としてみると，このベクトル空間の線形変換である．

証明 座標 $x \in \mathbf{R}^n$ を持つ点 $P \in E^n$ をとり，点 gP の座標を，$S_g(x)$ と書く（これを単に，gx と書くと，論点がぼけるので，ここでのみ，この記号 S_g を導入する）．

（ⅰ） g は距離を不変にするので，$d(O, P) = d(gO, gP) = d(O, gP)$，すなわち，

$$\|x\| = \|S_g(x)\| \qquad (x \in \mathbf{R}^n),$$

となり，S_g はノルムを不変にする．

さらに，$y \in \mathbf{R}^n$ を座標にもつ Q に対し，$d(gP, gQ) = d(P, Q)$ であるから，$\|S_g(x) - S_g(y)\| = \|x - y\|$．従って，

$$\begin{aligned}\langle S_g(x), S_g(y) \rangle &= -\frac{1}{2} \left(\|S_g(x) - S_g(y)\|^2 - \|S_g(x)\|^2 - \|S_g(y)\|^2 \right) \\ &= -\frac{1}{2} \left(\|x - y\|^2 - \|x\|^2 - \|y\|^2 \right) = \langle x, y \rangle\end{aligned}$$

となり，S_g は内積を不変にする．

（ゆえに，$\mathbf{R}^n$ 上の変換 S_g は角度も不変にする，すなわち，x と y の角度は，$S_g(x)$ と $S_g(y)$ との角度である．従って，x, y の決める三角形は，$S_g(x)$ と $S_g(y)$ の決める三角形と合同，もしくは，裏返し合同，である．）

（ⅱ） 変換 S_g が和を和に写すこと，すなわち，$S_g(x+y) = S_g(x) + S_g(y)$，を証明する．そのために，(左辺 − 右辺) のノルムを計算すると，

$$\begin{aligned}&\|S_g(x+y) - S_g(x) - S_g(y)\|^2 \\ &= \|S_g(x+y)\|^2 + \|S_g(x)\|^2 + \|S_g(y)\|^2 - 2\langle S_g(x+y), S_g(x) \rangle \\ &\quad - 2\langle S_g(x+y), S_g(y) \rangle - 2\langle S_g(x), S_g(y) \rangle\end{aligned}$$

$$= \|(x+y)\|^2 + \|x\|^2 + \|y\|^2$$
$$- 2\langle (x+y), x\rangle - 2\langle (x+y), y\rangle - 2\langle x, y\rangle$$
$$= \|(x+y) - x - y\|^2 = 0.$$

（iii）次に S_g はスカラー倍をスカラー倍に写すことを示す，すなわち，$\lambda \in K$ と $x \in \mathbf{R}^n$ に対して，$S_g(\lambda x) = \lambda S_g(x)$. これを示すのに，やはり，(左辺 − 右辺) のノルムを計算すると，

$$\|S_g(\lambda x) - \lambda S_g(x)\|^2 = \|S_g(\lambda x)\|^2 + \|\lambda S_g(x)\|^2$$
$$- 2\langle S_g(\lambda x), \lambda S_g(x)\rangle$$
$$= \|\lambda x\|^2 + \lambda^2 \|x\|^2 - 2\lambda \langle \lambda x, x\rangle = 0. \quad \Box$$

7.3.2　$\mathrm{Iso}(E^n, O)$ と n 次直交群との同型

$g \in \mathrm{Iso}(E^n, O)$ は，$\mathbf{R}^n$ 上の変換 S_g と思えば，線形であることが分かったので，これを $n \times n$ 型行列 $u = (u_{ij})_{i,j=1}^n$ によって，$S_g(x) = ux$ と行列の積の形に書き表す．S_g は内積を不変にするので，$\langle ux, uy\rangle = \langle x, y\rangle$ である．E_n を n 次の単位行列とすると，

$$\langle ux, uy\rangle - \langle x, y\rangle = {}^t(ux)\,(uy) - {}^tx\,y$$
$$= {}^tx({}^tu\,u)\,y - {}^tx\,E_n\,y = {}^tx\,({}^tu\,u - E_n)y = 0,$$

である．$A := {}^tu\,u - E_n$ とおくと，$A = (a_{ij})_{i,j=1}^n$ について，

$${}^tx\,Ay = \sum_{i,j=1}^n a_{ij} x_i y_j \equiv 0 \Longrightarrow A = \mathbf{0}_n \ (\,n\text{ 次零行列})$$

となるので，

$${}^tu\,u = E_n, \ \text{すなわち}, \ u \in O(n, \mathbf{R}) = O(n),$$

が得られる．逆に，勝手な $u \in O(n)$ は，$\mathbf{R}^n \ni x \mapsto ux \in \mathbf{R}^n$ によって，$\mathrm{Iso}(E^n, O)$ に入る E^n 上の変換を決める．

以上によって，次の定理が示された．

定理 7.4　　n 次元ユークリッド空間 E^n の原点を動かさない等距離変換の群 $\mathrm{Iso}(E^n, O)$ は，上の対応によって，n 次直交群 $O(n)$ に同型である．

7.4　ベクトル空間 $\mathbf{R}^n$ の直交直和分解と 2 次元的回転

E^n の 2 次元的回転について正確に述べ，$\mathrm{Iso}(E^n, O)$, $\mathcal{M}(E^n, O)$ の構造を与えるために，少しだけ準備をする．

$\mathbf{R}^n$ に内積 $\langle x, y \rangle$ を考えているが，$\mathbf{R}^n$ の部分集合 B に対して，

$$B^\perp := \{\, x \in \mathbf{R}^n \,;\, x \perp B,\ \text{すなわち，}\ x \perp y\ (y \in B)\,\} \quad (7.9)$$

とおくと，これは，$\mathbf{R}^n$ の部分空間である．

定義 7.1　　ベクトル空間 $\mathbf{R}^n$ が，その 2 つの部分空間 V, W の直交直和であるとは，$\mathbf{R}^n$ が代数的に V, W の直和であり（すなわち，任意の $x \in \mathbf{R}^n$ が一意的に $x = v + w, v \in V, w \in W$ と書ける），さらに，$V \perp W$，すなわち，$v \perp w\ (v \in V, w \in W)$．これを，$\mathbf{R}^n = V \oplus W$ と書く．このとき W を V の直交補空間という．　　□

$\mathbf{R}^n$ から V, W の上への直交射影 P_V, P_W は，それぞれ，$P_V x := v, P_W x =: w$ によって与えられる．

命題 7.5　　ベクトル空間 $\mathbf{R}^n$ が，部分空間 V, W の直交直和になっているとき，$V = W^\perp, W = V^\perp$ である．従って，

$$V^{\perp\perp} := (V^\perp)^\perp = V, \quad W^{\perp\perp} = W.$$

証明は，V, W にそれぞれ基底が存在することを使えば，できる．そう難しくはないが，ここでは省略する．（$n = 3$ の場合には，3 次元の図を書いてみれば，図形的にも納得できる．）

部分空間 V が 2 次元であるとき，V における回転を，直交補空間 $V^\perp$ 上では恒等写像 $I_{V^\perp}$ となるように，$\mathbf{R}^n$ 上の線形変換に拡張したものを，ユークリッド空間 E^n 上の（原点 O を中心とする）**2 次元的回転**という．

さて，$g \in \mathrm{Iso}(E^n, O)$ のオイラー角 (L. Euler, 1707-83) による表示とは，標準的な 2 次元的回転を決まった順序で掛けていって，g を表そうというものである．そこで，E^n の座標空間 $\mathbf{R}^n$ に標準的直交座標系 e_i $(1 \leq i \leq n)$ をとる．ここに，$e_i \in \mathbf{R}^n$ は，i 番目の座標が 1 で，残りの座標はすべて 0 である．

相異なる e_i, e_j をとり，それらの張る 2 次元部分空間を V_{ij} と書く．その直交補空間 $V_{ij}{}^\perp$ は，$\{ e_k ; k \neq i, j \}$ で張られる．

V_{ij} における角 θ だけの回転は，基底 $\{ e_i, e_j \}$ に関して，次の 2 次正方行列で表される：

$$u_2(\theta) = \begin{pmatrix} \cos\theta & -\sin\theta \\ \sin\theta & \cos\theta \end{pmatrix}. \tag{7.10}$$

この $V = V_{ij}$ 上の変換と，直交補空間 $V^\perp = V_{ij}{}^\perp$ 上での恒等変換 $I_{V^\perp}$ とを合わせた線形変換を，$\mathbf{R}^n$ 上の標準的な 2 次元的回転といい，$r_{ij}(\theta)$ と書く．とくに，$j = i+1$ の場合は，標準基底に関して，次のようにブロック型の n 次正方行列で書ける．簡単のために，$r_{i,i+1}(-\theta)$ を $r_i(\theta)$ と書く：

$$r_i(\theta) := r_{i,i+1}(-\theta) = \begin{pmatrix} E_{i-1} & \mathbf{0}_{i-1,2} & \mathbf{0}_{i-1,n-i-1} \\ \mathbf{0}_{2,i-1} & u_2(-\theta) & \mathbf{0}_{2,n-i-1} \\ \mathbf{0}_{n-i-1,i-1} & \mathbf{0}_{n-i-1,2} & E_{n-i-1} \end{pmatrix}. \tag{7.11}$$

ここに，$\mathbf{0}_{k,\ell}$ は，$k \times \ell$ 型の零行列である．

7.5 n 次直交群と $(n-1)$ 次元球面の極座標

$\mathbf{R}^n$ の標準基底 $e_j, 1 \leq j \leq n$, に関して，対角行列 $J_n := \mathrm{diag}(1, 1, \ldots, 1, -1)$ によって表される線形変換を同じ記号 J_n で表す．$J_n \in O(n)$ ではあるが，$\det J_n = -1$ なので $J_n \notin SO(n)$ である．

また，$(n-1)$ 次直交群 $O(n-1)$ の元 u に対して，$O(n)$ の元 $\tilde{u}$ を

$$\tilde{u} = \left(\begin{array}{c|c} u & \mathbf{0}_{n-1,1} \\ \hline \mathbf{0}_{1,n-1} & 1 \end{array} \right)$$

と決めると，$u \mapsto \tilde{u}$ は，$O(n-1)$ を $O(n)$ に埋め込む同型写像である．$\mathbf{R}^n$ 上の線形写像としては，$\tilde{u} e_j = u e_j \ (1 \leq j < n), \tilde{u} e_n = e_n$ である．この埋め込みを前提として，u と $\tilde{u}$ とはしばしば同一視される．

補題 7.6 $O(n) \cong \mathrm{Iso}(E^n, O)$ の元 u に対して，標準的な 2 次元的回転 $r_1(\theta_1), r_2(\theta_2), \ldots, r_{n-1}(\theta_{n-1})$，および $u^{(1)} \in O(n-1)$ があって，$u = r_1(\theta_1)\, r_2(\theta_2) \cdots r_{n-1}(\theta_{n-1})\, u^{(1)}$ と書ける．ここで，パラメーター $(\theta_j)_{j=1}^{n-1}$ の動く範囲は，

$$-\pi \leq \theta_1 < \pi, \qquad 0 \leq \theta_j \leq \pi \ (2 \leq j \leq n-1),$$

ととれる．さらに，$g \in \mathrm{Iso}(E^n, O)$ に対するパラメーター $(\theta_j)_{j=1}^{n-1}$ が，境界を除いた範囲 $-\pi < \theta_1 < \pi, 0 < \theta_j < \pi \ (2 \leq j \leq n-1)$，に入っているときには，それは，$g$ によって一意的に決まる．

証明 $u e_n = {}^t(z_1, z_2, \ldots, z_n)$ とする（ここでは，スペースを節約するために，縦ベクトルを，横ベクトルの転置として書いている）．2 次元部分空間 V_{12} の適当な回転 $u_2(\theta_1)$, $-\pi \leq \theta_1 < \pi$，によって，ベクトル ${}^t(z_1, z_2)$ は，${}^t(0, z_2')$, $z_2' \geq 0$，の形のベクトルに移せる．

ついで，${}^t(z_2', z_3) \in V_{23}$ は，適当な回転 $u_2(\theta_2)$ によって，${}^t(0, z_3'), z_3' \geq$

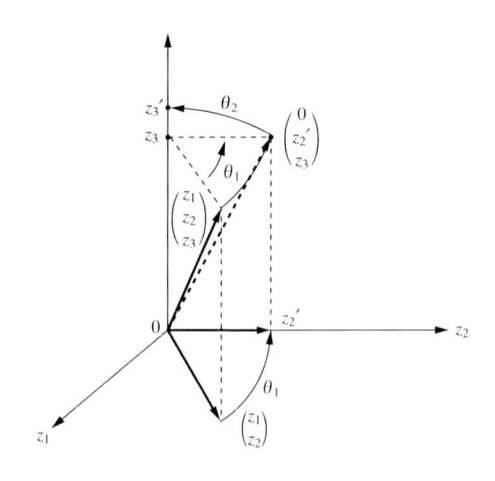

図 **7.3** 2 次元回転 $u_2(\theta_1)$ および $u_2(\theta_2)$

0, に移せる.そのとき,$z'_2 \geq 0$ によって,回転角 θ_2 は,図 7.3 のように,$0 \leq \theta_2 \leq \pi$ の範囲にとれる.

以下同様にして,$u_2(\theta_3), \ldots, u_2(\theta_{n-2})$ を得る.最後に,$V_{n,n-1}$ においては,2 次元ベクトル ${}^t(z'_{n-1}, z_n)$ を,${}^t(0,1)$(すなわち,$z'_n = 1$)に移すことになる.

かくて,$V_{i,i+1}$ での回転 $u_2(\theta_i)$ には,E^n での 2 次元的回転 $r_{i,i+1}(\theta_i)$ が対応し,$r_i(-\theta_i) = r_{i,i+1}(\theta_i)$ なので,

$$u^{(1)} := r_{n-1}(-\theta_{n-1}) \cdots r_2(-\theta_2)\, r_1(-\theta_1)\, u$$

は,$u^{(1)} e_n = e_n$ となり,$u^{(1)} \in O(n-1)$ であることが分かる.上式から,$r_i(-\theta_i)^{-1} = r_i(\theta_i)$ を用いて,逆に u を解けばよい.

g に対するパラメーター $(\theta_j)_{j=1}^{n-1}$ の一意性に関しては,次の補題を用いる.(この補題は,n 次元ユークリッド空間 E^n の極座標表示においても重要である.)

補題 7.7

(ⅰ) パラメーター $(\theta_j)_{j=1}^{n-1}$ に対して,2 次元的回転の積を,

$$h_n(\theta_1, \theta_2, \ldots, \theta_{n-1}) := r_1(\theta_1)\, r_2(\theta_2) \cdots r_{n-1}(\theta_{n-1}) \tag{7.12}$$

とおく.そのとき,$h_n(\theta_1, \theta_2, \cdots, \theta_{n-1}) e_n$ を E^n の点であると思って,$P(\theta_1, \theta_2, \cdots, \theta_{n-1})$ と書くとき,その座標 $(x_j)_{j=1}^n$ は,次のように与えられる:

$$\begin{pmatrix} x_1 \\ x_2 \\ x_3 \\ \vdots \\ x_{n-2} \\ x_{n-1} \\ x_n \end{pmatrix} = \begin{pmatrix} \sin\theta_1\, \sin\theta_2\, \sin\theta_3 \cdots \sin\theta_{n-3}\, \sin\theta_{n-2}\, \sin\theta_{n-1} \\ \cos\theta_1\, \sin\theta_2\, \sin\theta_3 \cdots \sin\theta_{n-3}\, \sin\theta_{n-2}\, \sin\theta_{n-1} \\ \cos\theta_2\, \sin\theta_3 \cdots \sin\theta_{n-3}\, \sin\theta_{n-2}\, \sin\theta_{n-1} \\ \ddots \qquad \ddots \qquad \ddots \\ \cos\theta_{n-3}\, \sin\theta_{n-2}\, \sin\theta_{n-1} \\ \cos\theta_{n-2}\, \sin\theta_{n-1} \\ \cos\theta_{n-1} \end{pmatrix}.$$

$$\tag{7.13}$$

（ii）点 $P(\theta_1, \theta_2, \ldots, \theta_{n-1})$ は，E^n の原点 O を中心とする半径 1 の単位球面 S^{n-1} 上にある．パラメーターが，

$$-\pi \leq \theta_1 < \pi, \ \ 0 \leq \theta_j \leq \pi \ (2 \leq j \leq n-1), \qquad (7.14)$$

の範囲を動くとき，点 $P(\theta_1, \theta_2, \cdots, \theta_{n-1})$ は，S^{n-1} 上をくまなく動く．

ここで，(7.14) の境界を除いた範囲

$$-\pi < \theta_1 < \pi, \ \ 0 < \theta_j < \pi \ (2 \leq j \leq n-1), \qquad (7.15)$$

に入るパラメーターをもつ点 $P(\theta_1, \theta_2, \cdots, \theta_{n-1})$ には，範囲 (7.14) の他のパラメーターは対応しない．こうした点の集合 S_0^{n-1} は，球面 S^{n-1} の開部分集合であって，その余集合 $S^{n-1} \setminus S_0^{n-1}$ は低次元である．

定義 7.2 点 $P \in S_0^{n-1}$ に対する範囲 (7.15) のパラメーター $(\theta_j)_{j=1}^{n-1}$ は，P の座標を与える．これを，単位球面 S^{n-1} の上の極座標と呼ぶ．

S^{n-1} のある部分集合 A が，S^{n-1} の開部分集合であるとは，任意の点 $Q \in A$ のごく近所の点がまた A に入っていることである．これを，ユークリッドの距離 $d(P,Q)$ を使って正確に言おう．$\epsilon > 0$ に対し，点 Q の ϵ-近傍とは，$U(Q;\epsilon) := \{\, P \in S^{n-1}\,;\, d(P,Q) < \epsilon\,\}$，である．部分集合 A が開 (open) であるとは，A の任意の点 Q に対し，ある $\epsilon > 0$ があって，Q のある ϵ-近傍が A に入ること：$U(Q,\epsilon) \subset A$．

補題 7.7 の証明 （ｉ）2次元的回転の積 $h_n = h_n(\theta_1, \theta_2, \ldots, \theta_{n-1})$ は，補題 7.6 に現れており，適当にパラメーター $(\theta_j)_{j=1}^n$ を範囲 (7.14) から選べば，$h_n e_n$ が，$\mathbf{R}^n$ の任意の長さ 1 のベクトルを表すことは，補題 7.6 の証明の前半を読み直してみれば分かる．すなわち，勝手な $S^{(n-1)}$ 上の点 $z = {}^t(z_1, z_2, \ldots z_n)$ から出発して，それを $e_n = {}^t(0, 0, \ldots, 1)$ にもっていく手順により，$h_n^{-1} z = e_n$ が得られている．ゆえに，$z = h_n e_n$.

ベクトル $h_n e_n$ を座標で表すと，それは，行列 h_n の第 n 列に他ならない．そこで，2次元的回転 $(n-1)$ 個の積 h_n に対応する $(n-1)$ 個の

$n \times n$ 型行列 $r_i(\theta_i)$ の積を,第 n 列だけ求めるように,n に関する帰納法で計算すれば,上の座標の表示 (7.13) 式が得られる.この計算は,行列の演算に慣れた方のために,演習問題として残しておく.

(ⅰ) の別証および (ⅱ)　　ここでは,(ⅰ) の別証を与える.この別証により,同時に (ⅱ) の証明も与えうる.まず,$\mathbf{R}^n$ の任意の単位ベクトル $(x_j)_{j=1}^n$ をとる.$x_n = \cos\theta_{n-1}$ となるように θ_{n-1} をとれる.これは,範囲 $0 \leq \theta_{n-1} \leq \pi$ においては,一意的に決まる.実際,この範囲での cos 関数は,図 7.4 のグラフに示す通りである.

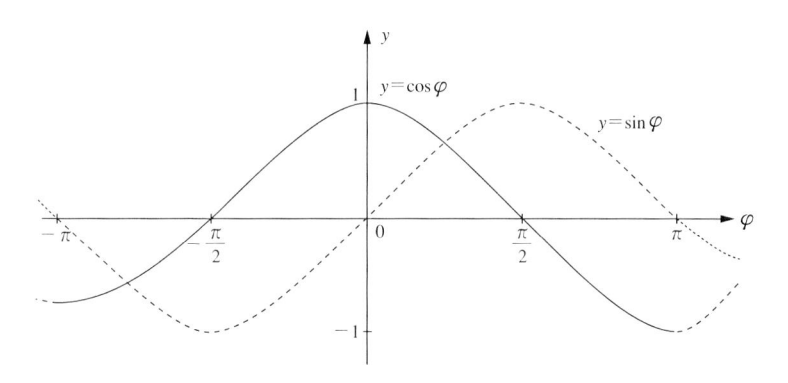

図 7.4　関数 $\cos\varphi$, $\sin\varphi$, $-\pi \leq \varphi \leq \pi$, のグラフ

もし $\theta_{n-1} = 0, \pi$ ならば,$x_n = \pm 1$,従って,$x_j = 0\ (1 \leq j < n)$ となり,ＯＫである.

そこで,$0 < \theta_{n-1} < \pi$ とすると,$\sin\theta_{n-1} \neq 0$ である.従って,

$$x_j = \sin\theta_{n-1} \cdot x_j'\ (1 \leq j \leq n-1),$$

とおくと,$(x_j')_{j=1}^{n-1}$ は,$(n-1)$ 次元の $\mathbf{R}^{n-1}$ の単位ベクトルである.

これで,n に関する数学的帰納法にできる.帰納法の出発点として,$n = 2$ の場合は,特別に調べておかねばならない.このときは,単位ベクトル ${}^t(x_1, x_2) \in \mathbf{R}^2$ に対して,

$$x_1 = \sin\theta_1, \quad x_2 = \cos\theta_1,$$

となる θ_1 が，$-\pi \leq \theta_1 < \pi$ の範囲で一意的に決まる．

以上で，命題（ⅰ），（ⅱ）の証明が終わった． □

問題 7.4 $(n-1)$ 個の行列の積として，$h_n = r_1(\theta_1)\, r_2(\theta_2) \cdots r_{n-1}(\theta_{n-1})$ の第 n 列を n に関する帰納法によって計算せよ．

ヒント： 答えは，(7.13) 式で与えられている．

例 7.3（E^2, E^3 における極座標）

補題 7.7(ⅰ) における，1 次元球面 $S^1 \subset E^2$，2 次元球面 $S^2 \subset E^3$ の上の極座標と，我々の知っているユークリッド空間 E^2, E^3 の上の極座標とは，パラメーターのとり方が少々違う．そこで，前者から

$$\varphi := \theta_1 + \pi/2, \quad \theta := \theta_2 \qquad (-\pi \leq \varphi \leq \pi, \quad 0 \leq \theta \leq \pi)$$

と置き換えれば，後者になる：

$$x = r\sin\theta\,\cos\varphi, \quad y = r\sin\theta\,\sin\varphi, \quad z = r\cos\theta. \qquad (7.16)$$

7.6　E^n 上の回転群，および回転のオイラー角表示

$\mathbf{R}^n$ の標準基底 $e_1, e_2, \ldots, e_n$ に関して，対角行列 $J_n = \mathrm{diag}(1, 1, \ldots, 1, -1)$ で表される線形変換は，超平面 $\{\, x = (x_j)_{j=1}^n \,;\, x_n = 0 \,\}$ に関する鏡映変換である．事実として次を認めよう（もし，$n \times n$ 型行列 g の行列式 $\det(g)$（定義は 20.8 節）を知っていれば，これは明らかである．）

事実 7.1 n 次直交群 $O(n)$ の中で，特殊直交群 $SO(n)$ は指数 2 の部分群であり，さらに，

$$O(n) = SO(n) \sqcup SO(n)\, J_n = SO(n) \sqcup J_n SO(n). \qquad (7.17)$$

n 次正方行列に対する行列式については，必要なことは，20.8 節で述べるが，それを見込んで少々先走って，次も事実として認めることができる．

事実 7.2 単位行列 $\mathbf{1}_n$ と J_n とは，$SO(n)$ の中で，弧状連結ではない．（理由：$\det(\mathbf{1}_n) = 1 > 0, \det(J_n) = -1 < 0$）

さらに，次の定理により，特殊直交群 $SO(n)$ は，$O(n)$ の $\mathbf{1}_n$ を含む弧状連結成分であることが分かる．

定理 7.8 直交群 $O(n)$ の元 g に対して，

$$h_n = r_1(\theta_{n,1})\, r_2(\theta_{n,2}) \cdots r_{n-1}(\theta_{n,n-1}), \quad \ldots\ldots, \quad h_2 = r_1(\theta_{2,1}),$$

すなわち，

$$h_k = r_1(\theta_{k,1})\, r_2(\theta_{k,2}) \cdots r_{k-1}(\theta_{k,k-1}) \quad (2 \leq k \leq n),$$

が存在して，$g = h_n h_{n-1} \cdots h_2$ または，$g = h_n h_{n-1} \cdots h_2 J_n$，の形の積に書ける．

その際，パラメーター $\theta_{k,j}$ $(1 \leq j < k \leq n)$ は，次の範囲にとれる：

$$\begin{aligned} &-\pi \leq \theta_{k,1} < \pi\ (2 \leq k \leq n-1), \\ &0 \leq \theta_{k,j} \leq \pi\ (2 \leq j \leq k-1). \end{aligned} \tag{7.18}$$

さらに，パラメーターが上の範囲の境界を除いた部分に入っているときには，g に対するパラメーター $(\theta_{k,j})$ は一意的に決まる．そうした g の全体の集合は，特殊直交群 $SO(n)$ の開部分集合であり，その $SO(n)$ での余集合は低次元である．

証明 前半の主張を証明するには，補題 7.6 を使って，n に関する数学的帰納法にもち込む．すると，最終的に行き着くところは，$n = 1$ の場合である．そして，1 次元直交群 $O(1) = \{\pm 1\}$ を考えると，それは，$\mathbf{R}$ 上の恒等変換 1 と原点に関する折り返し -1 の 2 元よりなり，それぞれ n 次元空間 $\mathbf{R}^n$ 上の恒等変換 $\mathbf{1}_n$ と鏡映変換 J_n とに対応するので，我々の証明が完了する．

後半の主張は，補題 7.7 によって，まず，パラメーター $(\theta_{n,j})_{j=1}^{n-1}$ の一意性が分かる．後は，またもや数学的帰納法である． □

上の結果によって，$\mathcal{M}(E^n, O) \cong SO(n)$ であること，また，$\mathcal{M}(E^n, O)$ は 2 次元的回転たちから生成されること，が示された．

問題 7.5 n 次元ユークリッド空間 E^n の原点を不変にする等距離変換 g に対し，$(n-1)$ 個の 2 次元的回転 $\rho_1, \rho_2, \ldots, \rho_{n-1}$ があって，g は次の積の形

に書ける：

$$g = \rho_1 \rho_2 \cdots \rho_{n-1}, \quad \text{または}, \quad g = \rho_1 \rho_2 \cdots \rho_{n-1} J_n.$$

ヒント： ρ_k は，E^n の標準的な正規直交基底とは関係なく，ある2次元部分空間上では回転になっていて，その直交補空間の上では恒等写像になっている．証明には，定理 7.8 を使え．

注 **7.1** 実は，2次元的回転の個数をもっと減らしてもよい．実数 x を超えない最大の整数を $[x]$ と書く（ガウスの記号）．

（イ） $\det g = 1$ のときは，$\ell := [\frac{n}{2}]$ 個の2次元的回転 ρ_j があって，$g = \rho_1 \rho_2 \cdots \rho_\ell$.

（ロ） $\det g = -1$ のときは，$\ell' := [\frac{n-1}{2}]$ 個の2次元的回転 ρ_j があって，$g = \rho_1 \rho_2 \cdots \rho_{\ell'} J_n$.

このことの証明には，正方行列の固有値の理論が必要である．第2章で，多面体群 $G(T_k)$ の元にはどんな変換があるか，を議論したときには，定理 2.2 として，上の（イ）を3次元ユークリッド空間 E^3 ($n=3$) の場合に，使った．

7.7 ユークリッド運動群の半直積分解

さて，運動群 $\mathcal{M}(E^n)$ の2つの部分群 $\mathcal{T}(E^n)$ と $\mathcal{M}(E^n, O) \cong SO(n)$ の関係を見よう．平行移動 $T_{x^{(0)}}$ と回転 $u \in SO(n)$ をとると，

$$\mathbf{R}^n \ni x \xrightarrow{u^{-1}} u^{-1}x \xrightarrow{T_{x^{(0)}}} u^{-1}x + x^{(0)} \xrightarrow{u} x + u\,x^{(0)} \in \mathbf{R}^n,$$

であるから，

$$u \cdot T_{x^{(0)}} \cdot u^{-1} = T_{u\,x^{(0)}} \tag{7.19}$$

となり，$\mathcal{T}(E^n)$ は $\mathcal{M}(E^n)$ の正規部分群であり，その上への $\mathcal{M}(E^n, O)$ の作用も上のように分かった．$\mathcal{M}(E^n)$ の元 g が一意的にこれら2つの部分群の元の積に書けることは，補題 7.2 によって示されているので，次の半直積分解が証明された．

定理 **7.9** n 次元ユークリッド空間 E^n の運動群 $\mathcal{M}(E^n)$ は，回転群 $SO(n)$ と平行移動の群 $\mathcal{T}(E^n)$ の半直積に次のように分解される：

$$\mathcal{M}(E^n) \cong \mathcal{T}(E^n) \rtimes \mathcal{M}(E^n, O) \cong \mathbf{R}^n \rtimes SO(n), \tag{7.20}$$

ここに，積は，$x^{(0)}, x^{(1)} \in \mathbf{R}^n$, $u, v \in SO(n)$ に対して，次で与えられる：

$$(x^{(0)}, u) \cdot (x^{(1)}, v) := (x^{(0)} + ux^{(1)}, uv). \tag{7.21}$$

E^n の等距離変換の群 $\mathrm{Iso}(E^n)$ についても，同様に半直積に分解される：

$$\mathrm{Iso}(E^n) \cong \mathbf{R}^n \rtimes O(n). \tag{7.22}$$

さて，この群演算を $(n+1)$ 次正方行列を用いて，より見やすい形に書き表せる．それには，対応

$$\Phi : \mathbf{R}^n \rtimes SO(n) \ni (x^{(0)}, u) \longmapsto \left(\begin{array}{c|c} u & x^{(0)} \\ \hline \mathbf{0}_{1,n} & 1 \end{array} \right) \in GL(n+1, \mathbf{R}) \tag{7.23}$$

を考えればよい．一般線形群 $GL(n+1, \mathbf{R})$ の元で上の右辺の形をしたもの全体は，部分群をなすが，これを $\mathcal{M}'(E^n)$ と書く．すると，上の対応は，半直積群 $\mathbf{R}^n \rtimes SO(n)$ から $\mathcal{M}'(E^n)$ の上への同型対応を与える．従って，$\mathcal{M}(E^n) \cong \mathcal{M}'(E^n)$ を得る．

問題 7.6 上の対応 Φ がたしかに群の同型対応を与えていることを示せ．

閑話休題 10 この章では，少々欲張って，一般の n 次元で話を進めてきたが，ここまで頑張って読んでいただけただろうか？ 数学の勉強の雰囲気に触れてもらおう，という意図もあって，やや必要以上に欲張った書き方をした．この後の話に是非とも必要なのは，2次元ユークリッド平面，3次元ユークリッド空間の場合である．従って，n 次元の一般論が今すぐに読みこなせていなくても構わない．いずれまた，ここへ帰ってきて読み直してほしい．

私が大学生で，1，2回生の教養課程を終えて，3回生からの専門課程として数学科に進んだのだが，数学の専門の講義は難しく，そして，教科書とか専門書は，ソフトさがなくて，むしろ簡明を旨として書かれている風に見えた．そして，定義，定理，補題，証明，等の繰り返しばかりに思えた．3回生になってから，初めての夏休みになるまでに結構勉学に疲れてしまった．夏休みに四国に帰郷するのに，当時は普通列車で半日以上掛かったのだが，車中でもずっと考え込んでいた．当時は，専門書も無味乾燥に見えてきて，「何故，数学には，体を動

かす実験がないのだろう．頭だけでなくて体でも数学を会得できたらいいのに」と，自分で選んだ専門とはいいながら，他の実験系の学問を羨んだものである．

しかしながら，その後もなんとか頑張っている中に大学院に進学でき，一息ついて回りを見回す余裕が出てくると，無味乾燥に見えた書籍も興味をもてるようになり，いわゆる，行間を読むことが重要であることが分かってきた．1回読んだだけでは，もちろんダメで，何回も読んでいるうちに味が出てくるのである．

現代では，コンピューターがあるから，数学の勉学にも体を使って労働するという面も出てきたが，やはり講義を聴くこと，書籍を読むことが主であろう．そして，自分自身の頭で考えて体得したものだけが自分の財産として蓄積されていくのである．

私自身の体験からして，次のようにいえる．数学の基礎的なことは，小説を読むように1回読めばよいというものではなくて，実際に自分の身について，必要なときに思い出せて使えるようになるには自己鍛練が是非とも必要である．

8

群の関数への作用，群の線形表現

8.1　群の集合への作用

第1章で述べたように，「群」の概念は，歴史的には，ある種の「作用」の集まりとして登場した．そして，1.4節で見たように，群論の古典であるバーンサイドの "*Theory of Groups of Finite Order*" における「群」は，「作用」の集まりとして，定義されている．

その後，「群」の概念は抽象化されて，全く代数的なものとなり，現在の大学では，代数学の1科目として，群論が教授されている．

ここでは，このように抽象的に定義された群に，その本性に立ち返って，「作用する」という「群」の重要な側面を付加し，その内実を豊富にしようというものである．標語的にいえば，

" 抽象的に定義されただけの群は，骨格であり，それに血肉を与えるには，その「作用」を研究しなければならない．"

定義 8.1　群 G が，ある集合 X に作用するとは，各 $g \in G$ に対し，X 上の変換

$$\Phi(g): X \ni x \longmapsto \Phi(g)x \in X$$

が与えられ，

$$\Phi(e) = I_X, \quad \Phi(g_1 g_2) = \Phi(g_1)\,\Phi(g_2) \quad (g_1, g_2 \in G), \qquad (8.1)$$

となっている場合である．これは，対応 $G \ni g \to \Phi(g) \in \mathcal{S}_X$ が，群 G の X 上の置換群 $\mathcal{S}_X$ による置換表現を与えている，ということである．

記号を簡単にするために，$\Phi(g)x$ を単に $g \cdot x$ または gx と書くことが多い．これらは時と所によって適当に使い分ければよい．当面，読者が慣れてくるまでは，記号 $g \cdot x$ を採用し，その後，より簡便で便利な記号 gx を使う．すると，$e \cdot x = x$, $(g_1 g_2) \cdot x = g_1 \cdot (g_2 \cdot x)$ である．

準同型 Φ の核 $\mathrm{Ker}(\Phi) = \Phi^{-1}(\{\, I_X \,\})$ が自明（すなわち，$\{\, e \,\}$）であるとき，G の X への作用は，忠実であるという．

例 **8.1**
安直に思いつくが，しかし，非常に重要であるのは，群 G による G 自身の上への作用である．まず，$X = G$ とおく．$g \in G$ に対し，

$$\ell(g) : X \ni x \longmapsto gx \in X \quad (\text{または,}\ r(g) : X \ni x \longmapsto xg^{-1} \in X)$$

とおくと，$X = G$ に G が左から（または，右から）左移動（または，右移動）として作用する．ここで，gx, xg^{-1} は，群 G での積を表している．

それらの混合として，共役による作用と呼ばれる

$$\iota(g) : X \ni x \longmapsto gxg^{-1} \in X \quad (g \in G)$$

がある．ここで，ι はギリシャ文字イオタである．さらに，直積群 $G \times G$ が次のように作用する：

$$X \ni x \longmapsto g_1 x g_2^{-1} \in X \quad (\,(g_1, g_2) \in G \times G).$$

問題 **8.1** 上の例 8.1 に与えた 4 種類の作用が，いずれも定義 8.1 における「群作用の条件」を満たしていることを，証明せよ．

例 **8.2** n 次対称群 $\mathcal{S}_n$ は，当然のこととして，自然数の集合 $X = I_n := \{\, 1, 2, \ldots, n \,\}$ に作用する．

例 **8.3** n 次元ユークリッド空間 E^n の運動群 $\mathcal{M}(E^n)$ は，その定義の中に既に $X = E^n$ への「作用」の概念が本質的に入っている．しかし，同型 (7.20), (7.23) に注意して，次のようにいうと，かなり違ったことが主張されている．

$(n+1)$ 次の一般群 $GL(n+1, \mathbf{R})$ の部分群

$$\mathcal{M}'(E^n) := \left\{ g = \begin{pmatrix} u & x^{(0)} \\ \mathbf{0}_{n,1} & 1 \end{pmatrix} ; u \in SO(n), x^{(0)} \in \mathbf{R}^n \right\} (8.2)$$

は, n 次元ユークリッド空間 E^n に自然に (忠実に) 作用する. その作用は, $x = {}^t(x_1, x_2, \ldots, x_n) \in \mathbf{R}^n$ (縦ベクトル) に, $\widetilde{x} := {}^t(x_1, x_2, \ldots, x_n, 1) \in \mathbf{R}^{n+1}$ を対応させ, $g \cdot x = {}^t(x'_1, x'_2, \ldots, x'_n)$ に対応して $\widetilde{g \cdot x} := {}^t(x'_1, x'_2, \ldots, x'_n, 1)$ とおくとき, 行列の演算として $\widetilde{g \cdot x} = g\widetilde{x}$, の形に記述できる.

例 8.4 体 K を $\mathbf{R}$ または $\mathbf{C}$ ととる. K 上の n 次元アフィン空間 $A^n(K)$ とは, 7.1 節における n 次元ユークリッド空間 E^n において, $\mathbf{R}$ を K に置き換えて, そこでの条件 (a), (b) を要求したものである. すなわち, $A^n(K)$ の背後には, 数ベクトル空間 K^n がおり, 任意の 2 点 $P, Q \in A^n(K)$ に対して, ベクトル $\overrightarrow{PQ} \in K^n$ が対応して, 次を満たす:

$$\overrightarrow{PQ} + \overrightarrow{QR} = \overrightarrow{PR} \qquad (P, Q, R \in A^n(K)).$$

そして, 1 点 $P \in A^n(K)$ とベクトル $x \in K^n$ に対して, $\overrightarrow{PQ} = x$ となる $Q \in A^n(K)$ がただ 1 つ決まる.

アフィン空間に原点 O を決めれば, 各点 $P \in A^n(K)$ にその座標 $x = \overrightarrow{OP} \in K^n$ を対応させて, $A^n(K)$ は数ベクトル空間 K^n と同一視できる.

アフィン空間上の変換 ϕ がアフィン変換であるとは, 対応 $\overrightarrow{PQ} \longmapsto \overrightarrow{\phi(P) \phi(Q)}$ $(P, Q \in A^n(K))$ が, ベクトル空間 K^n の正則な線形変換になっていることである. アフィン変換の全体 $\mathcal{A}(A^n(K))$ は, アフィン変換群と呼ばれる群をなす. ユークリッド運動群の場合に類似して, 次の命題を得る.

命題 8.1 K 上の n 次元アフィン空間 $A^n(K)$ をその座標空間 K^n と同一視する. アフィン変換 ϕ に対して, $a \in GL(n, K)$ と $b \in K^n$ が存在して, ϕ は, 次の形に書ける:

$$\phi: K^n \ni x \longmapsto a\,x + b \in K^n.$$

これにより，アフィン変換群の半直積分解 $\mathcal{A}(A^n(K)) \cong K^n \rtimes GL(n,K)$ を得る．そして，対応

$$\mathcal{A}(A^n(K)) \ni \phi \longmapsto \begin{pmatrix} a & b \\ \mathbf{0}_{n,1} & 1 \end{pmatrix} \in GL(n+1,K) \qquad (8.3)$$

により，アフィン変換群 $\mathcal{A}(A^n(K))$ は，一般線形群 $GL(n+1,K)$ の部分群と同型になる．

例 8.5 ユークリッド空間 E^n の原点を中心とする半径 1 の単位球面 S^{n-1} を考える．肩に付けた数字 $n-1$ は球面の次元を表している．原点 $O \in E^n$ を中心とする n 次回転群 $\mathrm{Iso}(E^n, O)$ は S^{n-1} にはたらく．

E^n をその座標空間 $\mathbf{R}^n$ と同一視すれば，n 次直交群 $O(n)$ が，$S^{n-1} \ni x \mapsto u\,x \in S^{n-1}$ $(u \in O(n))$ によって，S^{n-1} の上に作用しているわけである．

例 8.6 $k = 4, 6, 8, 12, 20$ とする．正 k 面体 T_k に対する多面体群 $G(T_k)$ は，T_k に作用しているわけであるが，上の定義 8.1 のいう「作用」として捉えるには，群 $G = G(T_k)$ が作用するべき集合 X として，どのようなものをとるか，少々の技巧がいる．これは，非本質的で，つまらぬ工夫に見えるかも知れないが，一般論を発展させるためにはこうした工夫が重要である．

まず，定位置にある T_k を考え，それの各面を違った色で塗る．それを中心を固定しながら勝手に回して定位置にはめ込んだものを仮想的に考える．それらすべてをとって，名前を，$T_k^{(1)}, T_k^{(2)}, \ldots, T_k^{(N)}$，と名付ける．正六面体であるサイコロを想像してみると，各面には色の代わりに数字が書いてあるが，定位置に置かれたサイコロでも，どこにどの数字がきているかによって，区別して名付けるわけである．このときは，すぐ分かるように，$6 \times 4 = 24$ 通りのものがあるので，$N = 24$ である．

$g \in G$ は，もとの T_k を動かして，T_k に重ねる．すると，それに影の形に沿うように仮想的に考えている各 $T_k^{(j)}$ は，g の作用の結果として，どれかの $T_k^{(\ell_j)}$ に移る．かくて，集合 X としては，$X = \{\,T_k^{(j)}\,;\,1 \leq j \leq N\,\}$ ととればよい．ここに，N は，色付けされた T_k の置き方が何個違うも

のがあるかの個数である．

問題 **8.2** 定位置にある T_k の各面を区別したときの異なる置き方の個数（色付けされた T_k の違う置き方の個数）N を各 T_k について，計算せよ．

8.2 群の関数への作用

群 G が X に作用しているとする．そのとき，X 上の関数 f には，自然に G が作用することになる．これを説明しよう．

感じをつかむために，X を関数 f の乗っている土台と言おう．そして，比喩として，実数値関数 f を土台 X の上の森か林を表していると思おう．点 $x \in X$ での値 $f(x)$ は地点 x に生えている木の高さである．さて，群 G の各元 g は土台を動かす，すなわち，点 x は $g \cdot x$ に移される．そのとき，地点 x に生えている木はそのまま地点 $g \cdot x$ に移動する．例えば，地震で地面が移動したとき森も動くが，その状況を想像すればよい．すると，森の形はもととは変わってくる．それが新しい関数 f' を与える．

図 8.1 に見るように，地点 $g \cdot x$ には，もともと地点 x にあった高さ $f(x)$ の木が移ってきているのだから，$f'(g \cdot x) = f(x)$ である．あるいは，$f'(y) = f(g^{-1} \cdot y)$ とも書ける．この f' は f を g が動かした結果なので，それがよく分かるように，$T(g)f$ と書こう．$T(g)$ は関数への作用を表す記号である．後では，慣れてくれば，$T(g)f$ をより簡単に $g \cdot f$,

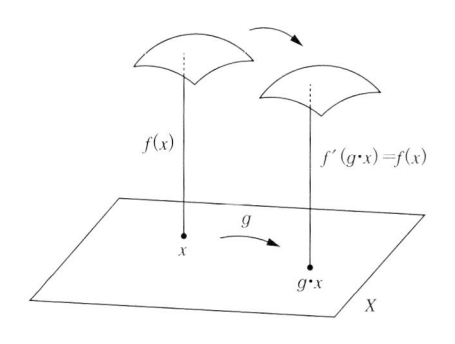

図 **8.1** 関数 f への $g \in G$ の作用

gf とも書くであろう：

$$(T(g)f)(x) \equiv (g \cdot f)(x) := f(g^{-1} \cdot x) \quad (x \in X, \, g \in G). \tag{8.4}$$

2つの元 $g_1, g_2 \in G$ を引き続いて f に作用したときには，

$$T(g_2)(T(g_1)f)$$

を得る．また，2元の積 $g_2 g_1$ を f に作用すると，$T(g_2 g_1)f$ を得る．これらについては，次のように，我々にとって望ましい関係式が証明される．

定理 8.2 群 G が集合 X に作用しているとする．X 上の関数 f に対する $g \in G$ の作用を公式 (8.4) によって定義すると，e を G の単位元として，

$$T(e)f = f, \quad T(g_2 g_1)f = T(g_2)(T(g_1)f) \quad (g_1, g_2 \in G). \tag{8.5}$$

証明 第1式はすぐ分かる．そこで第2式だが，まず，左辺を計算すると，

$$T(g_2 g_1)f(x) = f((g_2 g_1)^{-1} \cdot x) = f((g_1^{-1} g_2^{-1}) \cdot x)$$
$$= f(g_1^{-1} \cdot (g_2^{-1} \cdot x)).$$

次に，右辺を計算すると，$f_1 = T(g_1)f$ とおけば，$f_1(y) = f(g_1^{-1} \cdot y)$ $(y \in X)$ である．次式の後半で，$y = g_2^{-1} \cdot x$ ととって計算すれば，

$$T(g_2)(T(g_1)f)(x) = T(g_2)f_1(x) = f_1(g_2^{-1} \cdot x) = f(g_1^{-1} \cdot (g_2^{-1} \cdot x))$$

となる．そして，結局 $T(g_2 g_1)f = T(g_2)(T(g_1)f)$ を得る． □

ところで，関数 f はいろいろ取り替えてもよいので，実際には，関数たちの適当な集合を考えるのが便利である．そのために，関数空間を定義しよう．$K = \mathbf{R}$ または $K = \mathbf{C}$ とする．

定義 8.2 集合 X 上の K-値関数の集合 $\mathcal{F}$ が（K 上の）関数空間であるとは，次の，和およびスカラー倍の演算に関して，閉じている

こと（すなわち，$\mathcal{F}$ の中で演算ができること）である：

（和）　　$(f_1 + f_2)(x) := f_1(x) + f_2(x) \quad (f_1, f_2 \in \mathcal{F},\ x \in X),$ 　　(8.6)

（スカラー倍）
$$(\lambda f)(x) := \lambda f(x) \quad (\lambda \in K, f \in \mathcal{F}, x \in X). \qquad (8.7)$$

この定義によれば，関数空間は，「関数よりなる K 上のベクトル空間」である．

定義 8.3　　群 G が X に作用しているとする．X 上の関数よりなる関数空間 $\mathcal{F}$ が群 G の作用の下で不変（または，G-不変）であるとは，$f \in \mathcal{F}$ に対して，$T(g)f \in \mathcal{F}$ $(g \in G)$ となっていることである．

定理 8.2 の系として，群の表現の理論にとっては，基本になる重要な結果が得られる．

系 8.3　　群 G が集合 X に作用しているとき，X 上の関数よりなる G-不変な関数空間 $\mathcal{F}$ をとれば，$\mathcal{F}$ の上に，群 G の（代数的な）線形表現が得られる．

注意 8.1　　我々は，今までのところ，群といえば，代数的な群の構造だけに注目してきた．

しかし，群 G には，また別の構造がありうる．例えば，G に適当な位相構造を入れれば，位相群になり，また，適当な多様体の構造を入れれば，リー群になる．群 G に，こうした構造が入っている場合には，G の線形表現というときには，g に線形作用素 $T(g)$ を対応させる写像 $G \ni g \mapsto T(g)$ に位相に関する連続性などを要求するのがよい．ここでは，こうしたことを顧慮していないので，上の系 8.3 の主張の中に括弧付きで "代数的な" という形容詞を入れたのである．

例 8.7　　$X = E^n$ とし，$\mathcal{F}$ としては，X 上の K-値連続関数の全体 $C_K(X)$ をとる．このとき，

（1）　f_1, f_2 が連続ならば，その和 $f_1 + f_2$ も連続であること，

（2）　f が連続ならば，そのスカラー倍 λf も連続であること，

に注意すれば，$C_K(X)$ が関数空間であることが分かる．

ユークリッド運動群 $G = \mathcal{M}(E^n)$ は $X = E^n$ に，作用しているが，次の意味で連続的に作用している： $\forall g \in G$ に対して，

$$\text{写像} \quad X \ni x \longmapsto g \cdot x \in X \quad \text{が} \ X \ \text{上で連続}.$$

従って，f が X 上の連続関数であれば，$T(g)f$ は，連続写像 $X \ni x \mapsto g^{-1} \cdot x \in X$ と $X \ni y \mapsto f(y) \in K$ の合成であるから，連続関数である．よって，関数空間 $C_K(X)$ は変換 $T(g)$ の下で不変である．

例 8.8 有限群 G の右正則表現 $R(g)$（または左正則表現 $L(g)$）とは，$X = G$ 上に G が右移動（または左移動）としてはたらいているとき，X 上の **C**-値関数全体のなす関数空間（ここでは $C(G)$ と書く）に実現される表現のことである．$g \in G$ に対する作用素は，それぞれ，

$$R(g)f(h) = f(hg) \qquad (h \in G,\, f \in C(G)), \tag{8.8}$$

$$L(g)f(h) = f(g^{-1}h) \qquad (h \in G,\, f \in C(G)). \tag{8.9}$$

例 8.9 有限群 G とその部分群 M をとる．左剰余類の全体 $G/M = \{hM\,;\,h \in G\}$ を X とする．X 上に $g \in G$ の作用を，$x = hM \mapsto g \cdot x := ghM$，と定義する．すると，$(g_1 g_2) \cdot x = g_1 \cdot (g_2 \cdot x)$ となり，たしかに，G は，X に作用している．このときも，$X = G/M$ 上の関数の全体を $C(G/M)$ と書くと，

$$(L'(g)\varphi)(hM) = \varphi(g^{-1}hM) \quad (h \in G,\, \varphi \in C(G/M))$$

によって，群 G の線形表現を得る．これを，準正則表現という．

関数空間 $C(G/M)$ から，$C(G)$ への写像 Γ（ガンマの大文字）を，$\varphi \in C(G/M)$ に対し，

$$\Gamma(\varphi)(g) := \varphi(gM) \qquad (g \in G)$$

とおいて定義する．すると，Γ は線形写像である．φ の像 $f = \Gamma(\varphi)$ は，$f(gm) = f(g)$ $(g \in G,\, m \in M)$ を満たすので，M による右移動で不変な G 上の関数である．

命題 8.4 （ⅰ）Γ の像 $W_M := \Gamma(\,C(G/M)\,) \subset C(G)$ は，M-右不変な関数の全体である．

（ⅱ）$C(G/M)$ 上の準正則表現 L' は，$C(G)$ 上の左正則表現を不変部分空間 W_M の上に制限したものに，写像 Γ によって，同型である：

$$\Gamma \circ L'(g) = (\,L(g)|_{W_M}\,) \circ \Gamma \qquad (g \in G).$$

問題 8.3　上の命題を証明せよ．

上で見たように，群 G が X に作用しているとき，X 上の関数よりなる関数空間に，G の線形表現が自然と現れる．それは何を意味するだろうか？　それを感覚的に言ってみよう．

各 $g \in G$ は土台 X を動かす．すると X 上の森や林を記述する f は $T(g)f$ に変形する．森や林の形をいろいろ取り替えてみて（いろいろの f を考えてみて）総合的に判断すれば，群 G や土台 X，さらにはその作用の仕方など，あらゆる情報がこの線形表現に吸い上げられてくる．それを調べることは，G や X のただでは（"静的"では）見えにくい性質を，("動的"に）よりよく見ることになる．

8.3　群のベクトル値関数への作用

さて，ここまでで，X 上の G-作用の記号 $g \cdot x$ に，読者もかなり慣れてきたと思われるので，ここら辺で，記号をより簡便な gx にしよう．これで，計算などを書き下すのが，かなり楽になるはずである．

土台 X に付随して考えられる対象は，豊富にあって，単なる関数や関数空間にとどまるものではない．X の位相的あるいは幾何学的構造を反映した対象も種々ある．それらにも，自然に群 G が作用するはずである．

手近なところでは，X 上のベクトル場にも群 G が作用する．

まず，天下り式にその作用の定義を与えてしまおう．そして，後から何故そうした定義が出てきたのかを説明する．

V を K 上のベクトル空間とする．X 上の，V に値をとるベクトル値関数とは，X から V への写像 $\boldsymbol{f}: X \ni x \mapsto \boldsymbol{f}(x) \in V$ のことである．

2つのベクトル値関数の和 $\boldsymbol{f}_1 + \boldsymbol{f}_2$，およびスカラー倍 $\lambda \boldsymbol{f}$ ($\lambda \in K$) は普通の関数の場合と同様に定義する．

さて，群 G の線形表現 $\{\pi, V(\pi)\}$ をとる．ここに，$V(\pi)$ は表現 π の作用する K 上のベクトル空間（π の表現空間）である．

定義 8.3　$V(\pi)$-値関数 $\boldsymbol{f}$ に対する $g \in G$ の作用 $T(g)$ を次の公式によって定義する：

$$(T(g)\boldsymbol{f})(x) = \pi(g)\left(\boldsymbol{f}(g^{-1}x)\right) \quad (x \in X). \tag{8.10}$$

ここに，右辺は，ベクトル $\boldsymbol{f}(g^{-1}x) \in V(\pi)$ への $\pi(g)$ の作用を表す．

定理 8.5　群 G の表現 $\{\pi, V(\pi)\}$ をとる．$V(\pi)$-値関数 $\boldsymbol{f}$ に対する作用 $T(g)$, $g \in G$, は，次を満たす：

$$T(g_2 g_1)\boldsymbol{f} = T(g_2)(T(g_1)\boldsymbol{f}) \quad (g_1, g_2 \in G).$$

証明　左辺から計算していくと，

$$(T(g_2 g_1)\boldsymbol{f})(x) = \pi(g_2 g_1)\left(\boldsymbol{f}((g_2 g_1)^{-1}x)\right)$$
$$= \pi(g_2)\pi(g_1)\left(\boldsymbol{f}(g_1^{-1}(g_2^{-1}x))\right) = \pi(g_2)\{\boldsymbol{f}'(g_2^{-1}x)\}$$
$$= (T(g_2)\boldsymbol{f}')(x) = (T(g_2)(T(g_1)\boldsymbol{f}))(x).$$
$$(\text{ここに，} \boldsymbol{f}'(x) = \pi(g_1)(\boldsymbol{f}(g_1^{-1}x)) = (T(g_1)\boldsymbol{f})(x))$$

これは，問題の式の右辺に等しい． □

例 8.10　見やすい図が書ける例を考えよう．V をベクトル空間とする．単位球面 S^2 上の V-値関数を，S^2 上の V-値ベクトル場ともいうが，この呼び方のほうが感じが出る．さて，$V = \mathbf{R}^3$ とする．地球表面を抽象的に S^2 で表し，各点 $x \in S^2$ での風向と風力を合わせてベクトル $\boldsymbol{f}(x) \in V$ で書き表せば，ベクトル場の具体例になる．

さて，ベクトル場 $\boldsymbol{f}$ が S^2 上の回転 $u \in SO(3)$ でどのように変換されるべきかは，図 8.2 に示される．これをより一般的な定義として書き下したのが，(8.10) である．変換されたベクトル場を $\boldsymbol{f}'$ と書くと，$\boldsymbol{f}'(ux) = u\left(\boldsymbol{f}(x)\right)$，または，$\boldsymbol{f}'(y) = u\left(\boldsymbol{f}(u^{-1}y)\right)$，となる．

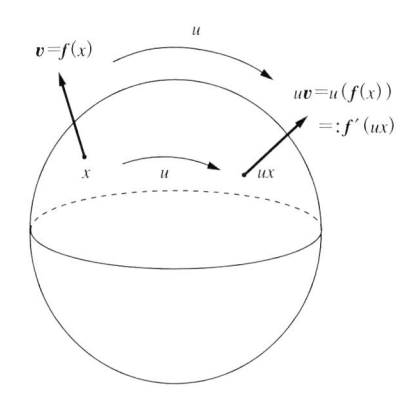

図 8.2　単位球面 S^2 上のベクトル場の変換

8.4　第 1 の考え方：　地球周辺の磁場

例えば，X を地球およびその近傍だとしてみよう．地球には磁力線が出たり入ったりしている．北極におけるオーロラは，この磁力線と太陽からの粒子の流れである太陽風とが，相互作用して生ずる自然の芸術である．

この磁力線を記述するには，ベクトル値の関数を考えればよい．地球の中心を原点にとり，3 次元の直交座標系を 1 つ決めて固定しておく．

そこの 1 点 x をとると，その点における磁力線の強さと方向は，ベクトル $f(x) = {}^t(f_1(x), f_2(x), f_3(x)) \in \mathbf{R}^3$ によって表される．すなわち，$\mathbf{R}^3$ の中のある領域 X が地球とその近傍を表す座標の集合だとして，X の各点 x にベクトル $f(x) \in \mathbf{R}^3$ が与えられているので，この f を X 上の $\mathbf{R}^3$-値ベクトル場と呼ぶ．

地球は球 D により近似できる．その中心を固定する運動は，3 次元回転群 $SO(3)$ によって記述される．$u \in SO(3)$ が D に作用するということは，D を動かすわけで，地球の周辺の磁力線も，それに伴って動く．それは，図 8.2 に示す通りである．地点 $x \in X$ は回転 u により地点 $ux \in X$ に移る．そのとき，x にあった磁力線 $f(x) \in \mathbf{R}^3$ は，ux に移ってくるが，強さはそのままで，向きが u によって変えられて，$u(f(x))$

になっている．ここで，u は，ベクトル $f(x) \in \mathbf{R}^3$ に普通に線形変換として作用している．

この変換を図示すれば，図 8.2 と類似のものを得る．ただ，図 8.2 における S^2 が $X \supset D$ に置き換わるだけである（19.3 節の図 19.2 参照のこと）．

従って，新しい磁力線の状況を記述するベクトル場を $f' = T(u)f$ と書くと，

$$f'(ux) = (T(u)f)(ux) = u(f(x))$$
$$\therefore \quad (T(u)f)(x) = u\left(f(u^{-1}x)\right) \quad (x \in X). \tag{8.11}$$

これを，公式 (8.10) に当てはめるには，$G = SO(3)$ の自然表現 $(\pi, \mathbf{R}^3)$ をとる，すなわち，$\pi(u)w := uw$ $(w \in V(\pi) = \mathbf{R}^3,\ u \in G)$，をとればよい．

8.5　第 2 の考え方：　火星表面の太陽風の流れ

火星を考えてみよう．火星には地磁気があまりないので，火星周辺の太陽風（太陽から送り出される粒子の流れ）は，火星の動きにほとんど影響されない．太陽風の流れを火星表面 X' の上で観測したとしよう．例えば，川の流れの中にある球形の石の表面で流れを観察することをイメージすればよい．

地点 $x' \in X'$ における太陽風の強さと向きを $f(x') \in \mathbf{R}^3$ として X' 上のベクトル場 f を得る．火星がその中心の回りに回転したとする．X' を球面と思えば，$u \in SO(3)$ が X' に作用することを意味する．そのとき，地表面 X' が動くので，X' から見た太陽風の分布は変わって見える．それは，X' 上の新しいベクトル場 $f'' = S(u)f$ を与える．地点 x は ux に移って，そこでの，太陽風の強さと向きを見ることになるが，それはもともとそこにあった $f(ux)$ なので，$f''(x) \equiv (S(u)f)(x) = f(ux)$ となる（図 8.3）．

今回は，8.4 節の場合とは違って，$S(uv)f = S(v)S(u)f$ $(u, v \in$

$SO(3)$) となって，S は群 $SO(3)$ の積の順序 uv を逆に写す．そこで，積の順序を逆転させないようにするには，$T(u) = S(u^{-1})$ を考えればよい：

$$(T(u)\boldsymbol{f})(x') = \boldsymbol{f}(u^{-1}x') \quad (x' \in X').$$

かくて，この場合は，群 $G = SO(3)$ の $V = \mathbf{R}^3$ 上における自明な表現 $\pi_0 : G \ni u \mapsto \pi_0(u) = I_V$ をとれば，公式 (8.10) と合致する．

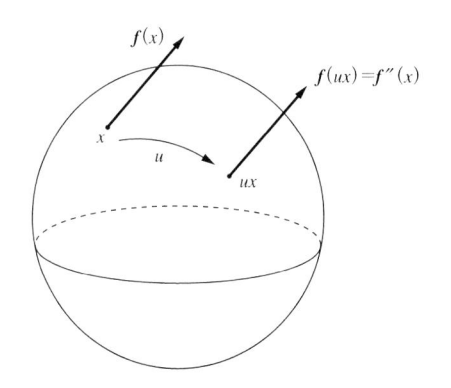

図 **8.3** 火星表面 X' 上での太陽風の流れの見え方の変化

注意 8.2　　8.4 節における第 1 の考え方と，上の第 2 の考え方は，一種の"双対の関係"にある．この種の双対性については，19.4 節「運動と座標変換との双対性」において詳しく説明してある．
　また，第 1，第 2 の事象の差異としては，8.4 節では，地磁気を表すベクトル値関数は，地球の動きに連動しているのに対し，ここでは，太陽系規模の流れである太陽風の中で，火星が動くわけで，流れ自体は火星の動きには影響されず，独立である．

注意 8.3　　ここで考えたのは，火星の自転に類する動きである．火星のもうひとつ別の動きとして，太陽の回りの公転がある．太陽の中心に原点を持つ 3 次元直交座標系をとり，原点の回りの回転の群を考えれば，$SO(3)$ と同型である．この動きによる火星表面での太陽風の変わり方を記述するには，我々の目下の枠組みでは少々力不足である．

8.6 サイコロゲームと群の表現

サイコロゲーム

立方体をサイコロと思って，6つの面に数字を書く．普通のサイコロは，1から6の数字を書いてあるが，これを2個使ってやる丁半ばくちは，2個のサイコロの出た目の和が偶数のときには丁，奇数のときには半，として，それにお金を賭けるのである．ばくちとは人聞きも悪いが，確率論の起源が17世紀にパスカル（B. Pascal, 1623-62）とフェルマー（P. de Fermat, 1601-65）が，有名な賭博師からの質問で，勝負中止のときの"賭け金の分配比率"を計算することについて，手紙をやりとりしたことだったので，あながち数学と無縁ではない．

サイコロを転がすことを理想化すれば，立方体 T_6 に六面体群 $G(T_6)$ を作用させることになる．実際，サイコロを同じサイズの透明な入れ物の中で転がすと思えばよい．（これは，物理的にはなかなか実現できないが，パソコンゲームに仕立てることは難しくない．）入れ物の面には，1から6まで番号が振ってあるとする．他方，サイコロの面 i には，数字 $f(i)$ を書いておく．（丁半ばくちでは，$f(i) = i$ である．）さて，サイコロを $g \in G(T_6)$ で回したとする．そのとき外側の入れ物の面 i にきているサイコロ面の数字を $f'(i)$ と書く．サイコロの6面は，入れ物側から見ると，g から決まるある置換 $\tau = \tau_g \in \mathcal{S}_6$ を受けている．サイコロの面 i が入れ物の面 $\tau(i)$ の位置にきていたとする（$1 \leq i \leq 6$）と，その位置にきている数字は $f(i)$ である．結局，

$$f'(\tau(i)) = f(i) \quad \therefore \quad f'(i) = f(\tau^{-1}(i)) = (\tau f)(i)$$

である．入れ物上面の番号を 1 としておけば，サイコロ上面の数字は $f(\tau^{-1}(1)) = (\tau f)(1)$ である．

もう1個別のサイコロの面 i に数字 $f_0(i)$ を書いたものを用意して，これも $g_0 \in G(T_6)$ で回したとすれば，上面に来た数字は，$f_0((\tau_0)^{-1}(1)) = (\tau_0 f_0)(1)$ である．ここに，$\tau_0 = \tau_{g_0} \in \mathcal{S}_6$.

かくて，丁半ばくちに類似の遊びとして，2個のサイコロを投げて，出た目の和 $(\tau f)(1) + (\tau_0 f_0)(1)$ で争うゲームができる．

儲かる倍率ゲーム

サイコロは具体的なイメージが強すぎて，群 $G(T_6)$ がそこに登場する必然性がもうひとつ説得力に欠けるかもしれない．そこで，事情を単純化して，現実のテレビ番組の画面でもお目にかかるようなゲームを少し単純化した次のようなパソコンゲームをデザインしてみよう．その名前を，「儲かる倍率ゲーム」とでもしよう．

表 **8.1** パソコンゲーム「儲かる倍率ゲーム」の画面

箱番号	1	2	3	……	$n-1$	n
賭け点	10	25	20	……	30	15
倍率（置換される）	1	-1	2	……	-3	10

まず，画面に 2 行にわたって n 個ずつの枠を作り，上下のひと揃いをそれぞれ組にする．枠には左から右に，$1, 2, ..., n$，と番号を振る．第 2 行の枠には賭け点を入れる．それを枠の番号に従って，$f(1), f(2), ..., f(n)$，とする．そこでボタンを押すと，ゲームソフトが第 3 行の枠に倍率を入れる（倍率には，負の倍率もありうる）．それを，$p(1), p(2), ..., p(n)$，とする．このとき，プレイヤーの得点は，賭け点×倍率 $f(i) \times p(i)$ の $i = 1, 2, ..., n$，にわたる総和である．これは，集合 I_n の上の 2 つの関数 f, p の内積と呼ばれる値であり，記号で $\langle f, p \rangle$ と書かれる：

$$\langle f, p \rangle = \sum_{i=1}^{n} f(i)\, p(i). \tag{8.12}$$

ゲームの進行には，ここでまたボタンを押す．すると，第 3 行の枠に入っている倍率の間でアチコチと置換されていく．すなわち，集合 $I_n = \{1, 2, ..., n\}$ の上の関数である $p(i), i \in I_n$，に n 次対称群 $\mathcal{S}_n$ の元 σ が取っ替え引っ替え作用していく．実際，第 3 行の枠 i 内の数値が枠 $\sigma(i)$ 内に移されているとすると，はじめの倍率 $p(i)$ が，枠 $\sigma(i)$ にきている．$j = \sigma(i)$ とおき直してみると，$\sigma^{-1}(j) = i$ で，枠 j には，倍率 $p(\sigma^{-1}(j)) = (\sigma p)(j)$ がきており，この段階での倍率は，関数 I_n 上の σp で与えられている．

8.6 サイコロゲームと群の表現

プレイヤーは最も有利と思えるタイミングでボタンを押すと，動いていた第 3 行の倍率が固定し，そこでこの 1 回のゲームの得点が決まる．その段階での置換が $\sigma \in \mathcal{S}_n$ であったとすると，得点は関数 f と σp との内積

$$\langle f, \sigma p \rangle = \sum_{1 \le j \le n} f(j)(\sigma p)(i) = \sum_{1 \le j \le n} f(j)p(\sigma^{-1}(j)) \quad (8.13)$$

となる．ゲームソフトは，はじめに意地悪な倍率を提示してくる．そこで素早くどの置換 $\sigma \in \mathcal{S}_n$ が有利かを見破り，かつ，ボタンを押してその σ で止めるタイミングが勝負である．

注意 8.4 集合 I_n 上の関数 p の全体は，n 次元のベクトル空間 V_n を張る．V_n 上の線形変換 $\pi(\sigma): V_n \ni p \mapsto \sigma p \in V_n$，は対称群 $\mathcal{S}_n$ の線形表現 $\mathcal{S}_n \ni \sigma \mapsto \pi(\sigma) \in GL(V_n)$ を与えている．

閑話休題 11 確率論の誕生は，1654 年と特定されている．この年，Chevalier de Méré という賭事師が，パスカルに，賭を途中で中止せざるをえなくなったときの賭け金の分配などについて質問をした．この質問に触発されて，彼は，フェルマーと手紙をやりとりして，確率論の端緒となる種々の結果を得たのである．この話題に関する彼らの往復書簡は，パスカルからのものが 3 通，フェルマーからのものが 2 通，1819 年パリにて刊行されたパスカル全集に載せられている．

1654 年 7 月 29 日付けのパスカルの長い手紙のはじめの部分には，要旨次のようなことが書かれている．1 対 1 で，A, B, 2 人がそれぞれ 32 ピストルの金貨を賭けて，賭事をする．どちらの側も勝つ確率が同等であるような勝負を何回か繰り返す．毎回，勝てば勝ち点 1 を得て，勝ち点が最初に n に達したらそちらを勝ちとして，場にある 64 ピストルを全部貰うとする．(一番簡単なのは，じゃんけんを繰り返すゲームであろう．)

まず，$n = 3$（3 点勝負）とする．

（1）A は既に 2 点獲得し，B は 1 点を得ている．この時点で，勝負を中止せねばならなくなった．すると，賭け金合計 64 ピストルの分配は，A に 48 ピストル，B に 16 ピストル．

（2）A が 2 点を得て，B がまだ 0 点のときに勝負を中止したとすると，A には 56 ピストル，B には 8 ピストル．

（3）A は 1 点を得て，B がまだ 0 点のときに中止したとすると，A には 44 ピストル，B には 20 ピストル．

これは，賭けに勝つ確率を計算して，その確率に比例して賭け金を分配しているわけである．上の答えを得るには，まず，(1)を解く．ついで，(1)を使って，(2)を解く．(2)を使って，(3)を解く．

読者には難しくはないであろう．

話は変わって，現代，それも 1998 年のことだが，伊藤 清先生（1915-　）のかの有名な「伊藤の確率微分方程式」を使った理論が，国際的な債券のデリバティブ取引に使われたが，結局は米国の取引大手がばく大な損失を被ってしまった．何十億ドルの大きな賭けに敗れたのである．

この伊藤方程式を使った経済理論は，米国の経済学者にノーベル経済学賞をもたらしたが，取引の現場では，彼らに大きな失敗をもたらしたわけである．

ある人曰く．確率論は，物事が（無意志で）ランダムに起こっているときには適用できる．しかし，いろんな人が一斉にある情報を得て，それに従って意図的に行動するところには，もはや確率論は適用しがたい．以って如何となす．

9

表現論入門
既約性，相関作用素，シュアーの補題，直和分解

9.1 表現の可約性，既約性，同値性

表現の可約性，既約性

係数体 $K = \mathbf{R}, \mathbf{C}$ を決めて，群 G の K 上の線形表現 (ϖ, V) をとる（ϖ（パイ）はギリシャ文字 π の変わり型）．ここで，V は K 上のベクトル空間で，$\varpi(g)$ は K 上で線形である．V の部分ベクトル空間 V_1 が，不変部分空間であるとは，任意の $g \in G$ に対して，$\varpi(g)V_1 := \{\varpi(g)v\,;\,v \in V_1\}$ がまた V_1 に含まれることである．

このときは，$\varpi(g)V_1 = V_1$ となっている（何故か）．従って，$\varpi_1(g) := \varpi(g)|_{V_1}$（$V_1$ への制限）とおくと，ϖ_1 は，あらためて，G の V_1 の上の表現を与える．

また，商ベクトル空間 V/V_1 には，$\varpi_2(g)(v + V_1) := \varpi(g)v + V_1$，と定義することによって，$G$ の表現 ϖ_2 を得る．

注意 9.1 商ベクトル空間 V/V_1 とは，V_1 による剰余類 $v + V_1, v \in V$, の集合に，剰余類の代表元 v による和，スカラー倍によって，和，スカラー倍の演算を定義したものである．

V/V_1 上の群作用の上の定義では，代表元 v が代表元 $\varpi(g)v$ に写されている．このとき，別の代表元をとったらどうなるか？ 別の代表元は，$v' = v + v_1$（$\exists v_1 \in V_1$）と書き表される．$\varpi(g)v' = \varpi(g)v + \varpi(g)v_1$ となり，V_1 が G-不変であるから，$\varpi(g)v_1 \in V_1$，ゆえに，$\varpi(g)v' + V_1 = \varpi(g)v + V_1$．すなわち，代表元のとり方によらず，商空間 V/V_1 上の G の作用が決まる．

定義 9.1 群 G の（K 上の）線形表現 (ϖ, V) が（K 上）既約

(irreducible) であるとは，V の不変部分空間が，自明なもの（V 自身と $\{\mathbf{0}\}$）に限るときである．既約でないとき，（K 上）可約（reducible）であるという．

線形表現の可約性，既約性に対応して，行列表現のそれらを定義する．

定義 9.2　群 G の（K 上）n 次元の行列表現 ρ が（K 上）可約であるとは，ある（K 上の）n 次正則行列 P と $0 < n_1 < n$ なる自然数 n_1 があって，$P\,\rho(g)\,P^{-1}$, $g \in G$, が次のように，ブロック型の三角型行列になることである．$n_2 = n - n_1$ とおくと，

$$P\,\rho(g)\,P^{-1} = \begin{pmatrix} \rho_1(g) & a(g) \\ \mathbf{0}_{n_1, n_2} & \rho_2(g) \end{pmatrix}. \tag{9.1}$$

可約でないとき，ρ は（K 上）既約であるという．　□

ρ が可約であるときは，関係式 $\rho(g_1 g_2) = \rho(g_1)\,\rho(g_2)$ から，次を得る：

$$\rho_j(g_1 g_2) = \rho_j(g_1)\,\rho_j(g_2) \qquad (g_1, g_2 \in G,\, j = 1, 2). \tag{9.2}$$

$$a(g_1 g_2) = \rho_1(g_1)\,a(g_2) + a(g_1)\,\rho_2(g_2) \quad (g_1, g_2 \in G). \tag{9.3}$$

第 1 式から分かるのは，ρ_1, ρ_2 は 2 つとも群 G の表現になっているということである．行列表現を，数ベクトル空間 K^n 上の線形表現を標準基底に関して書き表したものと捉えれば，ρ_1, ρ_2 は，それぞれ，ある不変部分空間とその商空間の上に現れる表現である．

例 9.1　1 次元のアフィン空間 K の上のアフィン変換全体のなす群は，次の形の 2×2 型行列の群と同型である：

$$G = \left\{ g = \begin{pmatrix} a & b \\ 0 & 1 \end{pmatrix} ;\ a, b \in K, a \neq 0 \right\}. \tag{9.4}$$

この群は，$g : K \ni x \mapsto ax + b \in K$ の形でアフィン直線 K にはたらくので，しばしば，$ax + b$ 群と呼ばれる．この群の 2 次元ベクトル空間 $V = K^2$ 上の表現 $\varpi(g) y = gy$ $(y \in V, g \in G)$ を考える．これは，可約であり，$V_1 = \{\, y = {}^t(y_1, 0) \,;\, y_1 \in K \,\}$ が不変部分空間である．実際，$y = {}^t(y_1, 0)$ に対し，$gy = {}^t(ay_1, 0)$ である．

このとき，空間 V_1, V/V_1 の上に現れる G の表現 ϖ_1, ϖ_2 は，それぞれ，次の 1 次元表現である：

$$\varpi_1 : G \ni g \longmapsto a \in K^\times = GL(1, K),$$
$$\varpi_2 : G \ni g \longmapsto 1 \quad (自明な表現).$$

この 2 つの表現では，残念ながら，g に関する b のデータが失われている．従って，ϖ_1, ϖ_2 から，もとの ϖ を再現することはできない．

表現の同値性

定義 5.10 によれば，一般に，群 G の 2 つの（K 上の）線形表現 $(\varpi_1, V_1), (\varpi_2, V_2)$ が，互いに同値であるとは，表現空間 V_1 から V_2 の上への 1 対 1 の線形射像 Φ があって，$\Phi \circ \varpi_1(g) = \varpi_2(g) \circ \Phi \ (g \in G)$, を満たすことである．このとき，$(\varpi_1, V_1) \cong (\varpi_2, V_2)$，または，$\varpi_1 \cong \varpi_2$ と書く．

もし，群 G に位相（topology）が入っているときには，表現 ϖ_j については，G 上の作用素値関数 $G \ni g \mapsto \varpi_j(g)$ についてのある種の連続性，を要求し，同値写像 Φ にも適当な連続性を要求することになるが，この入門書では，そこまでは，立ち入らないことにする．

9.2 群の指標（1 次元表現）

本節と次節では，係数体を **C** とする．

群 G の 1 次元表現は指標とも呼ばれるが，これは当然ながら既約である．指標 χ は，G 上の関数で次の特殊な性質をもつものである：

$$\chi(e) = 1, \qquad \chi(g_1 g_2) = \chi(g_1) \chi(g_2) \quad (g_1, g_2 \in G). \tag{9.5}$$

可換群の場合

群 G が可換なときは，その **C** 上の既約表現はみな 1 次元である．これは，次節で与えるシューアーの補題（補題 9.3）を用いて証明できる（問題 9.2 参照）．

G の指標全体を $\widehat{G}$ (G ハット) と書いて，そこに積を導入する．$\chi_1, \chi_2 \in \widehat{G}$ の積は G 上の関数としての積である：

$$(\chi_1 \chi_2)(g) := \chi_1(g)\, \chi_2(g) \quad (g \in G). \tag{9.6}$$

この積によって，$\widehat{G}$ は群になり，G の双対群 (dual group) と呼ばれる．

問題 9.1 $\widehat{G}$ 上に定義した積によって，たしかに群になることを示せ．
ヒント： 1.2 節における群の公理が成立することを確かめよ．

非可換群の場合

群 G が可換ではないとする．このときは，G の交換子群 $[G, G]$ は自明ではない．そして，商群 $G/[G, G]$ は可換群になる．

G の指標 χ をとると，

$$\chi(ghg^{-1}h^{-1}) = \chi(g)\, \chi(h)\, \chi(g^{-1})\, \chi(h^{-1}) = 1 \quad (g, h \in G),$$

となる．かくて，χ は交換子 $[g, h]$ で 1 になるので，それらの生成する群 $[G, G]$ の上で 1 になる．従って，自然に商群 $G/[G, G]$ の指標を与える．

9.3 有限群の双対

有限群 G の既約表現はみな有限次元である．

これの証明は易しいので，やってみよう．(ϖ, V) を既約表現だとする．$v \in V, \neq 0$, をとり，ベクトルの集合 $W := \{\, \varpi(g)v \,;\, g \in G \,\}$ を考える．ここで，$\varpi(g)v = \varpi(g')v$ のように同じベクトルが出てきたら重複してはとらない．$g_0 \in G, v' = \varpi(g)v \in W$ に対し，$\varpi(g_0)v' = \varpi(g_0 g)v$ だから，$\varpi(g_0)W := \{\, \varpi(g_0)v' \,;\, v' \in W \,\} = W$ となる．すなわち，W は G-不変である．従って，W の張る V の部分空間 $V' := \langle W \rangle$ も G-不変である．ところが，V は既約であるから，$V' = V$．よって，$\dim V \leq |W| \leq |G| < \infty$．

既約表現の間には，同値，非同値の関係がある．同値なものをすべて集めると，1 つの同値類ができる．既約表現 ϖ の入っている同値類を

$[\varpi]$ と書き，ϖ をその類の代表元という．G の既約表現の同値類の全体を $\widehat{G}$ と書いて，G の双対（dual）と呼ぶ．

群 G が可換のときは，その双対群 $\widehat{G}$ と同じものである．

双対 $\widehat{G}$ の各同値類に対し，そこに属する既約表現を見つければ，同値類の完全代表元系が得られたわけである．従って，既約表現全部を見つけたということができる．

具体的な群 G について，そのすべての既約表現を分類して，それぞれを具体的に作ってみせる作業は，結構難しいものである．

双対 $\widehat{G}$ に対する２定理

既約表現をいろんな手段でできるだけ見つけてきたとして，それでもう全部だ，ということを確認するにはどうするか？　そのときに使える定理が２つある．ここでは，後で使うために，それらを証明なしで与えておこう．

定理 **9.1**　　有限群 G の双対を $\widehat{G}$ とすると，群 G の位数 $|G|$ について次の等式が成り立つ：

$$|G| = \sum_{[\varpi]\in\widehat{G}} (\dim \varpi)^2. \tag{9.7}$$

定義 **9.3**　　群 G の元 g_1, g_2 が互いに共役であるとは，ある $h\in G$ によって，$hg_1h^{-1}=g_2$ となっていることである．$g\in G$ と共役な元全体 $C(g)$ は，g を含む共役類と呼ばれ，g はその代表元（の１つ）である．

定理 **9.2**

有限群 G の共役類の個数 $c(G)$ と群の双対の位数 $|\widehat{G}|$ は等しい：

$$|\widehat{G}| = c(G) := 共役類の個数. \tag{9.8}$$

9.4　表現の相関作用素，シュアーの補題

9.4.1　表現の相関作用素

群 G の K 上のベクトル空間 V への線形表現 (ϖ, V) をとる．$K = \mathbf{R}, \mathbf{C}$ に従って，ϖ をそれぞれ実表現，複素表現ということもある．表

現空間 V には，G が（ϖ によって）作用しているわけで，単に V と書いても，この G-作用を込みにして考えている場合も多く，とくにそれを強調したければ，V を G-モジュール（G-module）という．

さて，今後非常に有用な概念として相関作用素（intertwining operator）を導入する．この訳語は，まだ市民権を得たわけではないが，感じが出ていると思われる．(直訳は，絡み合い作用素，である．)

定義 9.4 群 G の2つの表現 $(\varpi_j, W_j), j = 1, 2$, に対して，表現空間 W_1 から W_2 への線形作用素 S が，2つの表現 $\varpi_j, j = 1, 2$ を相互に関係させる，すなわち，

$$S \circ \varpi_1(g) = \varpi_2(g) \circ S \quad (g \in G), \tag{9.9}$$

となっているとき，S を W_1 から W_2 への相関作用素と呼ぶ． □

この相関作用素の全体を $\mathrm{Hom}_G(W_1, W_2)$ と書く．これは，W_1 から W_2 への G-モジュールとしての準同型写像の全体である．

相関作用素は，W_1, W_2 の既約成分とか，不変部分空間とか，G-モジュールとしての構造を相互に比較する（同値，非同値など）のに，なくてはならぬ重要なものである．

とくに，$(\varpi_j, W_j) = (\varpi, V), j = 1, 2$, と，2つとも同じ表現 (ϖ, V) にとったときには，その相関作用素たちは，ϖ の不変部分空間の構造，ひいては，その既約性，可約性と，もろに関係している．

9.4.2 シュアーの補題

表現の既約，可約や，同値，非同値を調べるのに，非常に役立つものとして，相関作用素に関する，シュアー（I. Schur, 1875-1941）の補題といわれるものがある．よい機会なので，それをここで証明しておこう．

補題 9.3（シュアーの補題）

（ⅰ） 群 G の K 上の2つの有限次元表現 $(\varpi_k, V_k), k = 1, 2$, が既約であれば，その間の相関作用素は，零であるか，または可逆である．

（ⅱ） $K = \mathbf{C}$ とする．既約表現 (ϖ, V) から自分自身への相関作用素は，スカラー作用素 $c\, I_V$ $(\exists c \in \mathbf{C})$ である．

証明 （ⅰ）ϖ_1 から ϖ_2 への相関作用素 S をとると，その核 $\mathrm{Ker}(S)$ および像 $\mathrm{Im}(S)$ は，それぞれ V_1 および V_2 の不変部分空間である．既約表現の不変部分空間は自明なものしか存在しないので，$S \neq 0$ に対しては，$\mathrm{Ker}(S) = \{\,0\,\} \subset V_1$, $\mathrm{Im}(S) = V_2$ が成り立つ．V_k が有限次元なので，これは S が可逆であることを意味する．

（ⅱ） $K = \mathbb{C}$ とする．有限次元の線形代数の理論から次の命題を借りてこよう．

命題 9.4 $\mathbb{C}$ 上の有限次元ベクトル空間 V をとる．V 上の線形作用素 T は，少なくとも１つの固有値 λ をもつ．すなわち，

$$Tv = \lambda\, v \quad (\exists v \in V, v \neq 0) \tag{9.10}$$

となる．(このとき，v は固有値 λ に属する T の固有ベクトルと呼ばれる．)

さて，相関作用素 S の固有値 λ に属する固有ベクトル全体の集合 $V(\lambda)$ を考えると，これは，V の部分ベクトル空間をなす．そして，G-不変である．実際，S が表現作用素 $\varpi(g), g \in G,$ と可換であるから，$v \in V(\lambda)$ をとれば，

$$S(\varpi(g)v) = \varpi(g)(Sv) = \lambda\,(\varpi(g)v)$$

となるので，$\varpi(g)v \in V(\lambda), g \in G,$ となる．一方，V は既約であるから，$V = V(\lambda)$ でなければならない．従って，$S = \lambda\, I_V$. □

シューアーの補題の応用として，次の問題をヒント付きで提出しておこう．

問題 9.2 可換群の $\mathbb{C}$ 上の既約表現は１次元であることを示せ．

ヒント： シューアーの補題を使う．既約表現を ϖ とすると，群が可換であるから，$\varpi(g)\,\varpi(g') = \varpi(gg') = \varpi(g'g) = \varpi(g')\,\varpi(g)$ $(g, g' \in G)$.

問題 9.3 有限巡回群 $C_n = \{\,e, a, a^2, \ldots, a^{n-1}\,\}$, を考える．ここに，$a$ は位数 n の元である：$a^n = e, a^k \neq e\ (0 < k < n)$. この群の実数 $\mathbb{R}$ 上の２次元表現として，次で定義される $\varpi_k, 1 \leq k < n,$ をとる：

$$\varpi_k(a) := \begin{pmatrix} \cos k\theta_n & \sin k\theta_n \\ -\sin k\theta_n & \cos k\theta_n \end{pmatrix} = u_2(-k\theta_n) \qquad (\theta_n = \tfrac{2\pi}{n}). \tag{9.11}$$

（i）$n \geq 3$ とする．ϖ_k は，$k \neq \frac{n}{2}$ のときは，$\mathbf{R}$ 上では既約であることを証明せよ．

（ii）$\mathbf{C}$ 上では，$\varpi_k \cong \varphi_k \oplus \varphi_{-k}$, $\varphi_\ell(a) := e^{\ell i \theta_n}$，と2つの1次元表現 φ_k, φ_{-k} の直和に分解することを証明せよ．

（注： これは，可換群の $\mathbf{R}$ 上の既約表現は（$\mathbf{C}$ 上の場合とは異なり）必ずしも1次元とは限らないことを示す.)

9.5　表現の直和分解，完全可約性

9.5.1　ベクトル空間上の射影，ベクトル空間の直和分解

ベクトル空間 V 上の線形作用素 P が射影（projection）であるとは，$P^2 = P$ となることである．このとき，部分空間 $W = P(V) \subset V$ の上では，$Pw = w \ (w \in W)$ となり，P は恒等作用素と一致する．

V が部分空間 V_1, V_2 の直和に分解されるとは，任意の $v \in V$ が，$v = v_1 + v_2, v_j \in V_j \ (j = 1, 2)$，と一意的に書けることである．これを，$V = V_1 \dotplus V_2$ と書き表す．

このとき，V から V_j の上への射影を $P_j v := v_j \ (v \in V)$ と定義すると，$P_j, j = 1, 2$, は V 上の恒等作用素 I_V の分解を与える：

$$I_V = P_1 + P_2, \ P_1 P_2 = P_2 P_1 = 0, \ P_j^2 = P_j \ (j = 1, 2). \quad (9.12)$$

V が k 個の部分空間 $V_j, 1 \leq j \leq k$, の直和に分解しているとは，勝手な $v \in V$ が一意的に，$v = v_1 + v_2 + \cdots + v_k, v_j \in V_j \ (1 \leq j \leq k)$，と書かれることである．$V_j$ 上への射影を，$P_j v := v_j \ (v \in V)$ と定義すると，

$$I_V = \sum_{1 \leq j \leq k} P_j, \ P_j P_\ell = 0 \ (j \neq \ell), \ P_j^2 = P_j \ (1 \leq j \leq k). \quad (9.13)$$

9.5.2　表現の直和分解，表現の完全可約性

表現空間 V が2つの不変部分空間 V_1, V_2 の直和に分解されたとする．すなわち，$V = V_1 \dotplus V_2$．

このとき，V から V_j の上への射影を $P_j v := v_j \ (v \in V)$ と定義すると，P_j は表現作用素 $\varpi(g), g \in G$，と可換であり，ϖ の相関作用素であ

る．そして，V 上の恒等作用素 I_V はこの 2 つの射影 $P_j \in \mathrm{Hom}_G(V,V)$ によって，(9.12) 式のように分解される．そして，$\varpi_j(g) := \varpi(g)|_{V_j}$ は，V_j 上の表現を与える．空間の直和分解 $V = V_1 \dotplus V_2$ に即して，表現作用素も

$$\varpi(g) = \varpi_1(g) \oplus \varpi_2(g) := P_1\, \varpi_1(g)\, P_1 + P_2\, \varpi_2(g)\, P_2$$

と直和に分解されるので，表現 ϖ は 2 つの表現 ϖ_j ($j=1,2$) の直和に分解されたという．

V が有限次元のとき，各 V_j に基底をとって，$\varpi_j(g)$ を行列で表せば，もとの ϖ は，次のように，ブロック型の対角行列で表される：

$$\varpi(g) = \begin{pmatrix} \varpi_1(g) & \mathbf{0} \\ \mathbf{0} & \varpi_2(g) \end{pmatrix} \quad (g \in G). \tag{9.14}$$

問題 9.4　例 9.1 における $ax+b$ 群について，その 2 次元の恒等表現（g に g を対応させる表現）を考える．これは，可約であるが，2 つの表現の直和には分解できない．これを証明せよ．

表現 (ϖ, V) が k 個の不変部分空間 V_j, $1 \leq j \leq k$, の直和に分解される場合を考える：　$V = V_1 \dotplus V_2 \dotplus \cdots \dotplus V_k$. 各 V_j 上への射影 P_j を上述のように定義すると，$P_j \in \mathrm{Hom}_G(V,V)$ であり，これらによって，I_V が (9.13) のように分解される．

表現 ϖ が既約表現の直和に分解できるとき，ϖ を完全可約であるという．

有限群については，その有限次元表現は，つねに完全可約である．この事実を証明するのは，そう難しくはない．しかし，こうした一般論をここでこのまま続けていくと，話が上滑りになってしまいそうである．

そこで，一般論を少し中断して，具体的な群についてその既約表現をすべて求めてみよう．こうした具体的なものを踏まえて，後の章で一般論に戻れば，理解しやすいであろう．

第 III 部

多面体群と置換群の表現, および表現論基礎

第 10 章： 二面体群 D_n の表現論
第 11 章： 多面体群の表現と置換群の表現（1）
第 12 章： 多面体群の表現と置換群の表現（2）
第 13 章： 表現論基礎

10
二面体群 D_n の表現論

　まず，小手調べとして，二面体群 D_n の既約表現をすべて求めてみよう．これは，有限群の表現論への初歩として，一般論を理解するにも適当である．

10.1　二面体群 D_n の2次元の既約表現

　正 n 角形を自分自身の上に重ねる変換の全体 D_n は，2.2節で与えられている．群 D_n は生成元 a,b をもち，基本関係式は，

$$a^n = e, \quad b^2 = e, \quad bab = a^{-1}, \tag{10.1}$$

である．図10.1に見るように，頂点 P_1 を y-軸上に位置し，中心が原点 O になるようにユークリッド平面 E^2 の直交座標を決める．

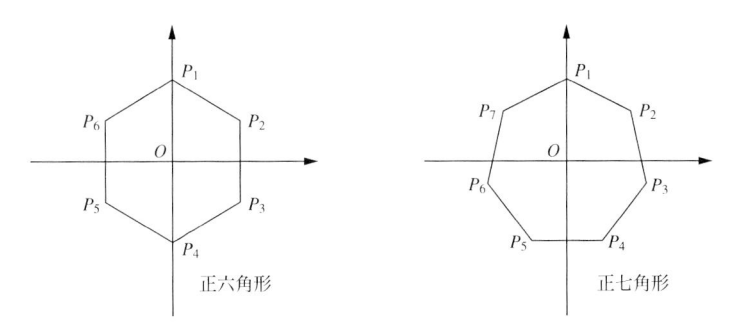

図 10.1　正 n 角形と $\mathbf{R}^2$ の直交座標系（$n=6,7$）

　このとき，a に対応するのは，中心の回りの1辺分の時計回り（右回り）の回転であり，b に対応するのは，y-軸に関する鏡映変換である．こ

の対応は，二面体群の 2 次元の表現 ϖ_1（自然表現と呼ぶ）を与える：

$$\varpi_1(a) := \begin{pmatrix} \cos\theta_n & \sin\theta_n \\ -\sin\theta_n & \cos\theta_n \end{pmatrix} = u_2(-\theta_n) \qquad (\theta_n = \tfrac{2\pi}{n}),$$

$$\varpi_1(b) := \begin{pmatrix} -1 & 0 \\ 0 & 1 \end{pmatrix}.$$

この自然表現の他にも 2 次元既約表現は存在する．それらを上と同様の形で実現してみよう．$1 \leq k \leq n-1$ なる k をとって，ϖ_k を次のようにおく：

$$\varpi_k(a) := \begin{pmatrix} \cos k\theta_n & \sin k\theta_n \\ -\sin k\theta_n & \cos k\theta_n \end{pmatrix} = u_2(-k\theta_n), \quad \varpi_k(b) := \begin{pmatrix} -1 & 0 \\ 0 & 1 \end{pmatrix}. \tag{10.2}$$

ここで $\varpi_k(a)$ は，図 10.1 の正 n 角形の中心 O と頂点を結んでできる扇形の k 個分だけ，O の回りに右に回す作用である．これを y-軸上に立てた鏡で映してみると，左回りと右回りが入れ替わるので，$\varpi_k(a)$ は，k 個分左回り，同じことだが，$(n-k)$ 個分右回りの $\varpi_{n-k}(a)$ になる．このことは，次の定理 10.1 の（ii）（とその証明）に直接に反映している．

定理 **10.1**

（i）$1 \leq k \leq n-1$ に対する ϖ_k は，二面体群 D_n の表現である．

（ii）k と $n-k$ に対する表現 ϖ_k, ϖ_{n-k} とは，同値である．その他には同値関係はない．

（iii）n が偶数で，$k = n/2$, の場合には，表現 ϖ_k は可約であり，2 つの 1 次元表現（指標）の直和に同値である．その他の場合には，既約である．

証明 （i）群 D_n の生成元 a, b に対して，表現作用素が与えられているので，ϖ_k が基本関係式 (10.1) を保存することを示せばよい．

$$\varpi_k(a)^n = E_2 \quad (2\times 2 \text{ 型単位行列}),$$
$$\varpi_k(b)^2 = E_2, \qquad \varpi_k(b)\,\varpi_k(a)\,\varpi_k(b) = \varpi_k(a)^{-1},$$

は計算によってすぐ分かる．なお，第1式を示すには，三角関数の加法公式からくる関係式 $u_2(\phi)\,u_2(\psi) = u_2(\phi+\psi)$ を用いる．

(ii) 2×2 型の対角行列 $S = \mathrm{diag}(-1,1)$ をとると，これは y-軸に関する鏡映変換を表す．そして，

$$S\,\varpi_k(g) = \varpi_{n-k}(g)\,S \qquad (g=a,b)$$

を得るが，a,b は群 D_n を生成するので，上式はすべての $g \in D_n$ に対して成立する．

この場合以外には同値関係が存在しないことは，2×2 型の行列 S が，関係式 $S\,\varpi_k(g) = \varpi_\ell(g)\,S$ $(g=a,b)$ を満たすとき，$S = \mathbf{0}_2$（零行列）となることを示せばよい．実際，$g = b$ ととれば，この関係式から，$S = \mathrm{diag}(s_1, s_2)$ と対角型であることが分かる．次に，$g = a$ とすれば，

$$s_j \cdot \cos k\theta_n = \cos \ell\theta_n \cdot s_j \qquad (j=1,2),$$
$$s_1 \cdot \sin k\theta_n = \sin \ell\theta_n \cdot s_2,$$
$$s_2 \cdot \sin k\theta_n = \sin \ell\theta_n \cdot s_1,$$

となる．ところが，$k \neq \ell$，$k+\ell \neq n$，より，$\cos k\theta_n \neq \cos \ell\theta_n$ となり，$s_1 = s_2 = 0$ を得る．

（別証明として，表現行列の跡（trace）を使う方法があるが，これについては，13.6 節を参照されたい．とくに問題 13.4 参照）

(iii) n が偶数で，$k = n/2$ とすると，

$$\varpi_k(a) = \mathrm{diag}(-1,-1), \quad \varpi_k(b) = \mathrm{diag}(-1,1),$$

となるので，可約である．その直和分解については，補題 10.3 の直後の問題 10.2 を見よ．

その他の場合には，まず，$\varpi_k(g)$ を 2 次元数空間 $V = \mathbf{C}^2$ の上の線形写像と思う．そして，$\{\mathbf{0}\}$ でない不変部分空間 $V_1 \subset V$ をとる．$x = {}^t(x_1, x_2) \in V_1, x \neq \mathbf{0}$, に対して，ベクトル $\varpi_k(a)x, \varpi_k(b)x$ を合わせると，全空間 V が張られることをいえばよい．これは，実際に，このベクトルを書き下してみれば分かる． □

10.2　二面体群 D_n の 1 次元表現（指標）

前節で，2 次元既約表現を与えたが，今度は，1 次元表現，すなわち，指標を調べよう．そのために，まず，交換子群 $[D_n, D_n]$ を求めよう．交換子 $[a, b]$ は，

$$[a, b] = aba^{-1}b^{-1} = aba^{-1}b = a^2, \tag{10.3}$$

であるから，$[D_n, D_n] = \langle a^2 \rangle$（生成）である．

補題 10.2　二面体群 D_n の交換子群 $[D_n, D_n]$ は，n が奇数のときは，$C_n := \langle a \rangle = \{e, a, a^2, \ldots, a^{n-1}\}$ に一致し，n が偶数のときは，$\langle a^2 \rangle = \{e, a^2, \ldots, a^{n-2}\} \subsetneq C_n$ である．

よって，商群 $D_n/[D_n, D_n]$ は，

$$D_n/[D_n, D_n] \cong \begin{cases} \{e, b\} \cong C_2 & (n \text{ が奇数のとき}), \\ \{e, b\} \times \{e, \bar{a}\} \cong C_2 \times C_2 & (n \text{ が偶数のとき}), \end{cases}$$

ここに，$\bar{a}$ は，元 a の商群 $\langle a \rangle / \langle a^2 \rangle$ での像を表し，C_2 は位数 2 の巡回群を表す．

これによって，商群 $D_n/[D_n, D_n]$ が分かったので，これの 1 次元表現（指標）をとれば，それが D_n の 1 次元表現を尽くす．これによって次の結果を得る．

補題 10.3　二面体群 D_n の指標は，次のように与えられる．

（i）n が奇数のとき，2 つの指標 χ_0, χ_1 がある：

$$\chi_j(a) = 1, \quad \chi_j(b) = (-1)^j \qquad (j = 0, 1).$$

（ii） n が偶数のとき，4 つの指標 $\chi_{i,j}$ $(i,j=0,1)$ がある：
$$\chi_{i,j}(a) = (-1)^i, \quad \chi_{i,j}(b) = (-1)^j.$$
□

問題 10.1　補題 10.3 の（ⅰ），（ⅱ）の証明を詳しく書き下せ．

問題 10.2　定理 10.1(ⅲ) の可約な 2 次元表現 $\varpi_{n/2}$ は，$\varpi_{n/2} \cong \chi_{1,0} \oplus \chi_{1,1}$，と 1 次元表現 2 つの直和に分解することを示せ．

10.3　二面体群 D_n の双対 $\widehat{D_n}$

群 D_n の既約表現は，1 次元または 2 次元であり，我々は次の結果を得る．

定理 10.4　定理 10.1 の 2 次元表現，補題 10.3 の指標をすべて集めると，群 D_n の双対 $\widehat{D_n}$ の完全代表系を与える（表 10.1 参照）．

表 10.1　二面体群 D_n の既約表現

表現の次元	2 次元	1 次元（指標）
n 奇数 $(n=2N+1)$	ϖ_k $(1 \leq k \leq N)$	$\chi_0,\ \chi_1$
n 偶数 $(n=2N+2)$	ϖ_k $(1 \leq k \leq N)$	$\chi_{0,0},\ \chi_{0,1},\ \chi_{1,0},\ \chi_{1,1}$

証明　定理 9.1 を用いた証明を与える．群 D_n の位数 $|D_n|=2n$ に対し，定理 9.1 の等式 (9.7) が成り立つことを示せばよい．
$$2n = N \cdot 2^2 + 1^2 + 1^2 \quad (n \text{ が奇数のとき}),$$
$$2n = N \cdot 2^2 + 1^2 + 1^2 + 1^2 + 1^2 \quad (n \text{ が偶数のとき}).$$

10.4　二面体群の共役類と群の双対との関係

群 D_n のすべての共役類を求めよう．共役類の個数 $c(D_n)$ を知れば，それは定理 9.2 によって，双対 $\widehat{D_n}$ の位数に等しい．このことからも，定理 10.4 が別途証明される．

まず，D_n の元は，a^k, ba^k $(0 \leq k < n)$ と表される．そこで，生成元 a, b による共役作用を調べればよい．すると，それぞれ，

$$\begin{cases} a \cdot a^k \cdot a^{-1} = a^k, \\ a \cdot ba^k \cdot a^{-1} = ba^{k-2}, \end{cases} \quad \begin{cases} b \cdot a^k \cdot b^{-1} = a^{-k} = a^{n-k}, \\ b \cdot ba^k \cdot b^{-1} = ba^{-k} = ba^{n-k}. \end{cases}$$

これを用いると，群 D_n における共役類について次の結果が得られる．

定理 10.5　　二面体群 D_n の共役類は次である．

（ⅰ）　n が奇数のとき（$n = 2N+1$）：

$$\{\,e\,\},\ \{\,a^k,\,a^{n-k}\,\}\,(1 \le k \le N),\ \{\,ba^j\,;\,0 \le j \le n-1\,\}.$$

従って，共役類の個数は，$c(D_n) = (1+N)+1 = N+2$．

（ⅱ）　n が偶数のとき（$n = 2N+2$）：

$$\{\,e\,\},\ \{\,a^k,a^{n-k}\,\}\,(1 \le k \le N),\ \{\,a^{N+1}\,\},$$
$$\{\,ba^{2j}\,;\,0 \le j \le N\,\},\ \{\,ba^{2j+1}\,;\,0 \le j \le N\,\}.$$

従って，共役類の個数は，$c(D_n) = (1+N+1)+2 = N+4$．　　□

問題 10.3　　定理 10.5 の（ⅰ），（ⅱ）の証明を詳しく書き下せ．

定理 10.4 の別証（定理 10.5 の応用）

定理 9.2 を用いると，D_n の双対 $\widehat{D_n}$ の位数は，共役類の個数 $c(D_n)$ に等しい．そして，$c(D_n)$ は定理 10.5 で与えられている．

他方，定理 10.4 で数え上げられている（互いに同値でない）既約表現の個数は，2次元既約表現の個数 $= N$，そして，n の奇数，偶数により，1次元表現（指標）の個数 $= 2, 4$，であるから，合算すると，$c(D_n)$ に等しくなり，既約表現の数え落としがないことが分かる．　　□

11
多面体群の表現と置換群の表現（１）

　本章と次章では，四面体群，六面体群（$\cong$ 八面体群），十二面体群（$\cong$ 二十面体群）の線形表現について述べる．とくに，これらの群のすべての既約表現を具体的に書き下して，目に見えるように与える．

　抽象的にはこれらの群は，置換の群 $\mathcal{A}_4, \mathcal{S}_4, \mathcal{A}_5$ に同型であるので，これからの２つの章の前提として，n 次対称群 $\mathcal{S}_n$，n 次交代群 $\mathcal{A}_n$ の表現について少しだけだが触れることにする．

　なお，次章で具体的に取り扱う十二面体群 $G(T_{12})$ は，$\mathcal{A}_5$ と同型であるが，この５次交代群の既約表現には，５次元，４次元のものがある．これらの高次元の表現は，３次元ユークリッド空間 E^3 に入っている正十二面体 T_{12} の'運動群'としての $G(T_{12})$ の具体的なイメージに囚われていては，なかなか発見できない．従って，ここにおいて，「同型な群を同じものとして捉えて」研究するという，現代数学における「抽象化」の威力が見てとれるのである．

　また，５次交代群 $\mathcal{A}_5$ の表現は，５次対称群 $\mathcal{S}_5$ の表現との関連で捉える方が，事態が分かりやすく，かつ，取り扱いやすくなる．そこで，$\mathcal{S}_5$ の既約表現を与えて，それから位数２の部分群 $\mathcal{A}_5$ の既約表現を論ずる．

11.1　n 次対称群について { 共役類とヤング図形 }

　本章では，多面体群の線形表現を調べるのであるが，定理 9.2 を踏まえて，まず，群の共役類を調べるのがよい．

n 次対称群の内部自己同型

　そのために n 次対称群 $\mathcal{S}_n$ における内部自己同型を計算するのだが，

そこでは，次の補題が非常に有効である．$\mathcal{S}_n$ の任意の元 σ は，互いに交わらぬ（すなわち，共通の数字を含まぬ）巡回置換の積に書ける．積の順序を無視すれば，その表示は一意的である．具体的には，

$$\sigma = \kappa_1 \kappa_2 \cdots \kappa_r, \quad \kappa_p = (i_{p,1}\ i_{p,2}\ \ldots\ i_{p,\ell_p})\ (1 \leq p \leq r). \tag{11.1}$$

ここに，$i_{p,j}$ たちは，すべて相異なる n 以下の自然数である．そして，上の ℓ_p を巡回置換 κ_p の長さという．長さが 1 の巡回置換は，恒等置換 $\mathbf{1}$ であるから除外して，$\ell_1 \geq 2$ としておくことが多い．

従って，内部自己同型のはたらき方は，各巡回置換に対して分かればよい．

補題 11.1 $\mathcal{S}_n$ の巡回置換 $\kappa = (i_1\ i_2\ \ldots\ i_\ell)$ を置換

$$\tau = \begin{pmatrix} 1 & 2 & \cdots & n \\ \tau(1) & \tau(2) & \cdots & \tau(n) \end{pmatrix} \in \mathcal{S}_n \tag{11.2}$$

により，$\tau \kappa \tau^{-1}$ と共役変換すると，次の巡回置換になる：

$$\tau \kappa \tau^{-1} = (\tau(i_1)\ \tau(i_2)\ \ldots\ \tau(i_\ell)). \tag{11.3}$$

証明（問題3.3参照） j を n 以下の自然数とする．j がどの $\tau(i_k), 1 \leq k \leq \ell$，とも違っているとき，置換 $\tau \kappa \tau^{-1}$ によって，$j \xrightarrow{\tau^{-1}} \tau^{-1}(j) \xrightarrow{\kappa} \tau^{-1}(j) \xrightarrow{\tau} j$ となる．

$j = \tau(i_k)$ のときは，$\tau \kappa \tau^{-1}$ によって，$\tau(i_k) \xrightarrow{\tau^{-1}} i_k \xrightarrow{\kappa} i_{k+1} \xrightarrow{\tau} \tau(i_{k+1})$ となる．ここに，$i_{\ell+1} = i_1$ としておく． □

n 次対称群の共役類

この補題を用いると，$\sigma \in \mathcal{S}_n$ の巡回置換による表示 (11.1) をとったとき，その共役元 $\tau \sigma \tau^{-1}$ の表示は，

$$\tau \sigma \tau^{-1} = \kappa'_1 \kappa'_2 \cdots \kappa'_r, \ \kappa'_p = (\tau(i_{p,1})\ \tau(i_{p,2})\ \ldots\ \tau(i_{p,\ell_p}))\ (1 \leq p \leq r),$$

である．これにより，σ の共役類は，巡回置換たちの長さ $\{\ell_1, \ell_2, \ldots, \ell_r\}$ によって決まることが分かる．上では，$\ell_p \geq 2$ としてあったが，長さ 1

の巡回置換を，$(n - \sum_{p=1}^{r} \ell_p)$ 個参加させることにして，これらの長さを大きさ順に並べることにすれば，次の結果を得る．

定理 11.2　　$n \geq 3$ とする．n 次対称群 $\mathcal{S}_n$ の共役類は，自然数 n の分割 $Y = (\ell_1, \ell_2, \ldots, \ell_q)$,

$$\ell_1 \geq \ell_2 \geq \cdots \geq \ell_q \geq 1, \ \ell_1 + \ell_2 + \ldots + \ell_q = n,$$

によって決まり，その代表元として，

$$\sigma_Y = \kappa_1 \kappa_2 \cdots \kappa_q, \quad \kappa_j = (n_{j-1}+1 \ n_{j-1}+2 \ \ldots \ n_j),$$
$$n_0 = 0, \ n_j = \ell_1 + \ell_2 + \cdots + \ell_j \quad (1 \leq j \leq q),$$

がとれる．ただし，$\ell_j = 1$ ならば，$\kappa_j = (n_j) = \mathbf{1}$．　　□

ヤング図形

上の分割 Y を図形で書き表す．第1行目に ℓ_1 個の升目をおき，第2行目には（左端を揃えて）ℓ_2 個の升目をおく．次々と升目を並べていって，第 q 行で終わる．この図形を分割 Y に対応するヤング図形（A. Young, 1873-1940）といい，記号で $Y(\ell_1, \ell_2, \ldots, \ell_q)$ と表す．升目の総数 n をその次数という．

次数 $n = 4$ の場合のヤング図形は，次のように与えられる．まず，$n = 4$ の分割は，

$$(4), \ (3,1), \ (2,2), \ (2,1,1), \ (1,1,1,1). \tag{11.4}$$

これに対応するヤング図形はそれぞれ順番に，図 11.1 に示してある．

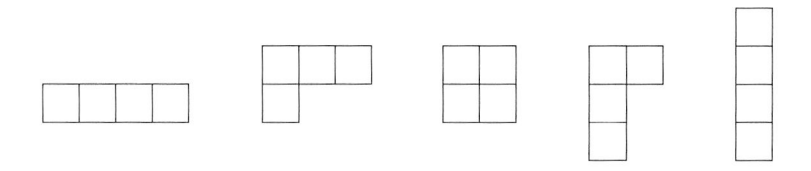

図 **11.1**　　次数 4 のヤング図形のすべて

11.2 n 次対称群について { 指標,生成元系と基本関係式 }

n 次対称群 $\mathcal{S}_n$ の指標

定理 6.1 によれば,$n \geq 3$ のとき,対称群 $\mathcal{S}_n$ の交換子群 $[\mathcal{S}_n, \mathcal{S}_n]$ は,交代群 $\mathcal{A}_n$ に等しい.よって,商群 $\mathcal{S}_n/[\mathcal{S}_n, \mathcal{S}_n]$ は,位数 2 の巡回群になる.この事実と,3.2,3.4〜3.5 節の置換の符号に関する結果から,次の定理を得る.

定理 11.3 $n \geq 3$ のとき,n 次対称群の指標(1 次元表現)は,恒等指標 $\mathbf{1}_{\mathcal{S}_n}$ と符号指標 $\mathrm{sgn} = \mathrm{sgn}_{\mathcal{S}_n}$ の 2 つである.

n 次対称群 $\mathcal{S}_n$ の生成元系と基本関係式

群 $\mathcal{S}_n$ の標準的な生成元系と,それに対する基本関係式が次のように与えられる.証明は,簡単にはいかないので省略する.互換のうち特別なもの $s_i = (i\ i{+}1)$ を単純置換と呼ぶ.

定理 11.4 n 次対称群 $\mathcal{S}_n$ の生成元系として,単純置換の集合

$$R_n := \{\, s_i \ ;\ 1 \leq i < n\,\}, \quad \text{ただし} \quad s_i = (i\ i{+}1), \tag{11.5}$$

がとれる.この生成元系に対する基本関係式は,次である:

$$s_i^{\,2} = \mathbf{1} \qquad (1 \leq i < n), \tag{11.6}$$

$$s_i\, s_{i+1}\, s_i = s_{i+1}\, s_i\, s_{i+1} \qquad (1 \leq i < n-1), \tag{11.7}$$

$$s_i\, s_j = s_j\, s_i \qquad (i+1 < j). \tag{11.8}$$

この基本関係式系が結構簡単明瞭な形をしているのはありがたい.置換 σ の単純置換の積による表示のうち,最小個数による表示を σ の(R_n に関する)最短表示といい,そのときの個数を σ の長さという.あみだくじとの関連については,3.3 節を参照のこと.

我々は,12.4 節において,この基本関係式を 5 次対称群 $\mathcal{S}_5$ の場合に応用してみる.そうすると,行列の計算の演習問題として,手頃なよい問題が数多く得られる.すなわち,12.4 節で天下り式に,具体的な行列の形で与えられている 5 次対称群の,4 次元,5 次元,6 次元の既約表現

が，（計算ミスや印刷ミスなどがなくて）正しく与えられていることを，読者自身によって検証していただくのに，実際に行列の計算によって，基本関係式が満たされていることを確かめればよいのである．

対称群 $\mathcal{S}_n$ の表現と交代群 $\mathcal{A}_n$ の表現

さらに，一般の n について，n 次対称群の既約表現を，位数 2 の正規部分群である n 次交代群 $\mathcal{A}_n$ に制限したときにどうなるかが，分かっている（12.2 節参照）．

従って，これを，$n = 5$ のときに適用する．$\mathcal{S}_5$ の既約表現が 12.4 節で与えられるので，それを用いて，12.5 〜 12.6 節で，我々が目的とする十二面体群（$\cong \mathcal{A}_5$）のすべての既約表現が得られる，という手順である．

11.3　四面体群のすべての既約表現

四面体群は，先に見たように，4 次交代群 $\mathcal{A}_4$ と同型である．

11.3.1　4 次交代群 $\mathcal{A}_4$ の共役類

まず $\mathcal{A}_4$ の共役類を求めてみよう．共役類の個数は，既約表現の同値類の個数に等しいので，すべての既約表現を求めるのに参考になる．

定理 11.5　　交代群 $\mathcal{A}_4$ の共役類は，4 個ある．すなわち，$c(\mathcal{A}_4) = 4$. 共役類の完全代表系として，$\mathbf{1}, \sigma_1 = (1\ 2)(3\ 4), \tau_1 = (2\ 3\ 4), \tau_1^2 = (2\ 4\ 3)$ がとれる．$C(\mathbf{1}) = \{\,\mathbf{1}\,\}$ 以外の 3 つの共役類は次で与えられる：

$$C(\sigma_1) = \{\,\sigma_1, (1\ 3)(2\ 4), (1\ 4)(2\ 3)\,\},$$
$$C(\tau_1) = \{\,\tau_1, (1\ 2\ 4), (1\ 3\ 2), (1\ 4\ 3)\,\},$$
$$C(\tau_1^2) = \{\,\tau_1^2, (1\ 2\ 3), (1\ 3\ 4), (1\ 4\ 2)\,\}.$$

証明　　$C(\sigma_1)$ が上のようになることは，補題 11.1 を用いて，計算すれば，

$$\tau_1 \sigma_1 \tau_1^{-1} = (2\ 3\ 4)\{(1\ 2)(3\ 4)\}(2\ 3\ 4)^{-1} = (1\ 3)(4\ 2)$$
$$\tau_1^2 \sigma_1 \tau_1^{-2} = (2\ 4\ 3)\{(1\ 2)(3\ 4)\}(2\ 4\ 3)^{-1} = (1\ 4)(2\ 3)$$

などから分かる．また，$C(\tau_1)$ についても，$\sigma_1 \tau_1 \sigma_1^{-1} = (1\ 4\ 3)$ などと計算できる．

問題 11.1　実際に，$C(\tau_1), C(\tau_1{}^2)$ を計算によって求めてみよ．

さて，定理 9.2 によれば，$|\widehat{G}| = c(G)$ であるから，$G = \mathcal{A}_4$ のときには，上の定理により，$c(\mathcal{A}_4) = 4$ なので，既約表現の同値類の個数は，4 である．

11.3.2　4 次交代群 $\mathcal{A}_4$ の 1 次元表現（指標）

群 $\mathcal{A}_4$ の指標をすべて求めるには，まず交換子群による商群 $\mathcal{A}_4/[\mathcal{A}_4, \mathcal{A}_4]$ を考える．

$$[\mathcal{A}_4, \mathcal{A}_4] = H_4 = \{\ \mathbf{1}, \sigma_1, (1\ 3)(2\ 4), (1\ 4)(2\ 3)\ \} \tag{11.9}$$

であり，また，$\tau_1, \tau_1^{-1} = \tau_1{}^2 \notin H_4$ であるから，

$$\mathcal{A}_4/H_4 = \{\ H_4, \tau_1 H_4, \tau_1{}^2 H_4\ \} \cong \langle \tau_1 \rangle \cong C_3. \tag{11.10}$$

従って，$\mathcal{A}_4$ の指標は，位数 3 の巡回群 $\mathcal{A}_4/H_4 \cong \langle \tau_1 \rangle$ の指標からきている．後者については，1 の 3 乗根 $\omega = -\frac{1}{2} + \frac{\sqrt{3}}{2}i$ をとり，$a = 0, 1, 2$

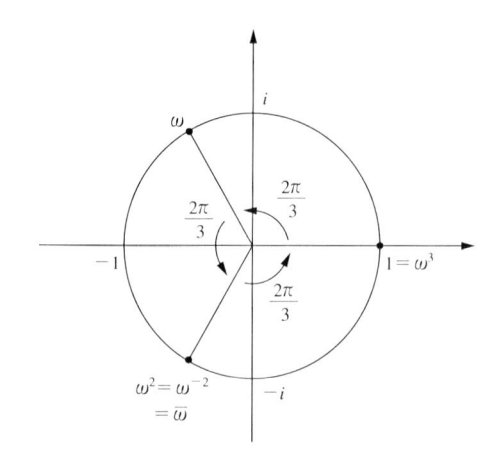

図 **11.2**　1 の 3 乗根の複素平面での表示

とすると，

$$\chi_a(\tau_1) = \omega^{am} \quad (m = 0, 1, 2) \tag{11.11}$$

で与えられる．これから決まる $\mathcal{A}_4$ の 3 個の指標も，紛れがないので，同じ記号で χ_0, χ_1, χ_2 と書く．このうち，χ_0 は，自明な指標，すなわち，$\chi_0(\sigma) = 1 \ (\forall \sigma \in \mathcal{A}_4)$，である．

定理 11.6　4 次交代群 $\mathcal{A}_4$ の指標は，χ_0, χ_1, χ_2 の 3 個である．

11.3.3　4 次交代群 $\mathcal{A}_4$ の既約表現

群 $\mathcal{A}_4$ の既約表現の同値類は，4 個あるが，そのうちの 3 個は，指標 χ_0, χ_1, χ_2 である．他の既約表現を ρ とすると，定理 9.1 によって，

$$|\mathcal{A}_4| = 12 = 1^2 + 1^2 + 1^2 + (\dim \rho)^2$$

であるから，$\dim \rho = 3$ である．

他方，4.1.3 項で与えた，四面体群 $G(T_4) \cong \mathcal{A}_4$ の自然表現 ρ は，ちょうど 3 次元である．これを，$\mathcal{A}_4$ の表現と見て ρ_0 と書き，第 4 章とは別の観点から調べてみよう．

正四面体 T_4 の中心 O を原点とする直交座標を決めて，4 頂点 P_1, P_2, P_3, P_4 の座標表示が

$$P_1 = \begin{pmatrix} 0 \\ 0 \\ 1 \end{pmatrix}, \ P_2 = \begin{pmatrix} -\frac{2\sqrt{2}}{3} \\ 0 \\ -\frac{1}{3} \end{pmatrix}, \ P_3 = \begin{pmatrix} \frac{\sqrt{2}}{3} \\ \frac{\sqrt{6}}{3} \\ -\frac{1}{3} \end{pmatrix}, \ P_4 = \begin{pmatrix} \frac{\sqrt{2}}{3} \\ -\frac{\sqrt{6}}{3} \\ -\frac{1}{3} \end{pmatrix}, \tag{11.12}$$

となるようにする．このとき，各稜 $\overline{P_i P_j}$ の長さは，$\frac{2\sqrt{6}}{3}$ であることは，計算で容易に確かめられる．

この座標系に関して，自然表現 ρ_0 に対応する行列表現 ρ'_0 を求める．群 $\mathcal{A}_4$ は，2 元 σ_1, τ_1 によって生成されるので，$\rho'_0(\sigma_1), \rho'_0(\tau_1)$ を決めれば，$\mathcal{A}_4$ の任意の元 τ に対する行列 $\rho'_0(\tau)$ が計算できるわけである．

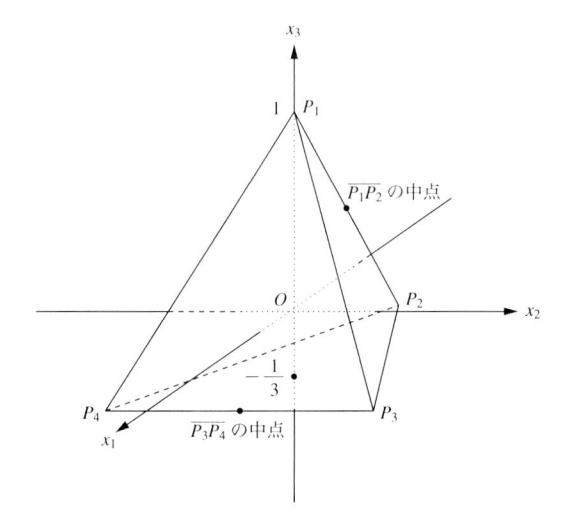

図 **11.3** 4 頂点 P_1, P_2, P_3, P_4 の配置図

2 つの稜 $\overline{P_1\,P_2}, \overline{P_3\,P_4}$ の各中点を結んだ軸の回りに，角度 π（ラジアン）だけ回す変換 g_1 は，頂点の置換として，$\sigma_1 = (1\,2)(3\,4)$ を与える．それに対応する変換行列を求めると，

$$\rho_0'(\sigma_1) = \begin{pmatrix} \frac{1}{3} & 0 & -\frac{2\sqrt{2}}{3} \\ 0 & -1 & 0 \\ -\frac{2\sqrt{2}}{3} & 0 & -\frac{1}{3} \end{pmatrix} \qquad (11.13)$$

である．実際，行列の積の計算によって，

$$\begin{aligned}&\left(\rho_0'(\sigma_1)\right)^2 = E_3 \text{ (3 次単位行列)}; \\ &\rho_0'(\sigma_1)P_1 = P_2, \quad \rho_0'(\sigma_1)P_3 = P_4;\end{aligned} \qquad (11.14)$$

が確かめられる．

問題 **11.2** 行列の計算により，上式を確かめよ．

次に，軸 $\overline{O\,P_1}$ の回りの角度 $\theta_3 = \frac{2\pi}{3}$ の回転 g_2 は，4 頂点の置換として，$\tau_1 = (2\,3\,4)$ を与える．従って，行列 $\rho_0'(\tau_1)$ としては，次が得ら

れる：
$$\rho'_0(\tau_1) = \left(\begin{array}{c|c} u_2(\theta_3) & \begin{array}{c} 0 \\ 0 \end{array} \\ \hline 0 \quad 0 & 1 \end{array} \right) \tag{11.15}$$

ここに，
$$u_2(\theta_3) = \begin{pmatrix} \cos\theta_3 & -\sin\theta_3 \\ \sin\theta_3 & \cos\theta_3 \end{pmatrix} = \begin{pmatrix} -\frac{1}{2} & -\frac{\sqrt{3}}{2} \\ \frac{\sqrt{3}}{2} & \frac{1}{2} \end{pmatrix}. \tag{11.16}$$

定理 11.7 四面体群の自然表現からきた交代群 $\mathcal{A}_4$ の表現 ρ_0 は既約である．

証明 ρ_0 に対応する行列表現 ρ'_0 が既約であることを示せばよい．ρ'_0 は空間 $V = \mathbf{C}^3$ の上の線形表現と思える．V の不変部分空間 $W \neq \{\,\mathbf{0}\,\}$ をとる．$W = V$ であることを示す．

そこで，W の $\mathbf{0}$ でない元 $w = {}^t(w_1, w_2, w_3)$ をとる．ここでは，転置記号を左端に付けて，縦ベクトル w を横長に書いている．

$w_1 = w_2 = 0$ のときは，w の代わりに，$\rho'_0(\sigma_1)w$ をとることにすれば，はじめから，$(w_1, w_2) \neq (0, 0)$ と仮定してよい．このとき，
$$w' = \rho'_0(\tau_1)w - w, \quad w'' = \rho'_0(\tau_1)w' \in W,$$
とおけば，$w' = {}^t(w'_1, w'_2, 0), \quad w'' = {}^t(w''_1, w''_2, 0),$ の形であって，
$$\begin{pmatrix} w'_1 \\ w'_2 \end{pmatrix} = u_2(\theta_3)\begin{pmatrix} w_1 \\ w_2 \end{pmatrix}, \quad \begin{pmatrix} w''_1 \\ w''_2 \end{pmatrix} = u_2(2\,\theta_3)\begin{pmatrix} w_1 \\ w_2 \end{pmatrix}, \tag{11.17}$$

となる．従って，上の2つの $\mathbf{C}^2$ のベクトルは，それぞれ，複素ベクトル ${}^t(w_1, w_2) \in \mathbf{C}^2$ を角度 $\theta_3, 2\,\theta_3$ だけ回転したものである．ゆえに，この2ベクトルは，$\mathbf{C}^2$ で互いに1次独立であり，$\mathbf{C}^2$ を張る．よって，W は，$f^{(1)} = {}^t(1, 0, 0), f^{(2)} = {}^t(0, 1, 0)$ を含む．

$$\rho'_0(\sigma_1)f^{(1)} - \tfrac{1}{3}\,f^{(1)} = -\tfrac{2\sqrt{2}}{3}\,f^{(3)}, \quad f^{(3)} = {}^t(0, 0, 1), \tag{11.18}$$

であるから，$f^{(3)} \in W$ でもある．かくて，$W = V$ が分かった． □

注意 11.1 上の証明よりも，数学的にすっきりとした証明が，シュアー (Shur) の補題を用いて与えられる．しかし，そのための計算には，"行列の固有値" のことなどを知っておく必要がある．

定理 11.8 四面体群 $G(T_4)$ と同型な 4 次対称群 $\mathcal{A}_4$ の既約表現の完全代表系は，表 11.1 のように与えられる：

表 11.1 4 次交代群 $\mathcal{A}_4$ の既約表現

表現の次元	3 次元	1 次元（指標）
$\mathcal{A}_4$ の表現	ρ_0	$\chi_0,\ \chi_1,\ \chi_2$

11.3.4 表現 ρ_0 の別の行列表示

四面体群 $G(T_4)$ の自然表現からきた $\mathcal{A}_4$ の表現 ρ_0 は，正四面体 T_4 の入っている 3 次元ユークリッド空間 E^3 に，上とは異なる座標系を導入すれば，それに対応して別の行列表示 ρ_0'' をもつ．これは，見かけ上は ρ_0' とは違っているが，当然，同値である．すなわち，9.1 節で述べたように，3 次正則行列 Q が存在して，$\rho_0''(\tau) = Q\,\rho_0'(\tau)\,Q^{-1}$ $(\tau \in \mathcal{A}_4)$ となっているわけである．

さて，今回は，正四面体の 4 頂点の座標を次のように与える：

$$P_1 = \begin{pmatrix} 1 \\ 1 \\ 1 \end{pmatrix}, \quad P_2 = \begin{pmatrix} 1 \\ -1 \\ -1 \end{pmatrix}, \quad P_3 = \begin{pmatrix} -1 \\ 1 \\ -1 \end{pmatrix}, \quad P_4 = \begin{pmatrix} -1 \\ -1 \\ 1 \end{pmatrix}.$$
(11.19)

このときは，各稜の長さは，$2\sqrt{2}$ であり，中心である原点 O と各頂点との距離は，$\sqrt{3}$ である．

$\sigma_1 \in \mathcal{A}_4$ に対する行列 $\rho_0''(\sigma_1)$ は，次の関係式から計算できる：$B = \rho_0''(\sigma_1)$ とおくと，

$$B^2 = E_3; \qquad B\,P_1 = P_2, \quad B\,P_3 = P_4.$$

実際に求めてみると，$\rho_0''(\sigma_1) = \mathrm{diag}(1, -1, -1)$ を得る．同様に，行列 $C = \rho_0''(\tau_1)$ は，次の関係式から決まる：

$$C P_1 = P_1, \quad C P_2 = P_3, \quad C P_3 = P_4, \quad C P_4 = P_2.$$

実際に計算すると，

$$\rho_0''(\tau_1) = \begin{pmatrix} 0 & 0 & 1 \\ 1 & 0 & 0 \\ 0 & 1 & 0 \end{pmatrix}. \tag{11.20}$$

これは，4.1.3 項において得られていた四面体群の 3 次元の行列表現と一致する．かくて，同じ行列表現が全く別のやり方で得られたのである．

11.4　六面体群（八面体群）のすべての既約表現

先に示したように，これらの多面体群は，4 次対称群 $\mathcal{S}_4$ に自然に同型である．そこで，$\mathcal{S}_4$ の表現を考える．

11.4.1　4 次対称群 $\mathcal{S}_4$ の共役類

有限群 G の既約表現の同値類の個数 $|\widehat{G}|$ は，共役類の個数 $c(G)$ に等しいが，群 $G = \mathcal{S}_4$ の場合は，ヤング図形の個数に等しく，それは，図 11.1 から分かるように，5 である．

そのうち，1 次元表現が 2 個ある．そして，

$$|\mathcal{S}_4| = 24 = 1^2 + 1^2 + 2^2 + 3^2 + 3^2,$$

となっている．そこで，定理 9.1 から見ると，作業仮説として，2 次元の既約表現 1 個，3 次元の既約表現 2 個を見つけることを目標にするのがよかろう．

11.4.2　3 次元の既約表現

我々は既に 4.2.3 項において，六面体群 $G(T_6) \cong \mathcal{S}_4$ の自然表現として，$\mathcal{S}_4$ の 3 次元表現 ρ を知っている．これを，上の同型対応を通して，$\mathcal{S}_4$ の表現と見るとき ρ_0 と書く．

この ρ_0 から出発して次の3次元表現を定義する：

$$\rho_1(\sigma) = \mathrm{sgn}(\sigma) \cdot \rho_0(\sigma) \quad (\sigma \in \mathcal{S}_4). \tag{11.21}$$

定理 11.9 4次対称群 $\mathcal{S}_4$ の線形表現 ρ_0, ρ_1 は既約であり，互いに同値ではない．

証明　自然表現 ρ の 4.2.3 項における表現の行列表示 ρ' を用いる．

既約性：

群 $\mathcal{S}_4$ は，2元 $s_1 = (1\ 2), \tau = (1\ 2\ 3\ 4)$ により生成される．従って，既約性の証明には，次の2つの行列

$$\rho'(s_1) = \begin{pmatrix} 0 & 1 & 0 \\ 1 & 0 & 0 \\ 0 & 0 & -1 \end{pmatrix}, \quad \rho'(\tau) = \begin{pmatrix} 1 & 0 & 0 \\ 0 & 0 & -1 \\ 0 & 1 & 0 \end{pmatrix}, \tag{11.22}$$

（およびその積）によって不変な $V = \mathbf{C}^3$ の部分空間 $W \neq \{\,\mathbf{0}\,\}$ が，必ず V と一致することを示せばよい．定理 11.7 の証明とほぼ同様に進行する．

まず，$w = {}^t(w_1, w_2, w_3) \in W, \neq \mathbf{0},$ をとる．すると，$\rho'(s_1)w, \rho'(\tau)w,$ $\rho'(\tau^2)w, \rho'(\tau^3)w,$ はそれぞれ次のように与えられる：

$$\begin{pmatrix} w_2 \\ w_1 \\ -w_3 \end{pmatrix}, \quad \begin{pmatrix} w_1 \\ -w_3 \\ w_2 \end{pmatrix}, \quad \begin{pmatrix} w_1 \\ -w_2 \\ -w_3 \end{pmatrix}, \quad \begin{pmatrix} w_1 \\ w_3 \\ -w_2 \end{pmatrix}. \tag{11.23}$$

従って，$w + \rho'(\tau^2)w = 2w_1 f^{(1)} \in W$．さらに，$w' = \rho'(s_1)w, w'' = \rho'(s_1\tau)w,$ とおくと，

$$w' + \rho'(\tau^2)w' = 2w_2 f^{(1)}, \quad w'' + \rho'(\tau^2)w'' = -2w_3 f^{(1)},$$

も，W の元である．よって，基底ベクトル $f^{(1)}$ は W に入る．この後は，$f^{(2)}, f^{(3)} \in W$ も示されるが，詳細は読者に任せる．

非同値性：

表現 ρ_1 に対応する行列表現は，$\rho''(\kappa) := \mathrm{sgn}(\kappa)\,\rho'(\kappa)$ $(\kappa \in \mathcal{S}_4)$ で与えられる．従って，非同値性を見るには，3 次の複素正則行列 Q で，

$$\rho'(\kappa) \circ Q = Q \circ \rho''(\kappa) \ (\kappa \in \mathcal{S}_4) \tag{11.24}$$

を満たすものは，零行列に限ることを示せばよい．まず，$\kappa = \tau$ を代入してみれば，$\mathrm{sgn}(\tau) = -1$ に注意すれば，$Q = (q_{ij})_{i,j=1}^{3}$ に対する条件として，

$$(\text{左辺} =) \begin{pmatrix} q_{11} & q_{12} & q_{13} \\ -q_{31} & -q_{32} & -q_{33} \\ q_{21} & q_{22} & q_{23} \end{pmatrix} = - \begin{pmatrix} q_{11} & q_{13} & -q_{12} \\ q_{21} & q_{23} & -q_{22} \\ q_{31} & q_{33} & -q_{32} \end{pmatrix} (= \text{右辺}).$$

を得る．これから，まず，

$$q_{11} = -q_{11};\ q_{12} = -q_{13},\ q_{13} = q_{12};\ q_{31} = q_{21},\ q_{21} = -q_{31},$$

を得て，$q_{ij} = 0$ $(\min\{i,j\} \le 1)$ となる．さらに，$q_{32} = q_{23}, -q_{33} = q_{22},$ を得る．

ここで，上の Q に対する方程式で，$\kappa = s_1$ とおき，$\mathrm{sgn}(s_1) = -1$ を用いて計算すれば，最終的に，残りの q_{ij} も 0 になることが分かる．□

11.4.3　2 次元の既約表現

ここでは，4.2.2 項で得られた準同型射像 $\psi: G(T_6) \to \mathcal{S}_3$ を用いる．より正確には，同型 $\phi: G(T_6) \to \mathcal{S}_4$ を介しての準同型 $\Phi := \psi \circ \phi^{-1}: \mathcal{S}_4 \to \mathcal{S}_3$ を用いる．核は，

$$\Phi^{-1}(\{\mathbf{1}\}) = H_4 = \{\mathbf{1}, (1\,2)(3\,4), (1\,3)(2\,4), (1\,4)(2\,3)\} \tag{11.25}$$

であるから，Φ による像を決めると，互換 $s_{ij} = (i\,j)$ に対して，

$$\Phi(s_{12}) = s_{12},\ \Phi(s_{23}) = s_{23},\ \Phi(s_{34}) = s_{12},\ \Phi(s_{14}) = s_{23}. \tag{11.26}$$

他方，3 次対称群 $\mathcal{S}_3$ は可解群であるが，その 2 次元表現は，次のように求められる．独立変数 X_1, X_2, X_3 の複素係数の同次 1 次式の全体を

V_3 と書くと，この 3 次元空間の上に，3.7 節と同様に，群 $\mathcal{S}_3$ がはたらく．このとき，不変多項式 $\Sigma_1 = X_1 + X_2 + X_3$ は，1 次元の不変部分空間 $V_1 := \mathbf{C}\,\Sigma_1$ を張る．この V_1 の補空間のうちで，$\mathcal{S}_3$-不変なもの V_2 をとれば，それが $\mathcal{S}_3$ の 2 次元表現を与える．これと，準同型 Φ とをつないで得られる $\mathcal{S}_4$ の 2 次元表現を ρ_2 と書く．

V_2 を，天下り式に与えれば，
$$V_2 := \{\, a_1 X_1 + a_2 X_2 + a_3 X_3 \,;\, a_1 + a_2 + a_3 = 0 \,\} \tag{11.27}$$
が求めるものである．V_2 の基底として，
$$e_1 = {}^t(\tfrac{\sqrt{2}}{\sqrt{3}}, -\tfrac{1}{\sqrt{6}}, -\tfrac{1}{\sqrt{6}}), \quad e_2 = {}^t(0, \tfrac{1}{\sqrt{2}}, -\tfrac{1}{\sqrt{2}}),$$
がとれる．すると，s_{12} の V_3 上の作用により，
$$e_1 \longrightarrow \begin{pmatrix} -\tfrac{1}{\sqrt{6}} \\ \tfrac{\sqrt{2}}{\sqrt{3}} \\ -\tfrac{1}{\sqrt{6}} \end{pmatrix} = -\tfrac{1}{2}\, e_1 + \tfrac{\sqrt{3}}{2}\, e_2,$$
$$e_2 \longrightarrow \begin{pmatrix} \tfrac{1}{\sqrt{2}} \\ 0 \\ -\tfrac{1}{\sqrt{2}} \end{pmatrix} = \tfrac{\sqrt{3}}{2}\, e_1 + \tfrac{1}{2}\, e_2.$$

また，s_{23} に対する計算も同様にできる．

そこで，群 $\mathcal{S}_4$ の 2 次元表現 ρ_2 を基底 $\{\,e_1, e_2\,\}$ に関する行列で具体的に書くと，
$$\begin{aligned}\rho_2(s_{12}) &= \rho_2(s_{34}) = \begin{pmatrix} -\tfrac{1}{2} & \tfrac{\sqrt{3}}{2} \\ \tfrac{\sqrt{3}}{2} & \tfrac{1}{2} \end{pmatrix}, \\ \rho_2(s_{23}) &= \rho_2(s_{14}) = \begin{pmatrix} 1 & 0 \\ 0 & -1 \end{pmatrix}.\end{aligned} \tag{11.28}$$

11.4.4　4 次対称群のすべての既約表現

ここまでの結果をまとめると次の定理を得る．

表 11.2 4 次対称群 $\mathcal{S}_4$ の既約表現

表現の次元	3 次元	2 次元	1 次元（指標）
$\mathcal{S}_4$ の表現	ρ_0, ρ_1	ρ_2	$\mathbf{1}$, sgn

定理 11.10　　4 次対称群 $\mathcal{S}_4$ の既約表現の同値類は，5 個あって，それらの完全代表元系は，表 11.2 のように与えられる．

注意 11.2　　ここでは，V_2 に正規直交基底 $\{e_1, e_2\}$ をとったので，それに関する行列表示（11.28）には直交行列が現れている．

他方，3.7 節で，V_2 にとった基底 $\{p_1, p_2\}$ はベクトルの長さは等しいが互いに直交していない．それ故，そこで得られた行列表示 $\pi'(s_j), j = 1, 2$，は直交行列ではない．さらに，問題 3.5 でとった正規直交基底 $\{q_1, q_2\}$ は，$\{e_1, e_2\}$ とは異なっているので，行列表示（3.8）は上の（11.28）とは少し異なっている．

12
多面体群の表現と置換群の表現（２）

　この章では，四面体群，六面体群（$\cong$ 八面体群）に引き続いて，いよいよ一番複雑な十二面体群（$\cong$ 二十面体群）の表現を調べよう．これによって，有限群の表現論の実地研修を，一応修了することとする．

　同時に，古代ギリシャのピタゴラス学派から，近世の天文学者ケプラーに至るまで，哲学的かつ神秘的意味合いをもっていた正多面体について，その対称性が数学的に解明されたことになる．

12.1　発想の転換

　十二面体群 $G(T_{12})$ は，5次交代群 $\mathcal{A}_5$ と同型であるので，この群の既約表現をすべて求めてみよう．そのためには，まず，5次対称群 $\mathcal{S}_5$ の既約表現を調べるのがよい．その理由は，いろいろある．

　（１）5次ともなると，今までの4次などの場合と違って，事態は複雑になり，手当たり次第にやっていたのでは，すべての既約表現を，見つけてくるのが難しくなる．また，群 $\mathcal{A}_5$ では，それを十二面体の‘運動群’とだけ捉えていては，発想が拡がらない．そこで，考え方を変えて，同型な群をすべてまとめた抽象的な（母型としての）群が1つあって，その作用の群としての現れ方が具体的な群としていろいろある，と考えることにする（閑話休題 12 参照）．目下の我々の場合には，その抽象的な群を $\mathcal{A}_5$ や $\mathcal{S}_5$ によって代表させることにする．

　そう考えを決めてみると，n 次対称群 $\mathcal{S}_n$ とその位数 2 の正規部分群である n 次交代群 $\mathcal{A}_n$ については，数多くの数学者が研究を積み重ねてきており，このように蓄積されてきている結果をありがたく使わせても

らうのがよろしかろう．

（2） n 次対称群 $\mathcal{S}_n$ は，構造がすっきりしている，すなわち，適当な生成元系と基本関係式がある．それによって，既約表現も具体的に行列として実現するやり方が，いろいろ提供されている．例えば，生成元に対する表現行列を，（イ）直交行列にとるやり方，（ロ）直交行列ではないが，できるだけ簡単な行列（行列要素が，0, ±1 だけとか）にとるやり方，など．

注意 12.1 n 次対称群 $\mathcal{S}_n$ の表現は，現在でも研究が続いているほど，奥が深い．

（3） n 次交代群 $\mathcal{A}_n$ は，$\mathcal{S}_n$ の位数 2 の正規部分群であり，$\mathcal{S}_n = \mathcal{A}_n \sqcup \mathcal{A}_n s_1, s_1 = s_{12} = (1\ 2)$．そこで，$\mathcal{S}_n$ の既約表現をとってきて，それを部分群 $\mathcal{A}_n$ に制限したときに，どうなるかを見れば，$\mathcal{A}_n$ の既約表現のことが分かる．

さて，我々は，いま，$n = 5$ の場合にいるわけだが，既にこのときに，($n = $ 一般のときの）いろいろの現象が現れてきている．従って，$n = 5$ の場合に，ある程度詳しく述べることは，n が一般のときの，長年かかって蓄積されてきた研究結果を垣間みるのに，誠に都合がよい．

12.2　n 次対称群の既約表現と n 次交代群の既約表現

自然数 n の分割 Y によって，Y に対応するヤング図形をも表すことにする．ヤング図形 Y を，左上隅を通る対角線で折り返すと，またヤング図形になる．これをもとのものの転置といい，${}^t Y$ と書くことにする．すると，${}^t Y = Y$ となることもある．実際，$n = 5$ のときは，図 12.1 から分かるように，$Y = (3, 1, 1)$ では，${}^t Y = Y$ となる．

$n \geq 4$ とする．n の分割に対応する各ヤング図形 Y に対して，$\mathcal{S}_n$ の既約表現を1つ与える標準的なやり方が与えられている．それを，R_Y と書く．R_Y の与え方も前述のように何種類かがあるが，ここでは，章末に掲げてある専門書 [JK] にあるものを用いる．

詳しく深入りする余裕はないが，次の同値関係があることを注意して

おこう：

$$R_{{}^tY}(\kappa) \cong \operatorname{sgn}(\kappa)\, R_Y(\kappa) \quad (\kappa \in \mathcal{S}_n),$$
$$\text{すなわち,} \quad R_{{}^tY} \cong \operatorname{sgn} \otimes R_Y. \tag{12.1}$$

我々は，次の定理を（$n = 5$ のときに）使って，対称群 $\mathcal{S}_5$ の既約表現に関する結果から，交代群 $\mathcal{A}_5$ の既約表現をすべて求める．

定理 12.1 $n \geq 4$ とする．ヤング図形 Y に対応する $\mathcal{S}_n$ の既約表現 R_Y を部分群 $\mathcal{A}_n$ に制限すると次のようになる．

（ⅰ）${}^tY \neq Y$ のとき： 制限 $R_Y|_{\mathcal{A}_n}$ および $R_{{}^tY}|_{\mathcal{A}_n}$ は，n 次交代群 $\mathcal{A}_n$ の同値な既約表現（R'_Y と書く）を与える．

（ⅱ）${}^tY = Y$ のとき： 制限 $R_Y|_{\mathcal{A}_n}$ は，n 次交代群 $\mathcal{A}_n$ の，互いに同値でない 2 つの既約表現 R'_Y, R''_Y の直和に分解される．

さらに，$\mathcal{A}_n$ の外部自己同型 $\iota(s_1): \mathcal{A}_n \ni \kappa \to s_1 \kappa s_1^{-1} \in \mathcal{A}_n$ によって，両者は次のように関係付けられている（ι はギリシャ小文字 イオタ）：

$$R''_Y(\kappa) \cong R'_Y(\iota(s_1)(\kappa)) \qquad (\kappa \in \mathcal{A}_n). \tag{12.2}$$

（ⅲ）上に得られた $\mathcal{A}_n$ の既約表現たちは，互いに同値ではない．そして，既約表現の同値類の完全代表系を与える． □

12.3　5 次対称群の共役類，ヤング図形，既約表現

対称群 $\mathcal{S}_5$ の共役類は，自然数 $n = 5$ の分割，もしくは，それに対応するヤング図形で記述される．まず，分割は，7 個ある：

$$(5),\ (4,1),\ (3,2),\ (3,1,1),\ (2,2,1),\ (2,1,1,1),\ (1,1,1,1,1). \tag{12.3}$$

これに対応するヤング図形は，図 12.1 に示してある．

この図から分かるように，$Y_3 = (3,1,1)$ では，${}^tY_3 = Y_3$ となるので，対 $\{Y, {}^tY\}$ はちょうど 4 個あると思える．

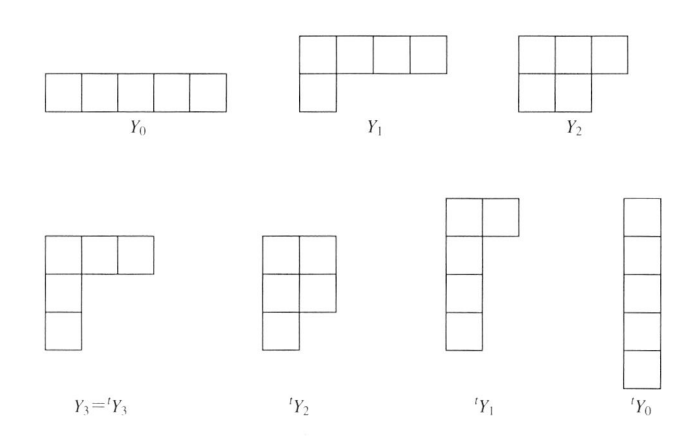

図 12.1 次数 5 のヤング図形

ヤング図形に対応する既約表現

上に与えた R_Y と $R_{{}^tY}$ との間の簡単な同値関係

$$R_{{}^tY}(\kappa) \cong \mathrm{sgn}(\kappa)\, R_Y(\kappa) \quad (\kappa \in \mathcal{S}_5). \tag{12.4}$$

を勘案すると，5次交代群 $\mathcal{A}_5$ の既約表現を得ることを目標とする我々が，詳しく行列表示を調べるべき $\mathcal{S}_5$ の既約表現の個数は，4個である．そして，分割 Y としては，上掲の7個の中のはじめの4個をとればよい．

各ヤング図形 Y に対して，対応する表現 R_Y の次元を計算する公式がある（例えば章末の文献 [岩堀, 第3章] 参照）．これを利用して計算した結果が表 12.1 である．

表 12.1　5次対称群 $\mathcal{S}_5$ の既約表現の次元

表現の次元	1次元（指標）	4次元	5次元	6次元
$\mathcal{S}_5$ の表現	$R_{Y_0} = \mathbf{1}$, $R_{{}^tY_0} = \mathrm{sgn}$	$R_{Y_1}, R_{{}^tY_1}$	$R_{Y_2}, R_{{}^tY_2}$	R_{Y_3}

これを，定理 9.1 で検証してみると，

$$|\mathcal{S}_5| = 120 = 1^2 + 1^2 + 2\cdot 4^2 + 2\cdot 5^2 + 6^2,$$

となって，ＯＫである．

12.4 5次対称群の既約表現の行列表示

ヤング図形 Y に対応する既約表現 R_Y の直交行列による行列表示の計算結果を（天下り式で申しわけないが），ここで一挙に与えよう．

計算法は，ヤング図形 Y の升目に，1〜5 の数字を適当に入れたものを Young tableau（ヤングタブロー）というが，それらをいろいろ取り扱って，初等的に計算するもので，文献 [JK] に与えられている．

$\mathcal{S}_n$ の勝手な元 κ に対して，$R_Y(\kappa)$ の行列表示を与えるのは，複雑であってほとんど不可能である．従って，群 $\mathcal{S}_n$ の適当な生成元系の各元 κ に対して計算する．そのために，先に用意してある定理 11.4（標準的生成元系とその基本関係式）を援用する．

$n = 5$ のときには，この定理により，互換 $s_1 = (1\,2)$, $s_2 = (2\,3)$, $s_3 = (3\,4)$, $s_4 = (4\,5)$, に対して，$R_Y(s_j)$ の行列表示を与えればよい．

4 次元既約表現

このときは，ヤング図形として，Y_1 をとる．まず，s_1 に対しては，

$$R_{Y_1}(s_1) = \mathrm{diag}(1,1,1,-1), \tag{12.5}$$

であり，$R_{Y_1}(s_j)$, $j = 2, 3, 4$, は，この順番で，次のように与えられる：

$$\begin{pmatrix} 1 & 0 & 0 & 0 \\ 0 & 1 & 0 & 0 \\ 0 & 0 & -\frac{1}{2} & \frac{\sqrt{3}}{2} \\ 0 & 0 & \frac{\sqrt{3}}{2} & \frac{1}{2} \end{pmatrix}, \begin{pmatrix} 1 & 0 & 0 & 0 \\ 0 & -\frac{1}{3} & \frac{\sqrt{8}}{3} & 0 \\ 0 & \frac{\sqrt{8}}{3} & \frac{1}{3} & 0 \\ 0 & 0 & 0 & 1 \end{pmatrix}, \begin{pmatrix} -\frac{1}{4} & \frac{\sqrt{15}}{4} & 0 & 0 \\ \frac{\sqrt{15}}{4} & \frac{1}{4} & 0 & 0 \\ 0 & 0 & 1 & 0 \\ 0 & 0 & 0 & 1 \end{pmatrix}. \tag{12.6}$$

問題 12.1　上に与えた，行列 $R_{Y_1}(s_j)$ たちが，定理 11.4 の基本関係式 (11.6)〜(11.8) を表現していることを示せ．すなわち，

$\left(R_{Y_1}(s_i)\right)^2 = R_{Y_1}(\mathbf{1}) = E_4$（4 次の単位行列），

$R_{Y_1}(s_i)\, R_{Y_1}(s_{i+1})\, R_{Y_1}(s_i) = R_{Y_1}(s_{i+1})\, R_{Y_1}(s_i)\, R_{Y_1}(s_{i+1})$, など．

これらが示されれば，上の行列によって実際に群の線形表現が与えられていることが検証されたことになる．

5 次元既約表現

この場合のヤング図形は，Y_2 である．上と同様に計算結果を書き下せば，次になる．まず，

$$R_{Y_2}(s_1) = \mathrm{diag}(1,1,1,-1,-1), \tag{12.7}$$

であり，$R_{Y_2}(s_j)$, $j = 2, 3, 4$, は，この順番で，

$$\begin{pmatrix} 1 & 0 & 0 & 0 & 0 \\ 0 & -\frac{1}{2} & 0 & \frac{\sqrt{3}}{2} & 0 \\ 0 & 0 & -\frac{1}{2} & 0 & \frac{\sqrt{3}}{2} \\ 0 & \frac{\sqrt{3}}{2} & 0 & \frac{1}{2} & 0 \\ 0 & 0 & \frac{\sqrt{3}}{2} & 0 & \frac{1}{2} \end{pmatrix}, \begin{pmatrix} -\frac{1}{3} & \frac{\sqrt{8}}{3} & 0 & 0 & 0 \\ \frac{\sqrt{8}}{3} & \frac{1}{3} & 0 & 0 & 0 \\ 0 & 0 & 1 & 0 & 0 \\ 0 & 0 & 0 & 1 & 0 \\ 0 & 0 & 0 & 0 & -1 \end{pmatrix},$$

$$\begin{pmatrix} 1 & 0 & 0 & 0 & 0 \\ 0 & -\frac{1}{2} & \frac{\sqrt{3}}{2} & 0 & 0 \\ 0 & \frac{\sqrt{3}}{2} & \frac{1}{2} & 0 & 0 \\ 0 & 0 & 0 & -\frac{1}{2} & \frac{\sqrt{3}}{2} \\ 0 & 0 & 0 & \frac{\sqrt{3}}{2} & \frac{1}{2} \end{pmatrix}.$$

6 次元既約表現

この場合のヤング図形は，Y_3 である．計算結果を書き下せば，次になる：

$$R_{Y_3}(s_1) = \mathrm{diag}(1,1,1,-1,-1,-1), \tag{12.8}$$

$$R_{Y_3}(s_2) = \begin{pmatrix} 1 & 0 & 0 & 0 & 0 & 0 \\ 0 & -\frac{1}{2} & 0 & \frac{\sqrt{3}}{2} & 0 & 0 \\ 0 & 0 & -\frac{1}{2} & 0 & \frac{\sqrt{3}}{2} & 0 \\ 0 & \frac{\sqrt{3}}{2} & 0 & \frac{1}{2} & 0 & 0 \\ 0 & 0 & \frac{\sqrt{3}}{2} & 0 & \frac{1}{2} & 0 \\ 0 & 0 & 0 & 0 & 0 & -1 \end{pmatrix},$$

$$R_{Y_3}(s_3) = \begin{pmatrix} -\frac{1}{3} & \frac{\sqrt{8}}{3} & 0 & 0 & 0 & 0 \\ \frac{\sqrt{8}}{3} & \frac{1}{3} & 0 & 0 & 0 & 0 \\ 0 & 0 & -1 & 0 & 0 & 0 \\ 0 & 0 & 0 & 1 & 0 & 0 \\ 0 & 0 & 0 & 0 & -\frac{1}{3} & \frac{\sqrt{8}}{3} \\ 0 & 0 & 0 & 0 & \frac{\sqrt{8}}{3} & \frac{1}{3} \end{pmatrix},$$

$$R_{Y_3}(s_4) = \begin{pmatrix} -1 & 0 & 0 & 0 & 0 & 0 \\ 0 & -\frac{1}{4} & \frac{\sqrt{15}}{4} & 0 & 0 & 0 \\ 0 & \frac{\sqrt{15}}{4} & \frac{1}{4} & 0 & 0 & 0 \\ 0 & 0 & 0 & -\frac{1}{4} & \frac{\sqrt{15}}{4} & 0 \\ 0 & 0 & 0 & \frac{\sqrt{15}}{4} & \frac{1}{4} & 0 \\ 0 & 0 & 0 & 0 & 0 & 1 \end{pmatrix}.$$

問題 12.2　　$k > 1$ とする．2×2 型行列

$$\begin{pmatrix} -\frac{1}{k} & \frac{\sqrt{k^2-1}}{k} \\ \frac{\sqrt{k^2-1}}{k} & \frac{1}{k} \end{pmatrix} \tag{12.9}$$

は，自然な仕方で2次元ユークリッド空間 E^2 の上の変換を与える．それは，原点を通るある直線に関する鏡映（折り返し）変換であることを証明せよ．

（これにより，上で与えられた4次，5次，6次の $R_Y(s_j), j = 1, 2, 3, 4,$ が基本関係式 (11.6) に対応する関係式 $R_Y(s_j)^2 = I$ を，満たすことも分かる．）

問題 12.3　　$Y = Y_2, Y_3$ に対して，上で与えられた表現作用素たち $R_Y(s_j)$, $j = 1, 2, 3, 4,$ が，基本関係式 (11.7), (11.8) に対応する関係式を満たすことを，それぞれの場合に証明せよ．

12.5　5次交代群の既約表現

定理12.1を応用して，5次交代群 $\mathcal{A}_5$ の既約表現の完全系を得よう．

群の生成元系

まず，群 $\mathcal{A}_5$ の生成元系として，$\{ s_1s_2,\ s_1s_3,\ s_1s_4 \}$，がとれる．従って，表現作用素としては，これらの3元に対応するものを与えれば，表現は確定する．

ヤング図形 Y_1, Y_2 に対応する既約表現

4次元既約表現 R'_{Y_1}, 5次元既約表現 R'_{Y_2} を, 与えるには, 単に, それぞれ $\ell = 1, 2,$ のときに, 行列の積 $R_{Y_\ell}(s_1 s_j) = R_{Y_\ell}(s_1) \, R_{Y_\ell}(s_j), j = 2, 3, 4,$ を求めればよい. これらの場合は, 1つの行列 $R_{Y_\ell}(s_1)$ が対角型であるから, 計算は簡単である.

例えば, R_{Y_1} に対しては, $R'_{Y_1}(s_1 s_j), j = 2, 3, 4,$ は, この順番で, 次のように与えられる:

$$\begin{pmatrix} 1 & 0 & 0 & 0 \\ 0 & 1 & 0 & 0 \\ 0 & 0 & -\frac{1}{2} & \frac{\sqrt{3}}{2} \\ 0 & 0 & -\frac{\sqrt{3}}{2} & -\frac{1}{2} \end{pmatrix}, \begin{pmatrix} 1 & 0 & 0 & 0 \\ 0 & -\frac{1}{3} & \frac{\sqrt{8}}{3} & 0 \\ 0 & \frac{\sqrt{8}}{3} & \frac{1}{3} & 0 \\ 0 & 0 & 0 & -1 \end{pmatrix},$$
$$\begin{pmatrix} -\frac{1}{4} & \frac{\sqrt{15}}{4} & 0 & 0 \\ \frac{\sqrt{15}}{4} & \frac{1}{4} & 0 & 0 \\ 0 & 0 & 1 & 0 \\ 0 & 0 & 0 & -1 \end{pmatrix}. \tag{12.10}$$

ヤング図形 Y_3 に対する2つの既約表現

$Y_3 = {}^t Y_3$ なので, この場合は, $\mathcal{S}_5$ の6次元既約表現 R_{Y_3} は, 5次交代群 $\mathcal{A}_5$ の3次元既約表現2つ R'_{Y_3}, R''_{Y_3} に分解される.

他方, 十二面体群 $G(T_{12}) \cong \mathcal{A}_5$ の自然表現は, 既約であることは, 見やすい. この表現を, $G(T_{12})$ と $\mathcal{A}_5$ との標準的な同型を通して, $\mathcal{A}_5$ の表現と見たものを ρ_0 と書く. ρ_0 は, 3次元既約表現なので, R'_{Y_3}, R''_{Y_3} のいずれかに同値である. そして, $\rho_1(\kappa) := \rho_0(\iota(s_1)(\kappa))$ $(\kappa \in \mathcal{A}_5)$, によって定義される表現 ρ_1 は, 残りの方に同値である.

5次交代群 $\mathcal{A}_5$ の既約表現

以上より, 5次交代群の既約表現に関する表 12.2 を得る.

この表をもとにして, 定理 9.1 の等式を検算してみると, 次のようにOKである:

$$|\mathcal{A}_5| = 60 = 1^2 + 2 \times 3^2 + 4^2 + 5^2.$$

表 12.2　5次交代群 $\mathcal{S}_5$ の既約表現の次元

表現の次元	1次元（指標）	3 次 元	4 次 元	5 次 元
$\mathcal{A}_5$ の表現	$R'_{Y_0} = 1$	$R'_{Y_3}, R''_{Y_3} (\cong \rho_0, \rho_1)$	R'_{Y_1}	R'_{Y_2}

問題 12.4　5次交代群 $\mathcal{A}_5$ の共役類は，5個あるが，それらの完全代表系を与えよ．

ヒント：　例えば次がそうである：

$$\{\, 1,\ (1\ 2)(3\ 4),\ (1\ 2\ 3),\ (1\ 2\ 3\ 4\ 5),\ (2\ 1\ 3\ 4\ 5)\,\}.$$

12.6　6次元表現 $R_{Y_3}|_{\mathcal{A}_5}$ の相関作用素と既約分解

さて，$\mathcal{S}_5$ の表現 R_{Y_3} を部分群 $\mathcal{A}_5$ に制限したとき，2つの R'_{Y_3}, R''_{Y_3} に分解する様子を詳しく見ることによって，それぞれに対する表現行列を具体的に計算できる．

我々は，その粗筋を示すにとどめる．省略されている行間を実際に埋めていくのは，それほどたやすくはないが，またそれほど難しくもない．（計算には試行錯誤がつきものであり，忍耐が必要である．ここに示す計算も，著者自身が何回かの試行錯誤の後に到達したものであることを自状しておこう．）行列の計算に習熟したい人にとっては，とてもよい演習問題であるので，是非試みられたい．

12.6.1　表現行列 $R_{Y_3}(s_1 s_j)$ と相関作用素の決定

まず，$A_j := R_{Y_3}(s_1 s_j),\ j = 2, 3, 4,$ の行列表示は，この順番で，

$$A_2 = \begin{pmatrix} 1 & 0 & 0 & 0 & 0 & 0 \\ 0 & -\frac{1}{2} & 0 & \frac{\sqrt{3}}{2} & 0 & 0 \\ 0 & 0 & -\frac{1}{2} & 0 & \frac{\sqrt{3}}{2} & 0 \\ 0 & -\frac{\sqrt{3}}{2} & 0 & -\frac{1}{2} & 0 & 0 \\ 0 & 0 & -\frac{\sqrt{3}}{2} & 0 & -\frac{1}{2} & 0 \\ 0 & 0 & 0 & 0 & 0 & 1 \end{pmatrix},$$

$$A_3 = \begin{pmatrix} -\frac{1}{3} & \frac{\sqrt{8}}{3} & 0 & 0 & 0 & 0 \\ \frac{\sqrt{8}}{3} & \frac{1}{3} & 0 & 0 & 0 & 0 \\ 0 & 0 & -1 & 0 & 0 & 0 \\ 0 & 0 & 0 & -1 & 0 & 0 \\ 0 & 0 & 0 & 0 & \frac{1}{3} & -\frac{\sqrt{8}}{3} \\ 0 & 0 & 0 & 0 & -\frac{\sqrt{8}}{3} & -\frac{1}{3} \end{pmatrix},$$

$$A_4 = \begin{pmatrix} -1 & 0 & 0 & 0 & 0 & 0 \\ 0 & -\frac{1}{4} & \frac{\sqrt{15}}{4} & 0 & 0 & 0 \\ 0 & \frac{\sqrt{15}}{4} & \frac{1}{4} & 0 & 0 & 0 \\ 0 & 0 & 0 & \frac{1}{4} & -\frac{\sqrt{15}}{4} & 0 \\ 0 & 0 & 0 & -\frac{\sqrt{15}}{4} & -\frac{1}{4} & 0 \\ 0 & 0 & 0 & 0 & 0 & -1 \end{pmatrix}.$$

表現 R_{Y_3} の表現空間を V とする．R_{Y_3} の部分表現を求めるには，V 上の線形作用素で表現作用素たちと可換なもの（すなわち，R_{Y_3} と自分自身との間の相関作用素）を求めればよい．その作用素に対する 6×6 型行列を S とすると，方程式

$$S\,A_j = A_j\,S \quad (j=2,3,4),$$

を解けばよい．そのために，まず，4 つの 2×2 型行列を使って，補題を与えておこう：

$$w = \begin{pmatrix} -\frac{1}{2} & \frac{\sqrt{3}}{2} \\ -\frac{\sqrt{3}}{2} & -\frac{1}{2} \end{pmatrix}, \quad w' = \begin{pmatrix} -\frac{1}{4} & \frac{\sqrt{15}}{4} \\ \frac{\sqrt{15}}{4} & \frac{1}{4} \end{pmatrix},$$

$$u = \begin{pmatrix} \frac{\sqrt{3}}{\sqrt{8}} & \frac{\sqrt{5}}{\sqrt{8}} \\ -\frac{\sqrt{5}}{\sqrt{8}} & \frac{\sqrt{3}}{\sqrt{8}} \end{pmatrix}, \quad w'' = \begin{pmatrix} 1 & 0 \\ 0 & -1 \end{pmatrix}.$$

補題 12.2

（ⅰ）2×2 型行列 $x=(x_{ij})_{i,j=1,2}$ が，$w\,x = x\,w$ を満たせば，$x_{11}=x_{22},\ x_{12}=-x_{21}$ である．

（ⅱ）行列 w' は，対角行列 w'' に，次のように共役である： $u\,w'\,u^{-1} = w''$.

（ⅲ）2×2 型行列 y をとる．$w''\,y = y\,w''$，とすれば，y は対角型行列である．また，$w''\,y = -y\,w''$，とすれば，y は逆対角型である（すなわち，$y_{11} = y_{22} = 0$）．

問題 12.5 上の補題の主張（ⅰ），（ⅱ），（ⅲ）の証明を与えよ．

この補題を使って，このあと示す粗筋に沿って計算していけば，以下の定理 12.3 に示すようにすべての相関作用素が求められる．

[第1段]（関係式 $S\,A_2 = A_2\,S$） この関係式から，S は，$1+4+1(=6)$ のブロック型に書くと，

$$S = \begin{pmatrix} a & \mathbf{0}_{1,4} & b \\ \mathbf{0}_{4,1} & S' & \mathbf{0}_{4,1} \\ c & \mathbf{0}_{1,4} & d \end{pmatrix}, \quad a,b,c,d \in \mathbf{C}, \quad (12.11)$$

の形になることが分かる．ここに，$\mathbf{0}_{k,\ell}$ は，k 行 ℓ 列の零行列を表し，S' は，4×4 型行列である．この結果は，直接計算によっても出てくる．あるいは，2×2 型行列 w が 2 次元空間での角度 $4\pi/3$ の回転を表すことを用いて，幾何学的にも説明できる．さらに，"正方行列の固有値" を知っていれば，行列 w の固有値が $\omega = \frac{1}{2} + \frac{\sqrt{3}}{2}i$，$\omega^2 = \omega^{-1}$ であることからも分かる．

さらに，S' を $2+2(=4)$ 型のブロック型に書けば，次の形になることが，補題 12.2(ⅰ) から分かる：

$$S' = \begin{pmatrix} \alpha & \beta \\ -\beta & \alpha \end{pmatrix}, \quad \text{ここに，} \alpha,\beta \text{ は } 2 \times 2 \text{ 型行列．} \quad (12.12)$$

[第2段]（関係式 $S\,A_4 = A_4\,S$） この場合には，補題 12.2(ⅱ),(ⅲ) を用いる．そこで，$1+2+2+1$ 型のブロック型対角行列 $Q =$

$\mathrm{diag}(1, u, u, 1)$ による（6次元空間の）座標変換を考える．すると，

$$S^Q := Q\,S\,Q^{-1} = \begin{pmatrix} a & \mathbf{0}_{1,4} & b \\ \mathbf{0}_{4,1} & S'' & \mathbf{0}_{4,1} \\ c & \mathbf{0}_{1,4} & d \end{pmatrix}, \quad S'' = \begin{pmatrix} \alpha' & \beta' \\ -\beta' & \alpha' \end{pmatrix}, \tag{12.13}$$

ここに，$\alpha' = u\alpha u^{-1}, \beta' = u\beta u^{-1}$.

さらに，S が A_j と可換であることは，S^Q が $A_j{}^Q := Q\,A_j\,Q^{-1}$ と可換であることと，同値である．他方，$A_4{}^Q = \mathrm{diag}(-1, w'', -w'', -1)$ であるから，可換性は，

$$\alpha'\,w'' = w''\,\alpha', \quad \beta'\,w'' = -w''\,\beta',$$

となる．補題 12.2(iii) により，α' は対角型，β' は逆対角型である．これで，S'' の形はかなり決まった．そして，S^Q は，対角行列と逆対角行列の和であることが分かった．

［第3段］（関係式 $A_3\,S = S\,A_3$）　まず，$A_3{}^Q := Q\,A_3\,Q^{-1}$ を求めよう．$\mathbf{0}_3 := \mathbf{0}_{3,3}$ とし，

$$K_3 = \begin{pmatrix} 0 & 0 & 1 \\ 0 & -1 & 0 \\ 1 & 0 & 0 \end{pmatrix}, \text{とおくと,}$$

$$Q = \begin{pmatrix} B & \mathbf{0}_3 \\ \mathbf{0}_3 & K_3 B K_3 \end{pmatrix}, \quad B = \begin{pmatrix} 1 & 0 & 0 \\ 0 & \frac{\sqrt{3}}{\sqrt{8}} & \frac{\sqrt{5}}{\sqrt{8}} \\ 0 & -\frac{\sqrt{5}}{\sqrt{8}} & \frac{\sqrt{3}}{\sqrt{8}} \end{pmatrix},$$

$$A_3 = \begin{pmatrix} C & \mathbf{0}_3 \\ \mathbf{0}_3 & K_3 C K_3 \end{pmatrix}, \quad C = \begin{pmatrix} -\frac{1}{3} & \frac{\sqrt{8}}{3} & 0 \\ \frac{\sqrt{8}}{3} & \frac{1}{3} & 0 \\ 0 & 0 & -1 \end{pmatrix}.$$

そこで，$Q = {}^tQ$（転置行列）を用いれば，

$$A_3{}^Q := Q\,A_3\,Q^{-1} = \begin{pmatrix} D & \mathbf{0}_3 \\ \mathbf{0}_3 & K_3 D K_3 \end{pmatrix},$$

$$D := B\,C\,{}^tB = \begin{pmatrix} -\frac{1}{3} & \frac{\sqrt{3}}{3} & -\frac{\sqrt{5}}{3} \\ \frac{\sqrt{3}}{3} & -\frac{1}{2} & -\frac{\sqrt{15}}{6} \\ -\frac{\sqrt{5}}{3} & -\frac{\sqrt{15}}{6} & -\frac{1}{6} \end{pmatrix},$$

となる．他方，S^Q を $3+3$ 型のブロック型行列に書くと，

$$S^Q = \begin{pmatrix} S_{11} & S_{12} \\ S_{21} & S_{22} \end{pmatrix}, \quad S_{12} = \begin{pmatrix} 0 & 0 & b \\ 0 & b' & 0 \\ b'' & 0 & 0 \end{pmatrix}, \; S_{21} = \begin{pmatrix} 0 & 0 & -b' \\ 0 & -b'' & 0 \\ c & 0 & 0 \end{pmatrix},$$

$$S_{11} = \mathrm{diag}(a, a', a''), \quad S_{22} = \mathrm{diag}(a', a'', d)$$

の形となる．すると，A_3^Q との可換性は，

$$D\,S_{11} = S_{11}\,D, \qquad (K_3DK_3)\,S_{22} = S_{22}\,(K_3DK_3),$$
$$D\,S_{12} = S_{12}\,(K_3DK_3), \; (K_3DK_3)\,S_{21} = S_{21}\,D,$$

と表される．この方程式を解けば，$S_{11} = S_{22} = aE_3$, $S_{12} = S_{21} = bK_3$ を得る．これが S^Q, 従って，相関作用素の一般形を与える．よって，次の定理が得られた．

定理 12.3 5次交代群 $\mathcal{A}_5$ の表現 $R_{Y_3}|_{\mathcal{A}_5}$ の相関作用素を行列 S で表したとき，$S^Q := Q\,S\,Q^{-1}$ は，次の形である（E_n は n 次単位行列）：

$$S^Q = a\,E_6 + b\,K_6 = \begin{pmatrix} a\,E_3 & b\,K_3 \\ b\,K_3 & a\,E_3 \end{pmatrix}, \quad K_6 = \begin{pmatrix} \mathbf{0}_3 & K_3 \\ K_3 & \mathbf{0}_3 \end{pmatrix}. \tag{12.14}$$

12.6.2 表現 $R'_{Y_3} := R_{Y_3}|_{\mathcal{A}_5}$ の既約分解と既約成分の行列表示

この表現の既約分解を具体的に与えよう．$\mathcal{S}_5$ の表現 R_{Y_3} 表現空間 V に基底 $\{e_k\,;\,1 \leq k \leq 6\}$ をとったとき，表現作用素 $R_{Y_3}(s_j), j = 1, 2, 3, 4$, が，12.4 節に与えられた行列で表されているとする．それの1つを X とする．基底の変換 $e'_k = Q(e_k), 1 \leq k \leq 6$, によって，新たな基底に移る

と，その基底に関する行列表示は，5.4 節の議論によって，Q による変換 $X^Q := Q\,X\,Q^{-1}$ によって得られる．この新しい基底に関しての行列表示で話をする．

5 次交代群 $\mathcal{A}_5$ の表現 R'_{Y_3} の行列表示は，$s_1 s_j \to A_j^Q$ $(j = 2, 3, 4)$ で与えられている．この表現の自分自身との相関作用素は，S^Q である．その全体は，上で見たように 2 次元をなす．その中から，2 つの射影変換 P_ε $(\varepsilon = +, -)$ を与える：

$$P_\varepsilon = \frac{1}{2}\begin{pmatrix} E_3 & \varepsilon\,K_3 \\ \varepsilon\,K_3 & E_3 \end{pmatrix} \quad (\varepsilon = +, -), \tag{12.15}$$

$$(P_\varepsilon)^2 = P_\varepsilon \ (\varepsilon = \pm),$$
$$P_+ P_- = P_- P_+ = \mathbf{0}_6, \quad P_+ + P_- = E_6. \tag{12.16}$$

これは，単位行列 E_6 で表される恒等射像の直交射影 P_+, P_- による分解である．これに対応する，空間 V の分解は，

$$V = V_+ \oplus V_-, \tag{12.17}$$

ここに，$V_\varepsilon = P_\varepsilon V$, $\dim V_\varepsilon = 3$ $(\varepsilon = \pm),$

である．この 2 つの 3 次元不変部分空間の上に実現する $\mathcal{A}_5$ の表現を，3×3 型行列で書いてみよう．空間 V_ε の基底として，

$$(f_1, f_2, f_3) := (\tfrac{1}{\sqrt{2}}(e_1 + \varepsilon\,e_6),\ \tfrac{1}{\sqrt{2}}(e_2 - \varepsilon\,e_5),\ \tfrac{1}{\sqrt{2}}(e_3 + \varepsilon\,e_4)) \tag{12.18}$$

をとる．この基底に関して，表現 $R_\varepsilon := R'_{Y_3}|_{V_\varepsilon}$ の行列表示を計算すると，次を得る：

$$R_\varepsilon(s_1 s_2) = \begin{pmatrix} 1 & 0 & 0 \\ 0 & -\frac{1}{2} & -\varepsilon\frac{\sqrt{3}}{2} \\ 0 & \varepsilon\frac{\sqrt{3}}{2} & -\frac{1}{2} \end{pmatrix},$$

$$R_\varepsilon(s_1 s_3) = D, \quad R_\varepsilon(s_1 s_4) = \mathrm{diag}(-1, 1, -1).$$

これらが，$\mathcal{A}_5$ の自然表現 ρ_0 と，それからきた ρ_1 に同値なわけである．

問題 12.6　表現 R_ε に対する上の行列表示を証明せよ．

ヒント：基底 $\{f_1, f_2, f_3\}$ の定義を行列の演算を真似した形で書くと，

$$(f_1, f_2, f_3) = \tfrac{1}{\sqrt{2}} \left\{ (e_1', e_2', e_3') + (e_4', e_5', e_6') K_3 \right\}$$

と書き表せる．

問題 12.7　2つの表現 R_ε（$\varepsilon = +, -$）のうち，どちらが，自然表現 ρ_0 に同値であるか，特定せよ．

閑話休題　12　4.3節で示したように，十二面体群 $G(T_{12})$ は，5次交代群 $\mathcal{A}_5$ と同型である．そして，群 $G(T_{12})$ が，正十二面体 T_{12} に作用する様子は，その自然表現として現れている．

ところで，群 $\mathcal{A}_5$ は，他方で，この章で詳しく見たように，4次元や5次元の既約表現をもっている．これらの線形表現は，正多面体 T_{12} の入っている 3次元ユークリッド空間 E^3 の動きとしては，とてもではないが実現できない．より高次元のベクトル空間の動きとして初めて実現されている．従って，具体的なイメージのある多面体 $T_{12} \subset E^3$ の動きだけに囚われていては，捉えきれないはずの，群 $\mathcal{A}_4 \cong G(T_{12})$ のはたらきである．

この事態をどう理解し，捉えるべきか？

ここにこそ，現代数学における「群の抽象化」の動機付けとその威力を見るべきである．種々の同型な群は，それぞれの具体的な実状を捨象されて，抽象化されて，1つの「抽象群（abstract group）」G として把握される．この抽象化のあと，個々の具体的な作用のなす群（捨象前の実体）は，抽象群 G の能力（作用の仕方）の，いろいろの局面における具体的な現れである，とみなせるのである．

ここで説明したことの比喩としては，いささか，はばかりがあるが，敢えて次のように考えれば，分かりやすい．仏陀は，(衆生救済のため) いろいろなところに色々な姿・形で現れてこられる．異なった多くの仏様として，その一面を種々に現される．それらは，仏陀のお力のいろいろの場面での異なった出現であるが，あくまで本元は仏陀である．さて，ひるがえってみれば，いろいろの救済場面の種々相は，奥に控えておられる仏陀のお姿を透かし通して見るための，よき助け，手がかりとなっているのである．我々には，このようにして，仏陀を認識できるのである．

ところで，もとに戻って，「抽象群」G は，上の比喩における仏陀に比せられる．G は後ろに控えておって，その力はいろいろの場面での「群 G の作用」と

して現れてくる．G の置換表現，行列表現，線形表現などは，「G の作用」を，単純化したり，近似したりして，取り扱いやすくしたものである．さらに突っ込んで標語的にいえば，

"群 G とは，その代数的や幾何的な構造だけでなく，これら種々の「G の作用」をも取り込んで，一体として把握されるべきものである"，すなわち，

（群 G の実体）＝（G の代数的構造・幾何的構造）＋（G の種々の作用）

として捉えられる．G の作用や，G の線形表現を研究することは，この意味で，「群 G の実体」に肉薄し，迫ろうとする我々の努力の一環であるといえる．

文献：

[JK] G. James and A. Kerber, *The representation theory of symmetric groups*, *Encyclopedia of Mathematics*, Vol.**16**, Addison-Wesley Publishing Company, 1981.（§12 に，5 次対称群の既約表現の行列表示あり．）

[岩堀] 岩堀長慶（Iwahori Nagayoshi），対称群と一般線形群の表現論，岩波講座，基礎数学，線形代数 vi，1978．

13

表現論基礎
ユニタリ表現,相関作用素,正則表現,表現の指標

13.1 ユニタリ表現,ユニタリ化可能表現

$K = \mathbf{C}$ 上のベクトル空間 V のエルミート内積とは,写像：$V \times V \ni (u, v) \mapsto \langle u, v \rangle \in K$ で,条件

$$\langle \alpha_1 u_1 + \alpha_2 u_2, v \rangle = \alpha_1 \langle u_1, v \rangle + \alpha_2 \langle u_2, v \rangle$$
$$(\alpha_1, \alpha_2 \in K,\ u_1, u_2, v \in V),$$
$$\langle v, u \rangle = \overline{\langle u, v \rangle} \quad (\text{複素共役}) \quad (u, v \in V).$$

を満たすもののことである.エルミート内積が,正定値であるとは,

$$\langle u, u \rangle \geq 0, \quad \text{かつ,}\ \langle u, u \rangle = 0 \iff u = 0. \tag{13.1}$$

となっていることである.正定値内積をユニタリ内積ともいう.

V がユニタリ内積をもつとき,V をプレ-ヒルベルト空間という.V に"位相に関する完備性"を要求したとき,このベクトル空間を,ヒルベルト空間という.$\dim V < \infty$ のときは,つねに完備なので,とりあえずは,「完備」の意味が分からなくても大丈夫である.

ヒルベルト空間 V 上の線形変換 $S: V \to V$ がユニタリであるとは,全射であって,

$$\langle Su, Sv \rangle = \langle u, v \rangle \ (u, v \in V) \tag{13.2}$$

となること,すなわち,S が内積を不変にすること,である.

定義 13.1　　群 G の表現 (ϖ, V) がユニタリ表現であるとは，V がヒルベルト空間であり，表現作用素 $\varpi(g)$ $(g \in G)$ がすべてユニタリであるときである．

また，(ϖ, V) がユニタリ化可能であるとは，V にユニタリ内積を導入して，ϖ をユニタリ表現にできるときをいう．

13.2　有限群の表現はユニタリ化可能

定理 13.1　　有限群の $\mathbf{C}$ 上の有限次元表現は，つねにユニタリ化可能である．

証明　　有限群 G の有限次元表現 (ϖ, V) をとる．V に基底 $\{\,e_j\,\}_{j=1}^n$ をとって，$u = \sum_{j=1}^n x_j e_j$, $v = \sum_{j=1}^n y_j e_j$ の内積を，

$$\langle u, v \rangle_0 := \sum_{j=1}^n x_j \overline{y_j} \tag{13.3}$$

と定義する．この内積から，各作用素 $\varpi(g)$ で不変な内積 $\langle u, v \rangle$ を作る．それには，内積を G 上で平均すればよい．すなわち，

$$\langle u, v \rangle := \frac{1}{|G|} \cdot \sum_{g \in G} \langle \varpi(g)u, \varpi(g)v \rangle_0 \quad (u, v \in V). \tag{13.4}$$

これは正定値である．実際，$\langle u, u \rangle \geq 0$ であり，とくに，$= 0$ とすると，$\langle \varpi(g)u, \varpi(g)u \rangle_0 = 0$ $(g \in G)$，ゆえに，$u = \mathbf{0}$．

また，任意の $g_0 \in G$ に対して，

$$\begin{aligned}
\langle \varpi(g_0)u, \varpi(g_0)v \rangle &= \frac{1}{|G|} \cdot \sum_{g \in G} \langle \varpi(g)(\varpi(g_0)u), \varpi(g)(\varpi(g_0)v) \rangle_0 \\
&= \frac{1}{|G|} \cdot \sum_{g \in G} \langle \varpi(gg_0)u, \varpi(gg_0)v \rangle_0 \\
&= \frac{1}{|G|} \cdot \sum_{g \in G} \langle \varpi(g)u, \varpi(g)v \rangle_0 \ = \ \langle u, v \rangle.
\end{aligned}$$

そして，各 $\varpi(g_0), g_0 \in G$, は可逆であるから，内積 $\langle \cdot, \cdot \rangle$ に関して，ユニタリである．　　□

13.3 ユニタリ表現の既約分解

有限次元のユニタリ表現については，表現が可約ならば，直和分解ができる．ユニタリでなければ，問題 9.4 が示すように，直和分解できないものも多い．

定理 13.2　　有限次元のユニタリ表現は，完全可約である．すなわち，既約表現の直和に分解できる．

証明　[第 1 段]　　群 G の有限次元ユニタリ表現 (ϖ, V) をとる．V が自明でない不変部分空間 V_1 をもつとすると，

$$V_1^\perp := \{\, u \in V \,;\, u \perp V_1, \text{i.e.,}\, u \perp v \ (\forall v \in V_1)\,\} \qquad (13.5)$$

はまた，不変部分空間である．それは，$u \perp V_1$ から，$\varpi(g)u \perp V_1$ が出るからである．実際，$u \perp v \iff \langle u, v \rangle = 0$ で，従って，$\langle \varpi(g)u, \varpi(g)v \rangle = \langle u, v \rangle = 0$，ゆえに，$\varpi(g)u \perp \varpi(g)v$．そして，$v$ が V_1 全体を動けば，V_1 が G-不変なので，$v_1 = \varpi(g)v$ がまた，V_1 全体を動く．実際，勝手な $v_1 \in V_1$ に対して，$v = \varpi(g^{-1})v_1 \in V_1$ をとれば，$\varpi(g)v = v_1$ である．

そこで，今度は，$V = V_1 \dotplus V_1^\perp$（直和）を示す．そのために次の補題を使う．

補題 13.3　　有限次元ヒルベルト空間には，正規直交基底が存在する．ここで，基底 $\{\,e_j\,\}_{j=1}^m$ が正規直交基底であるとは，$\langle e_j, e_\ell \rangle = \delta_{k\ell}$ となっていること．（この補題の証明は，ここではパスしておこう．第 II 巻第 16 章の前半程度の線形代数の知識がある方が分かりやすい．）

そこで，部分空間 V_1 の正規直交基底 $\{\,e_\ell\,\}_{\ell=1}^m$ をとり，$v \in V$ に対し，

$$P_1 v := \sum_{1 \le \ell \le m} \langle v, e_\ell \rangle e_\ell, \quad P_2 v := v - P_1 v = (I_V - P_1)v, \qquad (13.6)$$

とおけば，$P_1 v \in V_1$ は明らかだが，

$$\langle P_2 v, e_k \rangle = \langle f, e_k \rangle - \sum_{1 \le \ell \le m} \langle f, e_\ell \rangle \langle e_\ell, e_k \rangle$$
$$= \langle f, e_k \rangle - \langle f, e_k \rangle = 0 \quad (1 \le k \le m),$$

となり，$P_2 v \perp V_1$，従って，$P_2 v \in V_1^\perp$ を得る．これで，$V = V_1 + V_1^\perp$ が分かった．

あとは，$V_1 \cap V_1^\perp = \{\mathbf{0}\}$，または，$P_1 P_2 = P_2 P_1 = 0$ を示せば，$V = V_1 + V_1^\perp$ が直和分解であることが分かる．それは読者に演習問題として残しておこう．

[第2段]　もし，V_1 または，$V_1^\perp$ が既約でなければ，それについて，上の第1段と同じ手順によって部分表現の直和に分解する．この手続きを繰り返していけば，いつかは，既約表現ばかりになる．実際，$\dim V_1 < \dim V$, $\dim V_1^\perp < \dim V$，であるから，次元に関しては，下に限界がある．　□

これで，定理13.1, 13.2の帰結として，次を得た．

定理13.4　　有限群の有限次元表現は，ユニタリ化可能であり，従って，完全可約である．　□

さて，定理13.1, 13.2の数学的に厳密な証明に，ここまで辛抱強く付き合っていただいたので，補題13.3の証明はパスしておいて，先へと進みたい．

上の定理13.4によれば，有限群については，表現はつねに既約分解ができるので，既約表現を調べることが重要である．

二面体群，および，四面体群をはじめとする正多面体群については，我々は，既に第10章～第12章において，苦労しながらも，それらの既約表現をすべて求めた．

しかし，既約表現は，それ自身だけをはじめからきれいな形で作られることは少ない．多くの場合は，既約でない表現を何とか作り，その中に入っている既約表現を切り出してくる，という手順を踏む．

そこで，とにもかくにも表現を作る，という段階では，第II巻第22章で述べる「部分群 H の表現を G に誘導する」誘導表現の手法が非常に有効である．

そして，こうして作った既約でない表現の構造を調べたり，最終的には，既約分解したりするのに，使える道具を2つ挙げると，1つは，相

関作用素の理論（シュアーの補題を含む），もう1つは，表現の指標（character）の理論，が挙げられる．前者を次節で論じ，後者を次々節で論ずる．ご辛抱あれ．

13.4　相関作用素の理論

シュアーの補題（補題 9.3）は，既約表現の間の相関作用素に関するものであった．ここでは，既約とは限らない表現の間の相関作用素について論じよう．それは，表現の指標とともに，表現の既約，可約，同値，非同値などを論ずるときにはなくてはならないものである．

群 G の $K = \mathbf{C}$ 上の有限次元表現 (ϖ, V) をとる．まず，シュアーの補題の補完として，次を与える．

補題 13.5　　有限次元表現 ϖ が完全可約（とくにユニタリ化可能）であれば，ϖ が既約であるための必要十分条件は，その相関作用素が，スカラー作用素であることである．

証明　　必要条件であることは，シュアーの補題で分かっているので，十分条件であることを示せばよい．

背理法により証明する．ϖ が既約でないとする．V は仮定により完全可約なので，V は2つの自明でない不変部分空間 V_1, V_2 の直和に分解する：$V = V_1 \dotplus V_2$．そこで，$v \in V$ をこの分解に即して，$v = v_1 + v_2$ ($v_1 \in V_1$, $v_2 \in V_2$) と書き表して，$Sv := \lambda_1 v_1 + \lambda_2 v_2$, と定義する．ここに，$\lambda_1, \lambda_2 \in \mathbf{C}$, は勝手にとった v に無関係な定数である．この線形作用素 S は表現作用素 $\varpi(g)$, $g \in G$, と可換である．実際，$\varpi(g)v_j \in V_j$ であるから，分解 $\varpi(g)v = \varpi(g)v_1 + \varpi(g)v_2$ に従って，

$$S(\varpi(g)v) = \lambda_1 \varpi(g)v_1 + \lambda_2 \varpi(g)v_2 = \varpi(g)(Sv).$$

これは，スカラー作用素でない相関作用素を与えるので，仮定に矛盾する． □

さて，既約でない表現 (ϖ, V) の構造に踏み込んでみよう．ϖ が完全

可約だとして，その既約分解を

$$(\varpi, V) \cong \sum_{1 \leq k \leq N}^{\oplus} [m(\pi_k)] \cdot (\pi_k, V_k), \tag{13.7}$$

とする．ここに，$\pi_k\,(1 \leq k \leq N)$ は互いに同値でない既約表現であり，$[m(\pi_k)]\cdot$ は，表現 π_k が重複度 $m(\pi_k)$ で現れていることを示している．

表現 (ϖ, V) の相関作用素の全体 $\mathrm{Hom}_G(V, V)$ では，和： $A + B$ ($A, B \in \mathrm{Hom}_G(V, V)$)，および，スカラー倍： λA ($\lambda \in \mathbf{C}, A \in \mathrm{Hom}_G(V, V)$)，のほかに，積 AB が許される．こうした代数系を抽象化して次の多元環の定義がある．

定義 13.2 体 $K = \mathbf{R}$ または $K = \mathbf{C}$ 上のベクトル空間 $\mathcal{R}$ に，双線形な2項演算としての積が定義されていて，次の公理を満たすとき，これを K 上の多元環（algebra over K）という： $a, b, c \in \mathcal{R}, \lambda, \mu \in K$，とするとき，

（双線形性）

$$(\lambda a + \mu b)c = \lambda ac + \mu bc, \quad a(\lambda b + \mu c) = \lambda ab + \mu ac, \tag{13.8}$$

（結合律）

$$(\lambda a)b = a(\lambda b) = \lambda(ab), \quad (ab)c = a(bc). \tag{13.9}$$

例 13.1 多元環の例として，簡単ではあるが，もっとも基本的なものを与えよう．体 K 上の $n \times n$ 型の正方行列全体を $\mathcal{M}(n, K)$ と書くが，これは行列の，和，スカラー倍，積，に関して K 上の多元環をなす．この多元環は，K 上 n^2 次元である．

その自然な基底としては，$E_{ij}, 1 < i, j \leq n$, がとれる．ここに，$E_{ij} := (\delta_{ki}\delta_{\ell j})_{k,\ell=1}^{n}$ は，(i, j)-要素のみが 1 で，その他の要素はみな 0 である正方行列である．これらの間の積を与える公式は，

$$E_{ij}\,E_{k\ell} = \delta_{jk}\,E_{i\ell} \quad (\,i, j, k, \ell \in I_n := \{\,1, 2, \ldots, n\,\}\,). \tag{13.10}$$

例 13.2 体 K 上の n 次元ベクトル空間 V をとり，V から自分自

身への線形写像の全体を $\mathcal{L}(V)$ と書く.これは,通常の,和,スカラー倍,積,に関して K 上の多元環を与える.

V に基底 $\{f_j ; 1 \leq j \leq n\}$ をとって,$S \in \mathcal{L}(V)$ に対して,S のこの基底に関する行列表示 $Sf_j = \sum_{1 \leq i \leq n} a_{ij} f_i$,をとって,写像 $\mathcal{L}(V) \ni S \longmapsto A := (a_{ij})_{i,j=1}^n \in \mathcal{M}(n, K)$ を与えると,これは 2 つの多元環の間の同型写像である(第 5 章参照).

定理 13.6 (i) 群 G の表現 (ϖ, V) の相関作用素の全体 $\mathrm{Hom}_G(V, V)$ は,$\mathcal{L}(V)$ の部分多元環である.

(ii) 表現 ϖ の既約分解 (13.7) に従って,相関作用素の空間 $\mathrm{Hom}_G(V, V)$ は,多元環として,次の直和に自然に同型である:

$$\sum_{1 \leq k \leq N} \mathcal{M}(m(\pi_k), \mathbf{C}) \quad (\text{直和}). \tag{13.11}$$

ここに,N 個の多元環 $\mathcal{R}_k := \mathcal{M}(m(\pi_k), \mathbf{C})$ の直和とは,ベクトル空間としての直和をとり,積演算を各々で独立に行う,ものである.すなわち,$a^{(i)} = \sum_{1 \leq k \leq N} a_k^{(i)}$ $(a_k^{(i)} \in \mathcal{R}_k), i = 1, 2$, に対し,

$$a^{(1)} a^{(2)} := \sum_{1 \leq k \leq N} a_k^{(1)} a_k^{(2)}.$$

証明 (i) の証明は,手続き的なことなので,読者に任そう.

(ii) の証明であるが,互いに同値でない 2 つの既約表現の間には,相関作用素は 0 しかないので,同値な表現 (π_k, V_k) の $m(\pi_k)$ 個の直和の部分について考慮すればよい.

π_k と同値な表現のはたらき $m := m(\pi_k)$ 個の V の部分空間を,W_k^1, $W_k^2, \ldots, W_k^m$ とし,それらの和 $W_k := W_k^1 + W_k^2 + \cdots + W_k^m$ が直和になっているとする.(このとき,全空間 V は,W_k $(1 \leq k \leq N)$, の直和である.)

さらに,(π_k, V_k) から $(\varpi|_{W_k^j}, W_k^j)$ への同型写像を Q_j とする.すると,シューアの補題によって,Q_j は可逆であって,$Q_j^{-1} : W_k^j \to V_k$ はまた同型写像である.そこで,$Q_{ij} := Q_i Q_j^{-1} : W_k^j \to W_k^i$, $1 \leq i, j \leq m$, とおくと,$Q_{ij} Q_{j\ell} = Q_{i\ell}$,となる.そこで,$P_{ij} \in \mathrm{Hom}_G(W_k, W_k)$ を

定義する：

$$P_{ij}|_{W_k^j} := Q_{ij}, \qquad P_{ij}|_{W_k^{j'}} = 0 \ (j' \neq j). \qquad (13.12)$$

すると，$P_{ij}, 1 \leq i, j \leq m$, は，$\mathcal{M}(m, \mathbf{C})$，$m = m(\pi_k)$, の標準的な基底 $E_{ij}, 1 \leq i, j \leq m$, と同様な積公式を満たす．すなわち，

$$P_{ij}\, P_{k\ell} = \delta_{jk}\, P_{i\ell} \qquad (\, i, j, k, \ell \in I_m = \{\, 1, 2, \ldots, m\, \}\,). \quad (13.13)$$

これによって，2つの多元環 $\mathrm{Hom}_G(W_k, W_k)$ と $\mathcal{M}(m(\pi_k), \mathbf{C})$ とは，対応：$P_{ij} \longleftrightarrow E_{ij} \ (1 \leq i, j \leq m(\pi_k)\,)$ によって，自然に同型であることが分かる．そして，包含関係 $W_k \subset V$ に従って，多元環の中への同型 $\mathrm{Hom}_G(W_k, W_k) \hookrightarrow \mathrm{Hom}_G(V, V)$ が得られる．これを，$1 \leq k \leq N$ にわたって直和すれば，結局，定理にいう同型対応が得られる． □

この定理を逆に読めば，

「相関作用素の空間 $\mathrm{Hom}_G(V, V)$ が分かれば，表現 (ϖ, V) の構造が分かる」

ということである．

13.5 群の正則表現

例 8.1 で述べたように，群 G は自分自身の上に，左移動としてはたらく．また，右移動としてもはたらく．すなわち，$X = G$ とおくと，元 $g \in G$ の X 上の作用は，

$$\ell(g)x := gx \qquad (\text{または，}\, r(g)x = xg^{-1}) \qquad (13.14)$$

ここに，$x \in X$，そして，gx, xg^{-1} は G 内での積演算，として与えられる．$\ell(e) =$ 恒等変換，$\ell(g_1 g_2) = \ell(g_1)\, \ell(g_2)$ はもう理解してもらっているが，ちょっと復習を兼ねて，$r(g_1 g_2) = r(g_1)\, r(g_2)$ を丁寧に証明してみよう．

$$r(g_1 g_2)x = x(g_1 g_2)^{-1} = x(g_2^{-1} g_1^{-1}) = (xg_2^{-1})g_1^{-1},$$

他方，$y = r(g_2)x = xg_2^{-1}$ とおけば，

$$(r(g_1)\,r(g_2))\,x = r(g_1)(r(g_2)x) = r(g_1)y$$
$$= yg_1^{-1} = (xg_2^{-1})g_1^{-1} = x(g_2^{-1}\,g_1^{-1}).$$

上記の G-作用から，例 8.8 のように，G の線形表現である左正則表現，右正則表現が与えられる：X 上の関数 f に対して，

$$(L(g)f)(x) := f(\ell(g)^{-1}x) = f(g^{-1}x),$$
$$(R(g)f)(g) := f(r(g)^{-1}x) = f(xg) \qquad (g \in G, x \in X = G).$$

ここでは，関数 f のなすベクトル空間を決めよう．X 上の複素数値関数 f で，

$$\|f\|^2 := \sum_{x \in X} |f(x)|^2 < \infty, \tag{13.15}$$

を満たすもの全体を，$\ell_2(X)$ と書いて，ベクトル空間と思う．そこでの，加法とスカラー倍は，

$$(f_1 + f_2)(x) := f_1(x) + f_2(x) \quad (f_1, f_2 \in \ell_2(X),\, x \in X),$$
$$(\lambda\,f)(x) := \lambda\,f(x) \qquad (f \in \ell_2(X),\, \lambda \in \mathbf{C}),$$

によって定義される．群 G が有限群であれば，$\dim \ell_2(X) = |G| < \infty$ であるが，G が無限群のときは，$\ell_2(X)$ がベクトル空間になることも自明ではなく証明を要する．問題は，$f_1, f_2 \in \ell_2(X)$ ならば，$f_1 + f_2 \in \ell_2(X)$ となるか，という点である．実際は，ＯＫなのであるが，ここでは，有限群を暗に想定しているので，その辺の議論はパスしておく．ベクトル空間 $\ell_2(X)$ には，内積

$$\langle f_1, f_2 \rangle := \sum_{x \in X} f_1(x)\,\overline{f_2(x)} \quad (f_1, f_2 \in \ell_2(X)\,) \tag{13.16}$$

が定義できて，これによってヒルベルト空間になる．

定理 13.7　ヒルベルト空間 $\mathcal{H} = \ell_2(G)$ 上の左正則表現と右正則表現はユニタリ同値である．

証明　これら2つの表現の間の相関作用素 $Q : \mathcal{H} \to \mathcal{H}$ でユニタリなものを与えればよい．そこで，答えを天下り式に与えよう．$(Qf)(x) := f(x^{-1})$ $(x \in X = G, f \in \mathcal{H})$，ととる．すると，これは $\mathcal{H}$ 上のユニタリ作用素であり，$L(g) \cdot Q = Q \cdot R(g)$ $(g \in G)$ を得る：

$$\begin{array}{ccc} \mathcal{H} & \xrightarrow{R(g)} & \mathcal{H} \\ Q \downarrow & \circlearrowright & \downarrow Q \\ \mathcal{H} & \xrightarrow{L(g)} & \mathcal{H} \end{array}$$

実際，$f \in \mathcal{H}, x \in X$, として，

$$((L(g) \cdot Q)f)(x) = (Qf)(g^{-1}x) = f((g^{-1}x)^{-1}) = f(x^{-1}g),$$
$$((Q \cdot R(g))f)(x) = (R(g)f)(x^{-1}) = f(x^{-1}g). \qquad \square$$

この大切な正則表現については，また後で詳しく調べるとして，とりあえずここでは，次のことを示そう．これにより，正則表現の重要性の一端を見ることができる．

まず，群 G の有限次元の表現 π に対して，その行列要素とは，π を行列表示したときに出てくる G 上の関数である．すなわち，π の表現空間 V に基底 $\{v_j\}_{j=1}^d, d = \dim V$, をとって，線形作用素 $\pi(g)$ を

$$\pi(g)v_j = \sum_{1 \le i \le d} t_{ij}^\pi(g)\, v_i, \qquad (13.17)$$

と書き表したときの関数 t_{ij}^π のことである．

上の場合のように V にユニタリ内積が入っているときには，「$v, v' \in V$ に対して，$\langle \pi(g)v, v' \rangle$ の形で与えられる関数である」といっても同じことである．

定理 13.8　群 G は有限群とする．

（ⅰ）　右正則表現 R を既約分解したものを，

$$(R, \ell_2(G)) \cong \sum_{1 \le k \le N}(\pi_k, V_k),$$

13.5　群の正則表現

とする．このとき，R の部分表現としての各既約表現 π_k のはたらく空間 $V_k \subset \ell_2(G)$ は，表現 π_k の行列要素によって張られる空間の部分空間である．

（ii）群 G 上の任意の関数は，既約表現の行列要素たちの 1 次結合として書ける．

証明　命題（ii）は，命題（i）から直ちに従うので，後者を証明すればよい．

表現空間 $V_k \subset \ell_2(G)$ に対し，R の V_k 上への制限 $R|_{V_k}$ が，既約表現 π_k であるとしてよい．k を 1 つ固定して，$\pi := \pi_k, V := V_k$ とおく．すると，$\pi(g)f = R(g)f$ $(f \in V \subset \ell_2(G))$ である．

また，V に基底 $\{f_1, f_2, \cdots, f_d\}, d = \dim V = \dim \pi$ をとると，

$$\pi(g)\, f_j = \sum_{1 \le i \le d} t^{\pi}_{ij}(g)\, f_i. \tag{13.18}$$

ここで，変数 $h \in G$ をあからさまに書くと，$(\pi(g)f)(h) = (R(g)f)(h) = f(hg)$ $(f \in V)$ であるから，

$$(\pi(g)\, f_j)(h) = f_j(hg) = \sum_{1 \le i \le d} t^{\pi}_{ij}(g)\, f_i(h) \quad (h, g \in G),$$

となる．そこで，とくに $h = e$ とおくと，$1 \le j \le d$ に対して

$$f_j(g) = \sum_{1 \le i \le d} f_i(e)\, t^{\pi}_{ij}(g), \quad \therefore \quad f_j = \sum_{1 \le i \le d} a_i\, t^{\pi}_{ij}, \ a_i = f_i(e) \in \mathbf{C}.$$

すなわち，V の基底の各元 f_j は，行列要素 t^{π}_{ij} たちの 1 次結合である．
□

G の両側正則表現

$X = G$ 上の左移動 $\ell(g_1)$ と右移動 $r(g_2)$ とは可換，すなわち，$\ell(g_1) \cdot r(g_2) = r(g_2)\, \ell(g_1)$ であるから，$\ell_2(G)$ 上に，直積群 $G \times G$ の表現 W が，

$$(W(g_1, g_2)f)(x) := f(g_1^{-1} x\, g_2) \tag{13.19}$$
$$(x \in X = G,\ (g_1, g_2) \in G \times G)$$

として定義される．これを G の両側正則表現という．

23.2 節で，行列要素達のいわゆる直交関係を証明するが，それが分かれば，G の左正則表現，右正則表現が，直積群 $G \times G$ の表現 W の構造と絡めて，もっとよく分析できる．

例 **13.3** 　上の正則表現と関連して，群 G の群環と呼ばれる多元環を与えておこう．これは，有限群では，$\ell_2(G)$ に積演算を導入したものとも解釈できる．

体 K を $\mathbf{R}$ または $\mathbf{C}$ とする．群 G の K 上の群環 $K[G]$ とは，G を積演算を保って K-線形に拡張したものである．すなわち，$K[G]$ の元は，

$$a = \sum_{g \in G} a_g [g] \quad (a_g \in K), \tag{13.20}$$

である．ただし，$[g]$ は g のことだが，分かりやすくするために括弧 $[\ ]$ を付けている．そして，ベクトル空間の構造としては，各 $[g]$ を基底として考えるので，次元は $|G|$ に等しい．積の構造は，$[g_1][g_2] := [g_1 g_2]$ として G の積をそのまま導入する．よって，$a, b = \sum_{g \in G} b_g [g] \in K[G]$ に対して，

$$a\,b := \sum_{g_1 \in G} \sum_{g_2 \in G} a_{g_1} b_{g_2} [g_1 g_2] = \sum_{g \in G} \left(\sum_{h \in G} a_{gh^{-1}} b_h \right) [g]$$
$$= \sum_{g \in G} \left(\sum_{h \in G} a_h b_{h^{-1} g} \right) [g].$$

問題 **13.1**　上に与えた $K[G]$ が実際に多元環であることを示せ．
ヒント：　定義 13.2 の条件をチェックする．重要なポイントは，結合律の成立である．

問題 **13.2**　定義 13.2 における K 上の多元環 $\mathcal{R}$ をとる．元 $a \in \mathcal{R}$ に対して，a による左からの掛け算 $M_\ell(a) : \mathcal{R} \ni b \mapsto ab \in \mathcal{R}$，を $\mathcal{R}$ 上の線形作用素として捉える．ベクトル空間 $V = \mathcal{R}$ の上の線形作用素の全体を $\mathcal{L}(V)$ と書くと，対応 $\mathcal{R} \ni a \mapsto M_\ell(a) \in \mathcal{L}(V)$ は，K 上の多元環同士の準同型対応である．これを証明せよ．(M_ℓ を，$\mathcal{R}$ の左正則表現と呼ぶ．)

ヒント：　M_ℓ によって，和，スカラー倍，積，がそれぞれ対応することを示す．

13.6 群の表現の指標

群 G の表現の研究，ひいては，群自身の構造の研究に役立つ道具として，非常に重要なものに，ここで導入する，表現の指標（character）がある．

とくに，有限群の研究においては，歴史的にも，単純群の分類問題でも，大きな役割を果たしてきた．

定義 13.3　群 G の有限次元の表現 $\varpi(g)$ の指標（character）とは，

$$\chi_\varpi(g) := \mathrm{tr}(\varpi(g)) \qquad (g \in G), \tag{13.21}$$

で与えられる G 上の関数である．既約表現の指標を既約指標という．

表現の指標は G の内部自己同型で不変である：

$$\chi_\varpi(g_0 g g_0^{-1}) = \chi_\varpi(g) \quad (g, g_0 \in G). \tag{13.22}$$

従って，χ_ϖ は，群 G の各共役類の上では，同じ値をとる．このように，G 上の関数で共役類上の関数とみなせるものを類関数と呼ぶ．

表現 ϖ_1, ϖ_2 が同値であれば，V_2 から V_1 への可逆な相関作用素 Q があって，$\varpi_1(g) = Q\, \varpi_2(g)\, Q^{-1}$ となっている．従って，指標は，

$$\chi_{\varpi_1}(g) = \mathrm{tr}(\varpi_1(g)) = \mathrm{tr}(Q\, \varpi_1(g)\, Q^{-1}) = \mathrm{tr}(\varpi_2(g)) = \chi_{\varpi_2}(g),$$

となって，一致する．従って，表現の各同値類には，それぞれ指標が1つ対応する．

ここで，指標の重要性を述べるために，第23章で証明する2つの事実を引用しておこう．これらの証明は難しいわけではないが，この本の叙述の都合でずっと後の章に先送りになってしまったのである．

定理 13.9（定理 23.5（ii））　有限群 G の既約指標をすべて集めると，ヒルベルト空間 $\ell_2(G)$ の，類関数よりなる部分空間の基底が得られる．この基底の元は互いに直交し，同じ長さ $|G|^{1/2}$ をもつ. ($\ell_2(G)$ の内積を $|G|^{-1}$ 倍しておけば，この部分空間の正規直交基底をなす.)　□

定理 13.10（定理 23.6） 有限群 G の有限次元表現について，指標が一致すれば，それらの表現は同値である． □

表現の指標の具体例として，既約指標ではないが，正則表現の指標を求めてみよう．

定理 13.11 有限群 G の左正則表現 L，右正則表現 R の指標を，それぞれ，χ_L, χ_R とすると，

$$\chi_L(g) = \chi_R(g) = \begin{cases} |G| & (g = e \text{ のとき}) \\ 0 & (g \neq e \text{ のとき}). \end{cases} \quad (13.23)$$

証明 ベクトル空間 $V = \ell_2(G)$ に1つの基底を次のようにとる．勝手な元 $h \in G$ に対して，G 上の関数 δ_h を，

$$\delta_h(g) = 1 \quad (g = h \text{ のとき}); \quad = 0 \quad (g \neq h \text{ のとき}), \quad (13.24)$$

と定義する．すると，関数の集合 $\Delta = \{\delta_h; h \in G\}$ は，（1）互いに1次独立な関数からなっており，（2）任意の $f \in V$ は，$f = \sum_{h \in G} a_h \delta_h$ $(a_h = f(h) \in \mathbf{C})$ と，Δ の元の1次結合で書ける．従って，Δ はたしかに V の基底を与える．

さて，まず左正則表現 L を考える．$g_1 \in G$ を固定して，表現の作用素 $L(g_1)$ が，基底 Δ の元をどのように写すかを見よう．公式 $(L(g_1)f)(g) = f(g_1^{-1}g)$ によって，

$$(L(g_1)\delta_h)(g) = \begin{cases} 1 & (g_1^{-1}g = h, \text{ すなわち, } g = g_1h \text{ のとき}) \\ 0 & (\text{その他のとき}) \end{cases}$$

となるので，$L(g_1): \delta_h \longmapsto \delta_{g_1 h}$ である．これによって，作用素 $L(g_1)$ を基底 Δ に関する行列で書くのに，行列要素の添字を（数字ではなくて）Δ に対する添字（それは，$h \in G$ である）をそのまま使うのが簡潔である．すると，その行列は，$A = (a_{h',h})_{h',h \in G}$ と書けるが，上の $L(g_1)\delta_h$ の行き先を見れば，$a_{h',h} = 1$ となるのは，$h' = g_1 h$ のときで，その他

のときは，$a_{h',h} = 0$ である．従って，対角要素 $a_{h,h}$ の和を計算して，

$$\mathrm{tr}(L(g_1)) = \mathrm{tr}(A) = \sum_{h \in G} a_{h,h} = \begin{cases} |G| & (g_1 = e \text{ のとき}) \\ 0 & (g_1 \neq e \text{ のとき}). \end{cases}$$

右正則表現についても同様に計算できて，同じ結果を得る． □

指標は，表現の同値類を決定するので，上の結果から，左正則表現 L と右正則表現 R とが同値なことが，あらためて分かる．

問題 13.3 有限群 G の群環 $K[G]$ には，群 G が，$G \ni g \mapsto [g] \in K[G]$ として含まれている．多元環としての $\mathcal{R} = K[G]$ の左正則表現 M_ℓ を $G \,(\hookrightarrow \mathcal{R})$ に制限すると，群 G の左正則表現 L と同値な表現を得ることを証明せよ．

ヒント： $V_1 := K[G]$ の基底 $[G] := \{\,[h]\,;\,h \in G\,\}$ と，$V_2 := \ell_2(G)$ の基底 $\Delta = \{\,\delta_h\,;\,h \in G\,\}$ との間の 1 対 1 対応 $\Phi : [G] \ni [h] \mapsto \delta_h \in \Delta$ を与えると，それを線形に拡張して，$V_1 \to V_2$ のベクトル空間の同型 Φ を得る．このとき，$M_\ell(g_1)[h] = [g_1 h]$，$L(g_1)\delta_h = \delta_{g_1 h}$ である．これより，$\Phi \circ M_\ell(g_1) = L(g_1) \circ \Phi$ $(g_1 \in G)$ を得る．

例 13.4 群 G の両側正則表現 W は 13.5 節で見たように，$\mathcal{H} := \ell_2(G)$ 上で，$(g_1, g_2) \in G \times G$ に対して，$(W(g_1, g_2)f)(g) = f(g_1^{-1} g g_2)$ $(f \in \mathcal{H}, g \in G)$，として与えられる．この W の指標 χ_W を求めよう．$\mathcal{H}$ の正規直交基底として，$\{\,\delta_h\,;\,h \in G\,\}$ をとる．すると，$f = \delta_h$ に対して上式から，$W(g_1, g_2)f = \delta_{g_1 h g_2^{-1}}$ を得る．従って，作用素 $W(g_1, g_2)$ のこの基底に関する行列表示の対角要素は，

$$\langle W(g_1, g_2)\delta_h, \delta_h \rangle = 1 \quad (g_1 h g_2^{-1} = h \text{ のとき}); \quad = 0 \text{ (それ以外)},$$

であるから，それの $h \in G$ にわたる和をとって，

$$\chi_W(g_1, g_2) = |\{\, h \in G\,;\, g_1 h = h g_2 \,\}|. \qquad (13.25)$$

とくに，$\chi_W(g, e) = \chi_L(g)$，$\chi_W(e, g) = \chi_R(g)$ $(g \in G)$．また，$\chi_W(g, g) = |C_G(g)|$，ここに，$C_G(g) = \{\, h \in G\,;\, g h g^{-1} = h \,\}$ は g の G における中心化群である．

コメント： よく分かっている読者に，先走って第 20 章の内容との関連についてコメントをする．20.3 節において，2 つの群 G_1, G_2 のそれぞれの表現 ρ_1, ρ_2 に対し，その外部テンソル積 $\rho_1 \boxtimes \rho_2$ が定義されている．このとき，指標の関係式として，定理 20.3 で

$$\chi_{\rho_1 \boxtimes \rho_2}(g_1, g_2) = \chi_{\rho_1}(g_1) \cdot \chi_{\rho_2}(g_2) \quad ((g_1, g_2) \in G_1 \times G_2),$$

が示されている．従って，G の左（右）正則表現 L, R の外部テンソル積 $L \boxtimes R$ は直積群 $G \times G$ の表現として，その指標は $\chi_L \times \chi_R$ で与えられる．上で計算した両側正則表現 W の指標 χ_W とは一致しないので，この 2 つの表現は同値ではない（もともと次元も違うが）．

問題 **13.4** 二面体群 $D_n = \langle a, b \rangle$ の元は，$\{ a^p, ba^p\,;\,0 \leq p < n \}$ で与えられる．一方，$1 \leq k \leq n-1$ なる k に対して，2 次元表現 ϖ_k があり，その行列表示 $\varpi_k(a), \varpi_k(b)$ が (10.2) 式によって与えられている．
（ⅰ） D_n の任意の元 g に対して，2 次の行列 $\varpi_k(g)$ を計算せよ．
（ⅱ） 表現 ϖ_k の指標の値 $\chi_{\varpi_k}(g) = \mathrm{tr}\,(\varpi_k(g))$，をすべての $g \in D_n$ に対して求めよ．そして，$\chi_{\varpi_k}, 1 \leq k \leq n-1$，のうち相異なるものはどれだけか決定せよ．

ヒント： 指標の値の計算結果は，

$$\chi_{\varpi_k}(a^p) = 2\cos(pk\theta_n), \qquad \chi_{\varpi_k}(ba^p) = 0 \qquad (0 \leq p < n).$$

注意 **13.1** 多面体群のすべての既約表現は，第 11 ～ 12 章で与えたが，当初の本書執筆の計画では，これらの既約表現の指標を計算して，指標の完全な表を作ってみせる予定であったが，とてもそこまで手が回らぬことが分かった．
その上，既約表現は，群の生成元系の元に対して，その表現作用素を与えれば決まるが，指標の計算にはそれだけでは不十分である．例えば，二面体群 D_n の生成元系として，$\{ a, b \}$ がとれるが，それは D_n の共役類の完全代表系には，はるかに不足している．従って，既約表現 ϖ に対して，$\chi_\varpi(g) = \mathrm{tr}\,\varpi(g), g = a, b$，を計算しただけでは指標の決定には不十分である．
他方，対称群 $\mathcal{S}_n$ や交代群 $\mathcal{A}_n$ の既約指標は，シュアーが一連の論文によって詳しく研究しているが，その後もいろいろの計算公式が発明されている．これによって，本書では，多面体群の既約指標を具体的に取り扱うことを割愛することとした．

ちなみに，シュアー（I. Schur, 1875-1941）は，ドイツから米国に流出したのであるが，ドイツ時代，*Journal für die Reine und Angewandte Mathematik*, **127**(1904), 20-50; **132**(1907), 85-137; **139**(1911), 155-250; に掲載された「有限群の射影表現」に関する有名な三部作を含め，この時期の論文では，Von Herrn J. Schur in Berlin, となっているが，彼の全集ではその first name は Issai となっている．このことについて，Heidelberg 大学の年来の友人に聞いてみたところ，「最も可能性の高いのは，彼がロシアで生まれたときの（ユダヤ系の）名前が Jesse だったのではないか．実際，Jesse は 1 個の s の Isai に対応するギリシャ語であり，またキリスト教聖書においては Jesse は David (＝ Jesaja) の父である」とのことである．

さて，上記の 1911 年の長編の論文では，n 次対称群 $\mathcal{S}_n$ および n 次交代群 $\mathcal{A}_n$ のすべての射影表現が決定されている．そしてその結果を用いて，これらの群の既約射影表現の指標がすべて求められている．これはフロベニウス（F.G. Frobenius, 1849-1917）などの結果をも踏まえての集大成である．

ここで，群 G の体 K 上の 射影表現について説明しておこう（$K = \mathbf{R}$ または $\mathbf{C}$）．それは，G の各元 g に，ある（K 上の）ベクトル空間 V の上の可逆な線形変換 $T(g)$ が対応しており，$g_1, g_2 \in G$ に対し，

$$T(g_1)T(g_2) = \lambda(g_1, g_2) \, T(g_1 g_2) \quad (\exists \, \lambda(g_1, g_2) \in K^* = K \setminus \{\, 0 \,\}) \quad (\star)$$

となっているような T のことである．換言すれば，「対応 $G \ni g \mapsto T(g)$ は，スカラー倍の自由度を除けば，群 G の表現」になっている．

ベクトル空間 V が有限次元（n 次元）であるとき，これを別の言葉で言ってみよう．V に 1 つの基底をとって，$T(g)$ を行列表示すれば，$T(g) \in GL(n,K)$ となる．射影変換群 $PGL(n,K) = GL(n,K)/K^*$ (cf. p.89, p.364) および自然な準同型 $\Psi : GL(n,K) \to PGL(n,K)$ をとって，対応 $\Psi \circ T : G \ni g \mapsto \Psi(T(g)) \in PGL(n,K)$ を考える．性質 $(\star)$ より，これは群としての準同型になっている．

逆に，G から $PGL(n,K)$ への準同型があれば，これはかならず上の形に書ける（これを証明せよ）．この意味において，「群 G の射影表現とは，G から射影変換群への準同型」のことである．

編集者短評

　すばらしい本が出た．数学や物理学を勉強しようとするすべての若者に，ぜひ読んでもらいたいと思う．

　はじめに群（グン）というものの定義をまなんだあと，普通の本にあまり書いてない，正多面体と多面体群に話がすすむ．ここにすでにこの本の特徴がはっきりあらわれる．

　大学理科系の必修科目である線型代数は，第5章（および第16章）でまなぶことができる．

　それからこの本の主題である群の表現論に入るが，あくまで具体的な群が主役を演じる．いまの大学は忙しいので，こういう具体例を授業でまなぶチャンスはあまりない．非ユークリッド幾何はお話として知っていると思う．それがここでは群論の（具体的な群の）応用として，正確に，ていねいに記述されている．

　第 V，VI 部が，平井さんの研究対象である群のユニタリ表現論である．ここは多少抽象的だが，それでも具体例が理解をたすける．とくに，物理学にあらわれるいくつかの具体的な群が主役を演じる．

　現代数学は抽象的である．しかし，その奥にはつねに具体的な《もの》があって，それがまなぶものの理解をたすける．

　この本を読めば，具体的な群の表現や，その物理学との関係を深く理解することができる．それが数学全体の理解にもつながるだろう．

　この本は急いで読んではいけない．ノートとペンをそばに置いて，自

分でも計算しながら読むのがよい．なにしろ大きな本だから，全部読むのは大変だろう．健闘を祈る．

　平井さんは私の尊敬する数学者である．長いあいだ群の表現論に関してたくさん独創的な仕事をし，たくさん論文を書いてきた．それが今度，満を持してはじめて世に問う単行本がこの本である．

　こういう本は世界に類がない．実際，これを書ける数学者はごく少ないだろう．できれば，日本語の読めない世界中の学習者にも，この本を読ませてやりたいと思う．

　平井さん，おめでとう．

（斎藤正彦）

索　引

ア　行

アーベル群　9
跡　86
アフィン空間　137
アフィン変換　137
アフィン変換群　137

位数　9
1-コサイクル　339
1次結合　75
1次従属　75
1次独立　75
一般解　277
一般線形群　88

ウェイト　445, 473
ウェイトベクトル　464, 473
運動群　118
運動量　306, 331

$SU(3)$-対称　476
n 次射影変換群　364
エルミート行列　85, 299
エルミート内積　200
円運動　316
遠心力　316

カ　行

開　128

階数　267
外積代数　375
外部自己同型　49
外部テンソル積表現　371
開部分集合　128
外力　330
ガウスの記号　132
ガウス平面　357
可解　110
可換群　9
可換図形　54, 90, 287
可逆　83, 90
拡大係数行列　275
掛け算作用素　356
過去錐　235
過去的　235
可積分　391
合併　29
加法群　9
可約　153
絡み合い作用素　157
ガリレイ変換　320, 452
関数空間　140
慣性系　238, 308, 326, 332
慣性の法則　307
完全可約　160
完全系　32

奇置換　38

基底　75
基本関係式　18
基本対称式　46
既約　152, 153
逆行列　83
既約指標　212, 439
球面過剰　226
球面幾何学　226
球面的距離　219
鏡映変換　10, 120
行簡約形　269
行基本変形　268
共変　235
　　——である　321
　　——でない　326
共役　49, 156
　　——による作用　136
共役類　156
行列　77
行列式　382
行列表現　48, 61, 90
行列要素　209, 432
極座標　128
距離　115, 405

空間的　235
空間的回転　19
空間反転　237
空間部分　246
偶置換　38
クォーク　478
クラメールの公式　280
群　3
群環　211
群の半直積　101

係数行列　274
ケイレイ変換　293
K に関して class 1　426
結合公理　229

結晶群　31

交換子　97
交換子群　97
光錐　235
光速不変の原理　239
交代行列　85
交代式　45
光的　235
恒等置換　37
互換　37
弧状連結　118
弧状連結成分　118
固定化群　340
固定化部分群　92
固有時間　235
固有斉次ローレンツ群　246
固有ベクトル　158
固有ローレンツ群　237

サ　行

最高ウェイト　464, 473
最短標示　172
坂田モデル　476
差積　44
座標　115
座標ベクトル　80
作用　42, 43
作用する　100, 135
作用・反作用の法則　307
散在群　114

G-共変　450
G-不変　141
G-不変測度　398
G-モジュール　157, 461
G-両側不変　433
時間軸　246
時間的　235

時間反転　237
時空反転　237
次元　76
自己同型　16, 49
自己同型群　49
指数　32
自然表現　67, 71, 164
実一般線形群　294
実射影空間　361
実射影直線　351
実射影変換群　352
質点の運動方程式　460
実特殊線形群　294
実特殊直交群　389
実表現　156
質量　306
指標　154, 212, 439, 463
射影　159
射影変換　351
射影変換群　89, 216, 338, 364
シュアーの補題　157
重積分　394
重複度　440
重力加速度　315
重力場　348
主成分　266
シュミットの直交化法　387
巡回群　9
巡回置換　37
準正則表現　142, 414, 427
準同型定理　51
準不変　428
商群　51
商ベクトル空間　152, 258
乗法群　9
剰余類群　51
シンプレクティック群　449

推移的　282, 340
随伴行列　84

数ベクトル空間　74
スカラー　73
スカラー倍　79, 81

正規直交基底　49, 202
正規直交枠　346
正規部分群　50
制限　422
斉次　275
斉次座標　361
正四面体　23
正十二面体　23
生成系　16
生成元　482
生成される　16
正則　83, 90
正定値　200, 257
正二十面体　24
正八面体　23
正六面体　23
積　78
積分可能　394
線形結合　75
線形作用素　90
線形写像　79
線形従属　75
線形独立　75
線形表現　48, 61, 90
線形変換　79
全斉次ローレンツ群　237, 246
全非斉次ローレンツ群　237

相関作用素　157
双曲型非ユークリッド幾何　284
双曲的回転　240
相対性理論　305
双対　156
双対群　155
双対的　24

索引　5

測度　398
組成剰余群　98
組成列　98

タ 行

体　113
対角型　88
第五公準　227
対称　116, 261
対称行列　85
対称子　379
対称式　45
対称テンソル　379
代数的に解ける　111
体積形式　397
代表元　17, 32, 156
楕円型非ユークリッド幾何学　229
互いに素な　29
互いに同値　53, 90, 356
多元環　205, 375
単位行列　83
単純置換　40, 172
単純である　99
淡中の双対性定理　374

力　331
置換　34
　　——の積　35
　　——の符号　38
置換行列　265
置換表現　34, 52
逐次積分　392
Titius-Bode の法則　319
忠実である　52, 136
中心　52
中心化群　111
超限帰納法　76
直積　17
直線　228, 282, 290, 291
直和　159, 206

——に分解　160
直交行列　85
直交群　92
直交射影　124
直交直和　124

点　228
電磁場　466
テンソル積空間　368
転置　185
転置行列　84

ド・モアヴルの定理　416
等距離変換　19, 117
同型　16
同型定理　260
等時曲線　315
同値関係　32
同値である　69, 154
同値類　32, 69
特殊解　277
特殊斉次ローレンツ群　246
特殊線形群　88
特殊相対性原理　238
特殊直交群　92
特殊ユニタリ群　93
特殊ローレンツ変換　239
特性部分群　98
トレース　86

ナ 行

内積　260
内部自己同型　49
内部自己同型群　49
内部テンソル積表現　372
内力　329
長さ　42, 98, 108, 170, 172
　　——の要素　405
中への準同型　16
中への同型　16

2価の既約表現　302
2次形式　261
2次元的回転　124
ニュートン
　——の運動の3法則　304
　——の運動法則　307
　——の運動方程式　307
　——の公式　46
ニュートン力学　308

ハ行

はたらく　100
反傾表現　437, 461
反対称　261
反対称子　379
反対称テンソル　379
半直積　101, 132
万有引力　312
　——の法則　304

p-Sylow 部分群　111
非斉次　277
非斉次座標　361
非退化　257, 261
左移動　53, 136
左正則表現　142, 211
被覆群　288
被覆写像　443
微分　395
表現空間　61
秒振り子　315

複素化　444
複素射影空間　361
複素表現　156
部分群　9
部分ベクトル空間　73
不変　48, 141
　——である　398
不変測度の一意性　401

不変部分空間　152
振り子の周期　315
プレ-ヒルベルト空間　200
分数変換　351

平行移動　119
平行線
　——の一意性　229
　——の公理　227
　——の存在　229
平行線公理　229, 283
平行である　227
平面　228, 283
ベクトル　73
ベクトル空間　73
ベクトル場　145
偏微分係数　395

法とした剰余類　17
法として　33
法とする右剰余類　31

マ行

右移動　136
右逆元　8
右正則表現　142
右単位元　8
未来錐　235
未来的　235

無限群　9
無限次元　76

ヤ行

ヤコビアン　391
ヤング図形　171

ユークリッド運動群　118
ユークリッド空間　115
有限群　9

有限次元　76, 279
誘導した表現　415
誘導表現　413, 451
ユニタリ　200
ユニタリ化可能　201
ユニタリ行列　85
ユニタリ群　93
ユニタリ内積　200
ユニタリ表現　93, 201

ラ　行

リー環　481
リー群　480
力積　331
離散系列　292
両側正則表現　211, 437
量子力学　305

類関数　212

列簡約　265
列基本変形　264
連結公理　283
連結である　300
連続主系列表現　392
連続である　445
連続的に作用　142

ローレンツ収縮　239
ロバチェフスキー空間　236, 249

ワ　行

和　29, 79, 81

■ 人名索引 ■

Abel, N.H.　3
Aristoteles　309

Bruno, G.　313
Burnside, W.　5, 11

Cartan, É.　454
Cartan, H.　453
Cassini, J.D.　318
Cauchy, A.L.　4
Cayley, A.　4
Chevalley, C.　113
Copernicus, N.　311
Cramer, G.　280

de Moivre, A.　416
Dirac, P.A.M.　302

Einstein, A.　6, 234

Euclid　3, 227
Euler, L.　125

Fermat, P.de　148
Fischer, B.　114
Frobenius, F.G.　215
Galilei, G　305
Galois, É.　3
Gauss, C.F.　360
Gelfand, I.M.　236

原田耕一郎　113
Hermite, C.　85
Herschel, F.W.　319
Hilbert, D.　228
Hippasos　22
Huygens, C.　315

伊能忠敬　226

伊藤 清　151

Jacobi, C.G.J　396
Janco, Z.　113
Jordan, C.　4

Kepler, J.　305
Klein, F.　4
Kronecker, L.　4, 76

Legendre, A.M.　426
Leibnitz, G.W.　304
Lie, M.S.　5, 481
Lobachevskiĭ, N.I.　6, 228
Lorentz, H.A.　234

Minkowski, H.　115, 235

Newton, I.　6, 304

Pacioli, L.　60

Pascal, B.　148
Pauli, W.E.　444
Platon　19
Poincaré, H.　230, 292
Pythagoras　22

Riemann, B.　4, 281

Schur, I.　157, 448
Schwarz, H.A.　117
関 孝和　360
正田建次郎　414
鈴木通夫　113

淡中忠郎　374

Weil, A.　453
Weyl, H.　449
Wigner, E.P.　302

Young, A.　171

■ 記号索引 ■

$\cong$　（同型）　16, 154
$\sqcup$　（互いに素な合併）　29
$\wedge V, \wedge^k V$　（外積空間）　375
$\wedge^k \pi$　（k 階外積）　378
$(\otimes^k \pi, \otimes^k V)$（$k$ 階テンソル積）　378

$\mathbf{0}_n$　（零行列）　123
$\mathbf{0}_{k,\ell}$　（零行列）　125
$\mathbf{1}$　（恒等置換）　35
$\mathbf{1}_H$　（恒等表現）　415
$\mathbf{1}_n$　88, 130, 131

$\Gamma(\boldsymbol{v}_0)$　（ガリレイ変換）　321
$\Gamma(V)$　321

$\Gamma(z)$　（ガンマ関数）　407
δ_g　（デルタ関数）　375
$\Delta(X_1, X_2, \ldots, X_n)$　44
$\iota(a)$　49
$[\varpi]$　（同値類）　156
$[\varpi]$　（ϖ の同値類）　437
$\overline{\varpi}$　（ϖ の反傾表現）　437
$\pi \otimes \rho$　（表現のテンソル積）　372
ρ^*　（ρ の反傾表現）　461
$\rho_i(\tau)$　（双曲的回転）　247
$\rho_1 \boxtimes \rho_2$　（外部テンソル積）　371
Σ_q　46
$\tau(a)$　（平行移動）　237

$\mathcal{A}$ （反対称子） 379
$A \setminus B$, $A \cup B$, $A \cap B$ 10
${}^t A$, A^* 84
$\boldsymbol{a}(t)$ （加速度ベクトル） 307
$\mathcal{A}(A^n(K))$ 137
$\langle \mathcal{A} \rangle_K$ （$\mathcal{A}$ が張る部分空間） 264
$\mathcal{A}_n$ （交代群） 52
$A^n(K)$ 137
$\mathrm{Aut}(G)$ 49

$\langle B \rangle$ 16
B_n （正 n 角形） 17
$B^\perp$ 124

C （光錐） 235
$\mathbf{C}$ （複素数体） 47
$c(G)$ 156
$C(g)$ （共役類） 156
$C(z)$ （ケイレイ変換） 293
C_G （中心） 52
$C_G(B)$, $C_G(t)$ 111
C_n （巡回群） 17, 18
$\mathbf{C}^{\text{上}}$ （上半平面） 292, 390
$\cosh \tau$ （双曲線関数） 240

D （開単位円板） 285, 400
D_n （二面体群） 17
$D_j(\lambda)$ 264
$d_L(x,y)$ （L^n 上の距離） 249
$d_S(P,Q)$ （S^n 上の距離） 221
$\mathcal{D}^n = S^n / \sim$ 229
$d\mu_G$ （群上の不変測度） 408, 410
ds （長さの要素） 405, 406
$\det(g)$ （行列 g の行列式） 294, 382
$\mathrm{diag}(d_1, d_2, \ldots, d_n)$ 88
$\dim V$ 76

E_n （単位行列） 83, 231
$E_{k\ell}$ 89
$E_{\ell j}$ （行列単位） 265

E^2 21
E^3 19, 67
E^n （ユークリッド空間） 115, 221, 346

$\|f\|$ （f のノルム） 208, 391

$\widehat{G}$ （G の双対） 155, 156, 437
$|G|$ （位数） 29
$[g_1, g_2]$, $[G, G]$ 97
G/H, $H \backslash G$ 32
$G(T_k)$ （多面体群） 19, 27
gH 31
$GL(V)$ 90
$GL(2, \mathbf{R})$ 294, 350
$GL(3, \mathbf{R})$ 319
$GL(n, K)$ 87, 338
$GL^+(2, \mathbf{R})$ 295
$g^{(st)}$, $g^{(s)}$, $g^{(t)}$ 237

$H(2)$ （tr=0 のエルミート行列の空間） 442
$\mathcal{H}([\varpi])$ 437
$H(n, \mathbf{C})$ 92
H_4 58
$h^{(t)}$, $h^{(s)}$, $h^{(st)}$ 248
Herm_2 （エルミート行列の空間） 299
$\mathrm{Hom}_G(W_1, W_2)$ 157

$\Im(a)$ （虚部） 287
$I_n = \{1, 2, \ldots, n\}$ 36
I_{E^n} 118
I_X 135
$\mathrm{Im}(\phi)$ 50
$\mathrm{Ind}_H^G \rho_H$ （表現の誘導） 415
$\mathrm{Int}(G)$ 49
$\mathrm{Iso}(E^n)$ 118
$\mathrm{Iso}(E^n, O)$ 121
$\mathrm{Iso}(L^n)$ （L^n の等距離変換群） 255

$J(x,g)$ （ヤコビアン） 391
$J_n = \mathrm{diag}(1,1,\ldots,1,-1)$ 125
$J_{3,1} = \mathrm{diag}(-1,-1,-1,1)$ 235
$J_{n,1} = \mathrm{diag}(-E_n,1)$ 245, 461

$K(3) = \Gamma(V) \rtimes \widetilde{\mathcal{M}}(E^3)$ 321
$\mathrm{Ker}(\phi)$ 50
$\mathrm{Ker}(T)$ （写像 T の核） 260

$\mathcal{L}$ （全斉次ローレンツ群） 237, 461
$\ell(\mathcal{C})$ （曲線の長さ） 405
$\ell(g)$ 207
$L(g)$, L （左正則表現） 436
$\mathcal{L}(V)$, $\mathcal{L}(V)^\times$ （線形写像の空間） 338
$\mathcal{L}(V_1,V_2)$, $\mathcal{L}(V)$ 82
L_σ 378
ℓ_0 （非ユークリッド直線） 252
$\ell_2(G)$ 373
$L_2(G)$ 432
$\ell_2(X)$ 208
$L_2(X)$ 338, 390
$L_2(\mathbf{R}, dx)$ 391
$\mathcal{L}_4 = SO_0(3,1)$ 459
$\mathcal{L}_n := SO_0(n,1)$ 282
$L_{(R)}$ 236, 253
L^n （ロバチェフスキー空間） 247, 409

$\mathcal{M}(\mathcal{D}^n)$ （$\mathcal{D}^n$ の運動群） 231
$\mathcal{M}(E^3)$, $\widetilde{\mathcal{M}}(E^3)$ 321
$\mathcal{M}(E^n)$ （E^n の運動群） 118, 346
$\mathcal{M}(E^n)$, $\mathcal{M}(E^n, O)$ 121
$\mathcal{M}'(E^n)$ 133
$\mathcal{M}(L^n)$ （L^n の運動群） 255
$\mathcal{M}(S^n)$ （S^n の運動群） 223, 230
$\mathcal{M}(D, d_D)$ （D の運動群） 406
$\mathcal{M}(n,K)$ 82, 205
$M(n,K)$ （正方行列の空間） 380
$M(n_1,n_2;K)$, $M(n,K)$ 77

M_ϕ （掛け算作用素） 402
M^4 （ミンコフスキー空間） 235
$M^{n|1}$ （ミンコソフスキー空間） 245

$O(3)$ （直交群） 320
$O(3,1)$ 237
$O^\uparrow(3,1)$ 237
$O(n,1)$, $O^\uparrow(n,1)$ 245, 461
$O(n,K)$, $O(J,K)$ 92

$\mathcal{P}$ （全ポアンカレ群） 237
$P(\theta_1,\theta_2,\ldots,\theta_{n-1})$ 128
$\mathcal{P}_n$, $\mathcal{P}'_n$ （多項式の空間） 353
$P_n(\mu)$, $P_n^m(\mu)$ （ルジャンドル関数） 446
$\mathbb{P}^n(K)$ （射影空間） 337, 361
$\mathbb{P}^n(\mathbf{R})$ （実射影空間） 230
$PGL(n,K)$ 89, 216, 338, 364

$\mathbf{Q}$ 9
$\mathcal{Q}_N$ （多項式の空間） 366

$\mathbf{R}$, $\mathbf{R}^*$, $\mathbf{R}^*_+$ 9
$\widetilde{\mathbf{R}}$ （射影直線） 350
$r(g)$ 207
$R(g)$, R （右正則表現） 436
R_n 42, 172
r_W, r_{W_0} （鏡映変換） 120
$r_{ij}(\theta)$, $r_i(\theta)$ 125, 246
$\Re(a)$ （実部） 287
$\mathrm{rank}\, A$ （行列 A の階数） 267
$\mathrm{Res}^G_H \pi_G$ （表現の制限） 422

$\mathcal{S}$ （対称子） 379
$S(n,K)$ （対称行列の空間） 91, 381
S_σ （置換行列） 265
$\mathcal{S}_n$ （対称群） 37
S_R （一葉双曲面） 253
$\mathcal{S}_X$, $\mathcal{S}'_X$ 35

$s_{ij} = (i\ j)$ （互換） 44, 181
$S^k\pi$, S^kV （k 階対称テンソル積） 379
S^n （単位球面） 221
S^{n-1} （球面） 128
$SL(2, \mathbf{R})$ 294, 428
$SL(n, K)$ 88
$SO(3)$ （回転群） 320
$SO(n)$ （回転群） 389, 408
$SO(3, 1)$ 237
$SO(n, 1)$, $SO_0(n, 1)$ 246
$SO(n, K)$ 92
$SO_0(2, 1)$ 428
$SO_0(3, 1)$ 238
$Sp(n)$ （シンプレクティック群） 449
$SS(n, K)$ （反対称行列の空間） 381
$SU(2)$ 409
$SU(n)$ 93
$SU(1, 1)$ 286, 400
$\mathfrak{su}(n)$ 482
$\mathfrak{so}(3)$ 482
$s_1, s_2, \ldots, s_{n-1}$ 40
$S \otimes T$ （写像のテンソル積） 369
$\mathrm{sgn}(\sigma)$ 38
$\mathrm{sgn}(y)$ $(y \in \mathbf{R})$ （符号） 352
$\sinh \tau$ （双曲線関数） 240

$\mathcal{T}(E^n)$ 119
$\mathcal{T}_k$ （正 k 面体） 19
$\mathcal{T}_p$ 46
$\mathcal{T}_{x^{(0)}}$ 119
$T_{\ell j}(\lambda) = E_m + \lambda E_{\ell j}$ 265
$\mathrm{tr} A$ 86

$\widetilde{u}$ 126
$\langle u, v \rangle$ 200, 201
$U(n)$ 93
$U(n, K)$ 113
$u_2(\theta)$ （2 次元的回転） 125, 301
$u_{(1)}(\varphi)$, $u_{(2)}(\varphi)$, $u_{(3)}(\varphi)$ 301
$U_{m,\rho}$ 391

$\|v\|$ （ベクトルの長さ） 386
$\langle v, v' \rangle$ （ベクトルの内積） 386
$V(\pi)$ （表現空間） 144
$\boldsymbol{v}(t)$ （速度ベクトル） 307
$v_2(\tau)$ （双曲的回転） 240, 409
$v_{34}(\tau)$, $v_{j4}(\tau)$ 240
$v_{(1)}(t)$, $v_{(2)}(t)$, $v_{(3)}(t)$ 301
V_m 399
V'_m 402
$v_1 \wedge v_2$ （ベクトルの外積） 375
$V_1 \dotplus V_2$ （直和） 159
$V_1 \otimes V_2$ （テンソル積） 368

W （両側正則表現） 437
$W(g_1, g_2)$ （両側表現） 210, 214

$\|x\|$ 115, 221
$\langle x, y \rangle$ （内積） 221
$\langle x, y \rangle_L$ （ローレンツ内積） 235, 245

$Y(\ell_1, \ell_2, \ldots, \ell_q)$ 171

$\mathbf{Z}$ 9
$\mathbf{Z}_n$ 17

参考文献追加

本書を執筆するにあたり参考にした文献として次のものを追加して，ここに謝意を表する．

S.G. ギンディキン（三浦伸夫訳）『ガリレイの 17 世紀』，シュプリンガー・フェアラーク東京，1996．

西條敏美『物理定数とは何か』，ブルーバックス B-1144，講談社，1999．

平凡社大百科事典，平凡社，1984．

The New Encyclopædia Britannica, Encyclopædia Britannica Inc., Helen Hemingway Benton, 1982.

Dictionary of Scientific Biography, The American Council of Learned Societies, Charles Scribner's Sons, New York, 1975.

Marjorie Senechal, *Crystalline Symmetries, An informal mathmatical introduction*, Adam Hilger, Bristol, Philadelphia and New York, 1990.

著者略歴

平井 武(ひらい たけし)

1936年　兵庫県に生まれる
1961年　京都大学理学研究科数学専攻修士課程修了
　　　　京都大学理学部助手，同 助教授などを経て，
1988年　京都大学理学部教授
現　在　京都大学名誉教授

すうがくぶっくす 20
線形代数と群の表現 I　　　　　　定価はカバーに表示

2001年11月20日　初版第1刷
2023年 4月25日　　　　第17刷

著　者　平　井　　　武
発行者　朝　倉　誠　造
発行所　株式会社 朝　倉　書　店

東京都新宿区新小川町 6-29
郵便番号　162-8707
電　話　03(3260)0141
ＦＡＸ　03(3260)0180
https://www.asakura.co.jp

〈検印省略〉

Ⓒ 2001〈無断複写・転載を禁ず〉　印刷・製本 デジタルパブリッシングサービス

ISBN 978-4-254-11496-6　C 3341　　Printed in Japan

JCOPY ＜出版者著作権管理機構 委託出版物＞

本書の無断複写は著作権法上での例外を除き禁じられています．複写される場合は，
そのつど事前に，出版者著作権管理機構（電話 03-5244-5088，FAX 03-5244-5089，
e-mail: info@jcopy.or.jp）の許諾を得てください．

好評の事典・辞典・ハンドブック

数学オリンピック事典	野口 廣 監修	B5判 864頁
コンピュータ代数ハンドブック	山本 慎ほか 訳	A5判 1040頁
和算の事典	山司勝則ほか 編	A5判 544頁
朝倉 数学ハンドブック［基礎編］	飯高 茂ほか 編	A5判 816頁
数学定数事典	一松 信 監訳	A5判 608頁
素数全書	和田秀男 監訳	A5判 640頁
数論<未解決問題>の事典	金光 滋 訳	A5判 448頁
数理統計学ハンドブック	豊田秀樹 監訳	A5判 784頁
統計データ科学事典	杉山高一ほか 編	B5判 788頁
統計分布ハンドブック（増補版）	蓑谷千凰彦 著	A5判 864頁
複雑系の事典	複雑系の事典編集委員会 編	A5判 448頁
医学統計学ハンドブック	宮原英夫ほか 編	A5判 720頁
応用数理計画ハンドブック	久保幹雄ほか 編	A5判 1376頁
医学統計学の事典	丹後俊郎ほか 編	A5判 472頁
現代物理数学ハンドブック	新井朝雄 著	A5判 736頁
図説ウェーブレット変換ハンドブック	新 誠一ほか 監訳	A5判 408頁
生産管理の事典	圓川隆夫ほか 編	B5判 752頁
サプライ・チェイン最適化ハンドブック	久保幹雄 著	B5判 520頁
計量経済学ハンドブック	蓑谷千凰彦ほか 編	A5判 1048頁
金融工学事典	木島正明ほか 編	A5判 1028頁
応用計量経済学ハンドブック	蓑谷千凰彦ほか 編	A5判 672頁

価格・概要等は小社ホームページをご覧ください．